中国茶树品种资源志

（上卷）茶树登记品种

陈 亮
马建强
姚明哲

主编

中国农业科学技术出版社

图书在版编目（CIP）数据

中国茶树品种资源志（上卷）：茶树登记品种 / 陈亮，马建强，姚明哲主编. --北京：中国农业科学技术出版社，2024.7
ISBN 978-7-5116-6688-8

Ⅰ.①中… Ⅱ.①陈… ②马… ③姚… Ⅲ.①茶树－植物资源－研究－中国 Ⅳ.①S571.1

中国国家版本馆CIP数据核字（2024）第024223号

责任编辑	朱 绯 徐定娜
责任校对	马广洋
责任印制	姜义伟 王思文
出 版 者	中国农业科学技术出版社
	北京市中关村南大街12号 邮编：100081
电 话	（010）82109707（编辑室） （010）82106624（发行部）
	（010）82109709（读者服务部）
网 址	https://castp.caas.cn
经 销 者	各地新华书店
印 刷 者	北京中科印刷有限公司
开 本	185 mm×260 mm 1/16
印 张	41.25
字 数	900千字
版 次	2024年7月第1版 2024年7月第1次印刷
定 价	460.00元

◀版权所有·侵权必究▶

《中国茶树品种资源志（上卷）：茶树登记品种》
编委会

主　编　陈　亮　马建强　姚明哲

副 主 编（按姓氏笔画排序）

　　王文杰　王新超　史梦雅　刘　振　陈常颂

　　金孝芳　郑新强

编　　委（按姓氏笔画排序）

　　丁兆堂　马建强　王　璐　王开荣　王文杰

　　王新超　田易萍　史梦雅　刘　振　刘丁丁

　　李　波　李文金　李赛君　杨培迪　汪俊宇

　　陈　玮　陈　亮　陈正武　陈远权　陈常颂

　　罗　凡　金孝芳　庞月兰　郑士琴　郑新强

　　姚明哲　唐　茜　翟秀明

编写人员（按姓氏笔画排序）

丁长庆	丁仕波	丁兆堂	于超亮	马林龙
马建强	马春雷	王　玉	王　会	王　沁
王　璐	王小云	王开荣	王文杰	王丽鸳
王治会	王新超	韦　康	韦柳花	韦朝领
毛　娟	孔祥瑞	邓少春	邓慧群	叶晶晶
申加枝	田易萍	朱玲玲	乔大河	刘　振
刘　彬	刘　爽	刘丁丁	孙彬妹	阳景阳
李　明	李　波	李寸羽	李文金	李兰英
李娜娜	李晓嫚	李赛君	杨　春	杨培迪
杨普香	汪俊宇	宋大鹏	张　磊	张龙杰
张志刚	张续周	陈　玮	陈　佳	陈　亮
陈　艳	陈正武	陈远权	陈杰丹	陈春林
陈常颂	范　凯	罗　凡	罗小梅	金孝芳
金基强	庞月兰	郑士琴	郑旭霞	郑梦霞
郑新强	赵　东	赵　洋	段继华	姚明哲
钱　濛	徐　君	徐文武	高　远	唐　茜
唐前勇	黄华林	黄纪刚	梅菊芬	曹士先
章志芳	彭　华	覃秀菊	焦小雨	曾建明
游小妹	雷　雨	谭礼强	翟秀明	

序 FOREWORD

中国是茶的故乡，是世界茶文化的发祥地。茶树起源于我国西南地区，目前世界上有50多个国家和地区产茶，茶产业为世界人民的健康、就业和福祉，作出了重要贡献。据国际茶叶委员会（ITC，2023）统计，2022年世界茶园面积达到531.8万hm^2，茶叶产量647.7万t，我国分别占全世界茶园面积的62.6%和茶叶产量的49.1%，在世界茶产业中处在举足轻重的地位。

茶树因异花授粉产生广泛的遗传分离，其悠久的栽培利用历史创造和固定了很多有益的变异，形成了遗传多样性非常丰富的种质资源，为新品种选育提供了极其多样的物质基础。种业是农业的"芯片"，众多的茶树优良品种为我国茶产业高质量发展提供了种业保障。

中国农业科学院茶叶研究所牵头组织我国茶树遗传育种有关单位，先后已经编辑出版了《中国茶树优良品种集》《中国茶树品种志》《中国无性系茶树品种志》等新品种专著。按2016年实施的《中华人民共和国种子法》要求，茶树作为非主要农作物需要进行品种登记；而植物新品种保护作为知识产权保护的重要组成部分，越来越受到育种者和业界的重视。在国家出版基金资助下，中国农业科学院茶叶研究所国家茶树种质资源圃（杭州）和国家茶树改良中心的陈亮研究员、姚明哲研究员和马建强研究员等，共同组织全国有关茶树育种的大学和科研院所，历时3年组织编撰《中国茶树品种资源志》（3卷），包括上卷《茶树登记品种》、中卷《茶树授权品种》和下卷《茶树野生珍稀资源》。本次茶树品种资源丛书的出版，将为茶产业、广大茶农和读者提供系统全面、权威翔实的茶树品种资源资料，也为茶树资源保护、种质创新利用和新品种选育等指明了发展方向。

祝愿《中国茶树品种资源志》为发展我国茶学科研事业，促进茶产业高质量发展，为了人民健康美好生活，作出应有的贡献。

中国工程院院士
中国农业科学院茶叶研究所研究员
中国茶叶学会名誉理事长
陈宗懋
2024年7月

前 言

种业是农业的"芯片"，是建设现代农业的标志性、先导性工程，是国家战略性、基础性产业。种质资源和育种技术创新是突破种源关键核心技术的首要关口。

茶树起源于我国西南地区，云南是原产地中心。我国茶区辽阔，生态条件差异巨大，栽培利用历史悠久，长期自然变异和人工选择造就了极为丰富的茶树种质资源。基于丰富的茶树种质资源，我国茶叶科技工作者和茶农先后选育了大量的优良茶树品种，为茶产业高质量发展提供了种源保障。

中国农业科学院茶叶研究所联合全国各茶树育种单位，先后编辑出版了《中国茶树优良品种集》（1990年）、《中国茶树品种志》（2001年）、《中国无性系茶树品种志》（2014年）等茶树品种专著，为产业、茶农和读者提供了系统全面、权威翔实的茶树品种资料。在国家出版基金资助下，中国农业科学院茶叶研究所牵头主编《中国茶树品种资源志》，包括上卷《茶树登记品种》、中卷《茶树授权品种》和下卷《茶树珍稀品种资源》。

上卷《茶树登记品种》，首先对我国茶树品种认定、审定和鉴定历程进行了系统和全面梳理。然后，按省份代码及登记先后顺序详细介绍了自2018年到2024年4月底江苏、浙江、安徽等16个省份完成登记的298个茶树品种，每个品种包括申请者、育种者、品种编号、品种来源、特征特性、适宜种植区域及栽培技术要点等内容，以农业农村部发布的登记公告为基础，本书对其进行了适当简化和完善；每个品种配以在产地拍摄的植株、树冠、春季芽叶、成熟枝条、叶片、花和果实等照片6~8张。最后，对2022年以前完成登记的175个茶树品种，采用中国农业科学院茶叶研究所自主开发的"茶树5K mSNP液相芯片"进行基因分型，构建了主要茶树登记品种的DNA分子指纹图谱，为品种真实性和特异性鉴定提供新的技术手段。随着后续公告登记茶树品种的不断增加，笔者将适时出版续集，以满足读者对茶树品种知识的需求。

本书的编写得到了中国农业科学技术出版社原总编辑周亮、现总编辑沈银书，中国农业科学院茶叶研究所所长姜仁华等领导和专家的关心与支持，责任编辑朱绯和徐定娜为本书的出版投入了很多精力、做了大量工作，在此表示衷心感谢！

本书是学术性和实用性兼具的茶树品种专著，可作为工具书使用，具有专业性、实用性和易读性特点。同时，本书是了解茶树登记品种信息的重要资料，是新建茶园品种选择的重要参考，也是育种者杂交时选配亲本的重要依据；可作为茶树育种者、茶叶科技推广人员、茶叶生产者、茶文化爱好者重要的技术手册，也可以作为高等院校有关茶学专业师生的教学参考书。

由于本书编纂时间紧，品种牵涉面广，因此，不足和错误之处在所难免，恳请读者批评指正。

编　者

2024年4月

 CONTENTS 目　录

第一章　茶树品种概述 1

一、茶树品种审（认）定 3

二、茶树品种鉴定 7

三、非主要农作物品种登记 9

第二章　茶树登记品种图谱 11

江苏省 24

'锡茶24号'［GPD茶树（2019）320003］.................................... 24

浙江省 26

'庐云3号'［GPD茶树（2019）330032］.................................... 26

'中黄1号'［GPD茶树（2019）330033］.................................... 28

'中黄2号'［GPD茶树（2019）330034］.................................... 30

'中茶111'［GPD茶树（2019）330039］.................................... 32

'景白2号'［GPD茶树（2020）330011］.................................... 34

'景白1号'［GPD茶树（2020）330012］.................................... 36

'中白1号'［GPD茶树（2020）330019］.................................... 38

'中茶502'［GPD茶树（2020）330023］.................................... 40

'中茶601'［GPD茶树（2020）330024］.................................... 42

'中茶602'［GPD茶树（2020）330025］.................................... 44

'中茶603'［GPD茶树（2020）330026］.................................... 46

'浙农12'［GPD茶树（2020）330027］..................................... 48

'浙农113'［GPD茶树（2020）330028］.................................... 50

'浙农117'［GPD茶树（2020）330029］.................................... 52

品种	页码
'浙农121'〔GPD茶树（2020）330030〕	54
'浙农21'〔GPD茶树（2020）330031〕	56
'浙农25'〔GPD茶树（2020）330032〕	58
'浙农139'〔GPD茶树（2020）330033〕	60
'浙农301'〔GPD茶树（2020）330034〕	62
'浙农302'〔GPD茶树（2020）330035〕	64
'浙农701'〔GPD茶树（2020）330036〕	66
'浙农702'〔GPD茶树（2020）330037〕	68
'浙农901'〔GPD茶树（2020）330038〕	70
'浙农902'〔GPD茶树（2020）330039〕	72
'中茶112'〔GPD茶树（2020）330043〕	74
'中茶125'〔GPD茶树（2020）330044〕	76
'中茶147'〔GPD茶树（2020）330045〕	78
'东茗1号'〔GPD茶树（2020）330046〕	80
'中茗66号'〔GPD茶树（2021）330005〕	82
'中茶102'〔GPD茶树（2021）330014〕	84
'中茶302'〔GPD茶树（2021）330015〕	86
'中茶108'〔GPD茶树（2021）330016〕	88
'中茶604'〔GPD茶树（2021）330017〕	90
'中茶605'〔GPD茶树（2021）330018〕	92
'中茶606'〔GPD茶树（2021）330019〕	94
'春雨二号'〔GPD茶树（2021）330024〕	96
'栗峰'〔GPD茶树（2021）330025〕	98
'杭茶21号'〔GPD茶树（2021）330026〕	100
'杭茶22号'〔GPD茶树（2021）330027〕	102
'春雨一号'〔GPD茶树（2021）330029〕	104
'中茶501'〔GPD茶树（2021）330040〕	106
'中茗7号'〔GPD茶树（2021）330041〕	108
'中茶149'〔GPD茶树（2022）330001〕	110
'中茶152'〔GPD茶树（2022）330002〕	112
'中茶153'〔GPD茶树（2022）330003〕	114
'中茶154'〔GPD茶树（2022）330004〕	116
'中茶158'〔GPD茶树（2022）330005〕	118
'中茗6号'〔GPD茶树（2022）330006〕	120
'中茶127'〔GPD茶树（2022）330009〕	122

品种	页码
'醉金红'〔GPD茶树（2022）330013〕	124
'黄金毫'〔GPD茶树（2022）330014〕	126
'瑞雪1号'〔GPD茶树（2022）330015〕	128
'千年雪'〔GPD茶树（2022）330016〕	130
'黄金芽'〔GPD茶树（2022）330017〕	132
'黄金甲'〔GPD茶树（2022）330018〕	134
'御金香'〔GPD茶树（2022）330019〕	136
'望海茶1号'〔GPD茶树（2022）330026〕	138
'中黄4号'〔GPD茶树（2022）330028〕	140
'径山1号'〔GPD茶树（2022）330044〕	142
'径山2号'〔GPD茶树（2022）330045〕	144
'白叶1号'〔GPD茶树（2022）330046〕	146
'中茶308'〔GPD茶树（2022）330049〕	148
'中茶503'〔GPD茶树（2022）330053〕	150
'中茶307'〔GPD茶树（2022）330055〕	152
'笙元2号'〔GPD茶树（2022）330056〕	154
'笙元3号'〔GPD茶树（2022）330057〕	156
'磐茶1号'〔GPD茶树（2022）330058〕	158
'中茶504'〔GPD茶树（2022）330059〕	160
'中白3号'〔GPD茶树（2022）330060〕	162
'中茶紫芽2号'〔GPD茶树（2022）330061〕	164
'中茶105'〔GPD茶树（2022）330062〕	166
'中茶701'〔GPD茶树（2023）330001〕	168
'中茗2807'〔GPD茶树（2023）330017〕	170
'中茶310'〔GPD茶树（2023）330020〕	172
'中茶311'〔GPD茶树（2023）330021〕	174
'中茶312'〔GPD茶树（2023）330022〕	176
'中茶702'〔GPD茶树（2023）330023〕	178
'中茶硒茶2号'〔GPD茶树（2023）330024〕	180
'中茶黄芽5号'〔GPD茶树（2023）330025〕	182
'龙冠1号'〔GPD茶树（2023）330026〕	184
'中茶313'〔GPD茶树（2023）330030〕	186
'白叶2号'〔GPD茶树（2023）330031〕	188
'中黄3号'〔GPD茶树（2023）330053〕	190
'中茶703'〔GPD茶树（2023）330054〕	192

'中茶704'［GPD茶树（2023）330055］ …… 194

'中茶硒茶4号'［GPD茶树（2023）330056］ …… 196

'中茶128'［GPD茶树（2023）330062］ …… 198

'中茶白芽2号'［GPD茶树（2023）330078］ …… 200

'中茶硒茶3号'［GPD茶树（2023）330079］ …… 202

'中茶150'［GPD茶树（2023）330080］ …… 204

'中茶148'［GPD茶树（2023）330081］ …… 206

安徽省 …… 208

'茶农98'［GPD茶树（2019）340002］ …… 208

'皖茶8号'［GPD茶树（2019）340005］ …… 210

'皖茶9号'［GPD茶树（2019）340006］ …… 212

'皖茶10号'［GPD茶树（2020）340010］ …… 214

'谷雨春'［GPD茶树（2020）340040］ …… 216

'舒茶早'［GPD茶树（2020）340041］ …… 218

'漕溪1号'［GPD茶树（2021）340007］ …… 220

'岚里香'［GPD茶树（2022）340024］ …… 222

'金鸡1号'［GPD茶树（2022）340032］ …… 224

'霍黄1号'［GPD茶树（2022）340033］ …… 226

'金裕1号'［GPD茶树（2023）340028］ …… 228

'凫峰1号'［GPD茶树（2023）340052］ …… 230

'卫民4号'［GPD茶树（2023）340057］ …… 232

'横山1号'［GPD茶树（2023）340058］ …… 234

'报春1号'［GPD茶树（2023）340059］ …… 236

福建省 …… 238

'毛蟹'［GPD茶树（2018）350001］ …… 238

'本山'［GPD茶树（2018）350002］ …… 240

'黄旦'［GPD茶树（2018）350003］ …… 242

'铁观音'［GPD茶树（2018）350004］ …… 244

'梅占'［GPD茶树（2018）350005］ …… 246

'大叶乌龙'［GPD茶树（2018）350006］ …… 248

'白牡丹'［GPD茶树（2019）350011］ …… 250

'春闺'［GPD茶树（2021）350011］ …… 252

'瑞香'［GPD茶树（2021）350012］ …… 254

'九龙袍'［GPD茶树（2021）350013］ …… 256

'天福星1号'［GPD茶树（2022）350010］ …… 258

'金福星1号'［GPD茶树（2022）350011］ 260
'金福星2号'［GPD茶树（2022）350012］ 262
'春萱'［GPD茶树（2022）350029］ 264
'瑞茗'［GPD茶树（2022）350030］ 266
'福萱'［GPD茶树（2022）350031］ 268
'韩冠茶'［GPD茶树（2023）350033］ 270
'茗桂'［GPD茶树（2023）350034］ 272
'紫玫瑰'［GPD茶树（2023）350035］ 274
'早春毫'［GPD茶树（2023）350036］ 276
'茗铁0319'［GPD茶树（2023）350037］ 278
'皇冠茶'［GPD茶树（2023）350038］ 280
'茗冠茶'［GPD茶树（2023）350039］ 282
'矮脚乌龙'［GPD茶树（2023）350040］ 284
'福茗8号'［GPD茶树（2023）350047］ 286
'福茗1号'［GPD茶树（2023）350048］ 288
'福茗2号'［GPD茶树（2023）350049］ 290
'白云0492'［GPD茶树（2024）350045］ 292

江西省 294

'庐云1号'［GPD茶树（2019）360036］ 294
'庐云2号'［GPD茶树（2019）360037］ 296
'浮梁楮叶1号'［GPD茶树（2021）360008］ 298
'赣茶4号'［GPD茶树（2021）360009］ 300
'婺绿1号'［GPD茶树（2021）360010］ 302
'宁州早1号'［GPD茶树（2022）360020］ 304
'赣茶5号'［GPD茶树（2022）360021］ 306
'赣茶6号'［GPD茶树（2023）360041］ 308
'赣茶7号'［GPD茶树（2023）360042］ 310
'狗牯脑茶2号'［GPD茶树（2023）360043］ 312

山东省 314

'青农3号'［GPD茶树（2019）370012］ 314
'寒梅'［GPD茶树（2019）370013］ 316
'青农38号'［GPD茶树（2019）370014］ 318
'北茶36'［GPD茶树（2019）370035］ 320
'北茶1号'［GPD茶树（2019）370038］ 322
'东方紫婵'［GPD茶树（2020）370001］ 324

'崂茶1号'［GPD茶树（2022）370007］ …… 326
'烟茶7号'［GPD茶树（2022）370040］ …… 328
'烟茶9号'［GPD茶树（2022）370041］ …… 330
'崂茶2号'［GPD茶树（2023）370002］ …… 332
'崂茶3号'［GPD茶树（2023）370003］ …… 334
'鲁茶1号'［GPD茶树（2023）370050］ …… 336
'鲁茶2号'［GPD茶树（2023）370051］ …… 338
'鲁茶6号'［GPD茶树（2023）370069］ …… 340
'鲁茶17号'［GPD茶树（2023）370070］ …… 342
'鲁茶7号'［GPD茶树（2023）370071］ …… 344
'鲁茶3号'［GPD茶树（2023）370073］ …… 346
'鲁茶4号'［GPD茶树（2023）370074］ …… 348
'莲山1号'［GPD茶树（2024）370001］ …… 350
'崂茶4号'［GPD茶树（2024）370004］ …… 352
'崂茶8号'［GPD茶树（2024）370005］ …… 354
'崂茶5号'［GPD茶树（2024）370006］ …… 356
'崂茶6号'［GPD茶树（2024）370007］ …… 358
'北茶寒春'［GPD茶树（2024）370040］ …… 360
'北茶红蕊'［GPD茶树（2024）370041］ …… 362

湖北省 …… 364
'鄂茶一号'［GPD茶树（2019）420015］ …… 364
'鄂茶5号'［GPD茶树（2019）420016］ …… 366
'鄂茶6号'［GPD茶树（2020）420013］ …… 368
'鄂茶11'［GPD茶树（2020）420014］ …… 370
'鄂茶12'［GPD茶树（2020）420015］ …… 372
'金茗1号'［GPD茶树（2020）420020］ …… 374
'鄂茶201'［GPD茶树（2021）420032］ …… 376
'玉露1号'［GPD茶树（2022）420008］ …… 378
'利川红1号'［GPD茶树（2022）420027］ …… 380
'五峰212'［GPD茶树（2023）420012］ …… 382
'五峰310'［GPD茶树（2023）420027］ …… 384
'宜茶1号'［GPD茶树（2023）420044］ …… 386
'宜茶2号'［GPD茶树（2023）420045］ …… 388
'宜茶3号'［GPD茶树（2023）420046］ …… 390
'鄂茶7号'［GPD茶树（2023）420063］ …… 392

  '襄茶1号'［GPD茶树（2024）420037］ …… 394

湖南省 …… 396
  '槠叶齐'［GPD茶树（2019）430017］ …… 396
  '湘波绿2号'［GPD茶树（2019）430018］ …… 398
  '西莲1号'［GPD茶树（2019）430019］ …… 400
  '白毫早'［GPD茶树（2019）430020］ …… 402
  '黄金茶2号'［GPD茶树（2019）430021］ …… 404
  '保靖黄金茶1号'［GPD茶树（2019）430022］ …… 406
  '玉笋'［GPD茶树（2019）430023］ …… 408
  '碧香早'［GPD茶树（2019）430024］ …… 410
  '茗丰'［GPD茶树（2019）430025］ …… 412
  '尖波黄13号'［GPD茶树（2019）430026］ …… 414
  '潇湘1号'［GPD茶树（2019）430027］ …… 416
  '湘红3号'［GPD茶树（2019）430028］ …… 418
  '湘茶研4号'［GPD茶树（2019）430029］ …… 420
  '湘茶研2号'［GPD茶树（2019）430030］ …… 422
  '湘茶研8号'［GPD茶树（2019）430031］ …… 424
  '湘茶研1号'［GPD茶树（2020）430016］ …… 426
  '湘茶研3号'［GPD茶树（2020）430017］ …… 428
  '黄金茶168号'［GPD茶树（2020）430018］ …… 430
  '湘茶研6号'［GPD茶树（2021）430036］ …… 432
  '玉绿'［GPD茶树（2021）430037］ …… 434
  '湘茶研10号'［GPD茶树（2022）430034］ …… 436
  '湘茶研14号'［GPD茶树（2022）430035］ …… 438
  '湘茶研12号'［GPD茶树（2022）430036］ …… 440
  '凌波红'［GPD茶树（2023）430005］ …… 442
  '金栀'［GPD茶树（2023）430006］ …… 444
  '湘茶研16号'［GPD茶树（2023）430007］ …… 446
  '椀香茗'［GPD茶树（2023）430008］ …… 448
  '渐荣齐'［GPD茶树（2023）430009］ …… 450
  '湘茶研18号'［GPD茶树（2023）430010］ …… 452
  '玉叶'［GPD茶树（2023）430011］ …… 454
  '黄金茶3号'［GPD茶树（2023）430072］ …… 456
  '黄金茶16号'［GPD茶树（2024）430012］ …… 458
  '黄金茶5号'［GPD茶树（2024）430013］ …… 460

'碧盛'［GPD茶树（2024）430014］ …… 462

'楮红韵'［GPD茶树（2024）430015］ …… 464

'玉青螺'［GPD茶树（2024）430016］ …… 466

'绿凝'［GPD茶树（2024）430017］ …… 468

'福郁'［GPD茶树（2024）430018］ …… 470

'炎秀'［GPD茶树（2024）430019］ …… 472

'金瑞'［GPD茶树（2024）430020］ …… 474

'观樾'［GPD茶树（2024）430021］ …… 476

'金香玉'［GPD茶树（2024）430022］ …… 478

'观韵'［GPD茶树（2024）430023］ …… 480

'湘牛春'［GPD茶树（2024）430036］ …… 482

广东省 …… 484

'鸿雁1号'［GPD茶树（2019）440004］ …… 484

'鸿雁7号'［GPD茶树（2020）440042］ …… 486

'凹富后单丛'［GPD茶树（2021）440006］ …… 488

'俾头单丛'［GPD茶树（2022）440022］ …… 490

'芝兰香单丛'［GPD茶树（2022）440023］ …… 492

广西壮族自治区 …… 494

'桂茶1号'［GPD茶树（2020）450021］ …… 494

'桂茶2号'［GPD茶树（2020）450022］ …… 496

'西山茶1号'［GPD茶树（2021）450038］ …… 498

'西山茶8号'［GPD茶树（2021）450039］ …… 500

'桂热2号'［GPD茶树（2023）450004］ …… 502

'仙池12号'［GPD茶树（2023）450013］ …… 504

'仙池66号'［GPD茶树（2023）450014］ …… 506

'桂茗1号'［GPD茶树（2023）450015］ …… 508

'桂茗2号'［GPD茶树（2023）450016］ …… 510

'桂香早'［GPD茶树（2023）450018］ …… 512

'凌云5号'［GPD茶树（2023）450019］ …… 514

'桂红2号'［GPD茶树（2023）450029］ …… 516

'桂红3号'［GPD茶树（2023）450064］ …… 518

'桂红4号'［GPD茶树（2023）450065］ …… 520

'桂香22号'［GPD茶树（2023）450066］ …… 522

'桂香18号'［GPD茶树（2023）450067］ …… 524

'紫脉龙韵'［GPD茶树（2024）450008］ …… 526

'龙蕊2号'［GPD茶树（2024）450009］ 528
'龙蕊1号'［GPD茶树（2024）450010］ 530
'凌龙1号'［GPD茶树（2024）450011］ 532

重庆市 534
'渝茶3号'［GPD茶树（2020）500004］ 534
'渝茶4号'［GPD茶树（2020）500005］ 536

四川省 538
'紫嫣'［GPD茶树（2018）510007］ 538
'川茶6号'［GPD茶树（2018）510008］ 540
'蒙山5号'［GPD茶树（2019）510001］ 542
'川茶10号'［GPD茶树（2021）510001］ 544
'川沐318'［GPD茶树（2021）510002］ 546
'天府5号'［GPD茶树（2021）510003］ 548
'天府6号'［GPD茶树（2021）510004］ 550
'彝黄1号'［GPD茶树（2021）510033］ 552
'甘露1号'［GPD茶树（2022）510037］ 554
'金凤1号'［GPD茶树（2022）510038］ 556
'金凤2号'［GPD茶树（2022）510039］ 558
'蒙山6号'［GPD茶树（2022）510042］ 560
'蒙山8号'［GPD茶树（2022）510043］ 562
'川茶2号'［GPD茶树（2022）510047］ 564
'川茶3号'［GPD茶树（2022）510048］ 566
'川茶5号'［GPD茶树（2023）510007］ 568
'川茶9号'［GPD茶树（2023）510032］ 570
'云顶早'［GPD茶树（2023）510060］ 572
'天府茶1号'［GPD茶树（2023）510061］ 574
'三花1951'［GPD茶树（2023）510068］ 576
'川沐217'［GPD茶树（2023）510075］ 578
'川沐28'［GPD茶树（2023）510076］ 580
'苔子茶1号'［GPD茶树（2023）510077］ 582

贵州省 584
'黔茶1号'［GPD茶树（2019）520007］ 584
'黔茶8号'［GPD茶树（2019）520008］ 586
'黔辐4号'［GPD茶树（2019）520009］ 588
'苔选0310'［GPD茶树（2019）520010］ 590

云南省 ··· 592
 '云抗10号'［GPD茶树（2020）530006］ ······························· 592
 '云茶1号'［GPD茶树（2020）530007］ ································· 594
 '紫娟'［GPD茶树（2022）530050］ ··· 596
 '云茶香1号'［GPD茶树（2022）530051］ ···························· 598
 '秧塔大白茶'［GPD茶树（2022）530052］ ···························· 600
 '云茶8号'［GPD茶树（2023）530082］ ································· 602
 '云茶11号'［GPD茶树（2023）530083］ ······························· 604
 '云黄1号'［GPD茶树（2024）530002］ ································· 606
 '长叶白毫'［GPD茶树（2024）530003］ ······························· 608
 '云茶37号'［GPD茶树（2024）530038］ ······························· 610
 '云茶14号'［GPD茶树（2024）530039］ ······························· 612
 '云红茶3号'［GPD茶树（2024）530044］ ···························· 614

西藏自治区 ·· 616
 '藏茶1号'［GPD茶树（2022）540025］ ································· 616

陕西省 ·· 618
 '陕茶1号'［GPD茶树（2018）610009］ ································· 618

第三章　茶树登记品种遗传多样性及DNA指纹图谱 ············ 621
 一、材料与方法 ··· 623
 二、结果与分析 ··· 624
 三、结论 ··· 637

参考文献 ·· 639

第一章

茶树品种概述

茶树［*Camellia sinensis*（L.）O. Kuntze］原产于我国西南地区，在我国不同地域生态环境各异，栽培利用历史悠久，加之长期人工与自然选择，形成了非常丰富的茶树种质资源。早在唐代陆羽《茶经》"一之源"就有"紫者上，绿者次；笋者上，牙者次；叶卷上，叶舒次"的描述，比较早地论述了茶树形态特征与茶叶品质之间的关系，为有目的地开展茶树选种提供了依据。宋代赵佶《大观茶论》称"白茶自为一种，与常茶不同。其条敷阐，其叶莹薄。崖林之间，偶然生出，虽非人力可致"。根据《中国无性系茶树品种志》（2014年）记述，在明代之前，中国的茶树繁殖限于种子直播，明代后期出现了种子床播种育苗移栽法。当时的茶树品种均为有性繁殖品种，为了防止品种退化，采用集团选种法进行品种改良。清代出现了茶树压条和扦插技术，在福建一带开展了无性繁殖系茶树品种选育，相继育成了一批著名的无性系茶树品种，如'铁观音'（1780年）、'水仙'（1842年）、'黄棪'（1877年）、'福鼎大白茶'（1857年）等。为了提高繁殖系数，茶树扦插技术逐步由"压条"和"长枝扦插"发展成为"短穗扦插"，并于20世纪30年代向世界各产茶国推广。无性系茶树品种植株性状一致，高产优质，个性突出，繁殖系数大，逐渐成为茶树繁育的主要方式。

现代茶树育种，始于20世纪30年代老一辈茶学专家对茶树品种资源的系统调查研究；20世纪50年代开展了茶树育种及基础理论研究；1963年全国整理出地方茶树品种和类型350个，其中257个有详细的性状记载；1964年制定了有关育种程序，开始了全国性的茶树系统育种工作；1965年对各省茶树品种进行了评价，筛选了'福鼎大白茶'等21个优良茶树品种，在全国推广。自"七五"计划（1986—1990年）开始，国家将茶树种质资源的收集、评价和利用研究列入国家科技攻关项目，并加强了对茶树种质资源的管理，经过多年的调查研究，基本摸清了我国茶树种质资源的数量和分布，目前在浙江杭州、云南勐海和湖南长沙各建一座综合性、大叶茶与中小叶茶国家茶树种质资源圃。通过对入圃种质资源的系统鉴定评价，建立了茶树种质资源数据库，内容包括农艺性状、抗性、品质、生化成分、适制性和分子指纹等，筛选出一批优良或特异种质，供育种研究或生产利用。

一、茶树品种审（认）定

20世纪以来，茶树专业育种和良种繁育制度逐步完善。1981年成立了全国茶树良种审定委员会。1989年5月1日实施的《中华人民共和国种子管理条例》第十二条规定"国务院农业、林业主管部门和省、自治区、直辖市人民政府农业、林业主管部门分别设立农作物品种审定委员会和林木良种审定委员会，负责审定农作物新品种和林木良种"。1989年全国茶树良种审定委员会归入全国农作物品种审定委员会，改名为全国农作物品种审定委员会茶树专业委员会（简称茶树专业委员会）。茶树专业委员会的任务：制订茶树品种审定的规章制度和操作办法；指导新品种区域试验、生产试验；制订有关试验方法，对新品种的推广、繁育或中止提出建议；审定或评议茶树新品种。在全国主要产茶省设立区域试验点，并先后于1984年、1987年、1994年、1998年、2001年审（认）定茶树品种95个（表1-1）。其中，第一批30个均为地方品种，包括有性群体品种17个、无性系品种13个，作为国家茶树品种在全国推广。1992年提出了栽培茶园实行无性系良种化建议，到目前全国茶园无性系良种比例大约接近70%，部分省份达到了90%。

表1-1 我国审（认）定茶树品种名单

年份	品种名称	品种编号	原产地或第一选育单位	是否重新登记
1984	福鼎大白茶	GS13001-1985	福建省福鼎市	
1984	福鼎大毫茶	GS13002-1985	福建省福鼎市	
1984	福安大白茶	GS13003-1985	福建省福安市	
1984	梅占	GS13004-1985	福建省安溪县	是
1984	政和大白茶	GS13005-1985	福建省政和县	
1984	毛蟹	GS13006-1985	福建省安溪县	是
1984	铁观音	GS13007-1985	福建省安溪县	是
1984	黄旦	GS13008-1985	福建省安溪县	是
1984	福建水仙	GS13009-1985	福建省建阳市（今南平市建阳区）	
1984	本山	GS13010-1985	福建省安溪县	是
1984	大叶乌龙	GS13011-1985	福建省安溪县	是
1984	勐库大叶种	GS13012-1985	云南省双江县	
1984	凤庆大叶种	GS13013-1985	云南省凤庆县	
1984	勐海大叶种	GS13014-1985	云南省勐海县	
1984	乐昌白毛茶	GS13015-1985	广东省乐昌县（今乐昌市）	
1984	海南大叶种	GS13016-1985	海南省五指山市	
1984	凤凰水仙	GS13017-1985	广东省潮安县（今潮州市潮安区）	
1984	大面白	GS13018-1985	江西省上饶县（今上饶市）	
1984	上梅洲种	GS13019-1985	江西省婺源县	
1984	宁州种	GS13020-1985	江西省修水县	
1984	黄山种	GS13021-1985	安徽省黄山市	
1984	祁门种	GS13022-1985	安徽省祁门县	

（续表）

年份	品种名称	品种编号	原产地或第一选育单位	是否重新登记
1984	鸠坑种	GS13023-1985	浙江省淳安县	
1984	云台山种	GS13024-1985	湖南省安化县	
1984	湄潭苔茶	GS13025-1985	贵州省湄潭县	
1984	凌云白毛茶	GS13026-1985	广西壮族自治区凌云、乐业等县	
1984	紫阳种	GS13027-1985	陕西省紫阳县	
1984	早白尖	GS13028-1985	四川省筠连县	
1984	宜昌大叶茶	GS13029-1985	湖北省宜昌县（今宜昌市夷陵区）	
1984	宜兴种	GS13030-1985	江苏省宜兴市	
1987	黔湄419	GS13031-1987	贵州省茶叶研究所	
1987	黔湄502	GS13032-1987	贵州省茶叶研究所	
1987	福云6号	GS13033-1987	福建省农业科学院茶叶研究所	
1987	福云7号	GS13034-1987	福建省农业科学院茶叶研究所	
1987	福云10号	GS13035-1987	福建省农业科学院茶叶研究所	
1987	楮叶齐	GS13036-1987	湖南省农业科学院茶叶研究所	是
1987	龙井43	GS13037-1987	中国农业科学院茶叶研究所	
1987	安徽1号	GS13038-1987	安徽省农业科学院茶叶研究所	
1987	安徽3号	GS13039-1987	安徽省农业科学院茶叶研究所	
1987	安徽7号	GS13040-1987	安徽省农业科学院茶叶研究所	
1987	迎霜	GS13041-1987	浙江省杭州市茶叶科学研究所	
1987	翠峰	GS13042-1987	浙江省杭州市茶叶科学研究所	
1987	劲峰	GS13043-1987	浙江省杭州市茶叶科学研究所	
1987	碧云	GS13044-1987	中国农业科学院茶叶研究所	
1987	浙农12	GS13045-1987	浙江农业大学（今并入浙江大学）	是
1987	蜀永1号	GS13046-1987	四川省农业科学院茶叶研究所	
1987	英红1号	GS13047-1987	广东省农业科学院茶叶研究所	
1987	蜀永2号	GS13048-1987	四川省农业科学院茶叶研究所	
1987	宁州2号	GS13049-1987	江西省九江市茶叶研究所	
1987	云抗10号	GS13050-1987	云南省农业科学院茶叶研究所	是
1987	云抗14号	GS13051-1987	云南省农业科学院茶叶研究所	是

(续表)

年份	品种名称	品种编号	原产地或第一选育单位	是否重新登记
1987	菊花春	GS13052-1987	中国农业科学院茶叶研究所	
1994	桂红3号	GS13001-1994	广西壮族自治区桂林市茶叶科学研究所	是
1994	桂红4号	GS13002-1994	广西壮族自治区桂林市茶叶科学研究所	是
1994	杨树林783	GS13003-1994	安徽省祁门县农业局	
1994	皖农95	GS13004-1994	安徽农业大学	
1994	锡茶5号	GS13005-1994	江苏省无锡市茶叶品种研究所	
1994	锡茶11号	GS13006-1994	江苏省无锡市茶叶品种研究所	
1994	寒绿	GS13007-1994	中国农业科学院茶叶研究所	
1994	龙井长叶	GS13008-1994	中国农业科学院茶叶研究所	
1994	浙农113	GS13009-1994	浙江农业大学	是
1994	青峰	GS13010-1994	浙江省杭州市茶叶科学研究所	
1994	信阳10号	GS13011-1994	河南省信阳市茶叶试验站	
1994	八仙茶	GS13012-1994	福建省诏安县科学技术委员会	
1994	黔湄601	GS13013-1994	贵州省茶叶研究所	
1994	黔湄701	GS13014-1994	贵州省茶叶研究所	
1994	高芽齐	GS13015-1994	湖南省农业科学院茶叶研究所	
1994	槠叶齐12号	GS13016-1994	湖南省农业科学院茶叶研究所	
1994	白毫早	GS13017-1994	湖南省农业科学院茶叶研究所	是
1994	尖波黄13号	GS13018-1994	湖南省农业科学院茶叶研究所	是
1994	蜀永703	GS13019-1994	四川省农业科学院茶叶研究所	
1994	蜀永808	GS13020-1994	四川省农业科学院茶叶研究所	
1994	蜀永307	GS13021-1994	四川省农业科学院茶叶研究所	
1994	蜀永401	GS13022-1994	四川省农业科学院茶叶研究所	
1994	蜀永3号	GS13023-1994	四川省农业科学院茶叶研究所	
1994	蜀永906	GS13024-1994	四川省农业科学院茶叶研究所	
1998	鄂茶4号	GS980001	湖北省宜昌市农业局茶树良种繁育站	
2001	兔早2号	国审茶2002001	安徽省农业科学院茶叶研究所	
2001	岭头单丛	国审茶2002002	广东省饶平县平溪镇岭头村	
2001	秀红	国审茶2002003	广东省农业科学院茶叶研究所	

（续表）

年份	品种名称	品种编号	原产地或第一选育单位	是否重新登记
2001	五岭红	国审茶2002004	广东省农业科学院茶叶研究所	
2001	云大淡绿	国审茶2002005	广东省农业科学院茶叶研究所	
2001	赣茶2号	国审茶2002006	江西省婺源县茶叶科学研究所	
2001	黔湄809	国审茶2002007	贵州省茶叶研究所	
2001	舒茶早	国审茶2002008	安徽省舒城县农业局	是
2001	皖农111	国审茶2002009	安徽农业大学	
2001	早白尖5号	国审茶2002010	重庆市农业科学院茶叶研究所	
2001	南江2号	国审茶2002011	重庆市农业科学院茶叶研究所	
2001	浙农21	国审茶2002012	浙江大学茶叶研究所	是
2001	鄂茶1号	国审茶2002013	湖北省农业科学院果树茶叶研究所	是
2001	中茶102	国审茶2002014	中国农业科学院茶叶研究所	是
2001	黄观音	国审茶2002015	福建省农业科学院茶叶研究所	
2001	悦茗香	国审茶2002016	福建省农业科学院茶叶研究所	
2001	茗科1号	国审茶2002017	福建省农业科学院茶叶研究所	
2001	黄奇	国审茶2002018	福建省农业科学院茶叶研究所	

二、茶树品种鉴定

2000年12月1日起施行的《中华人民共和国种子法》（简称《种子法》）第十五条规定"主要农作物品种和主要林木品种在推广应用前应当通过国家级或者省级审定"，第七十四条第三款规定"主要农作物是指稻、小麦、玉米、棉花、大豆以及国务院农业行政主管部门和省、自治区、直辖市人民政府农业行政主管部门各自分别确定的其他一至二种农作物"。茶树为非主要农作物。为了适应《种子法》非主要农作物品种不实行强制审定的要求，2003年全国农业技术推广服务中心牵头成立了全国茶树品种鉴定委员会，分别于2004年、2006年、2010年、2012年和2014年开展了5次茶树品种自愿鉴定工作，先后有39个茶树品种通过了鉴定（表1-2）。

表1-2 全国茶树鉴定品种名单

年份	品种名称	鉴定编号	第一选育单位	是否重新登记
2004	桂绿1号	国品鉴茶2004001	广西壮族自治区桂林茶叶科学研究所	
2006	名山白毫131	国品鉴茶2006001	四川省名山县（今雅安市名山区）茶业局	

(续表)

年份	品种名称	鉴定编号	第一选育单位	是否重新登记
2010	霞浦春波绿	国品鉴茶2010001	福建省霞浦县茶叶管理局	
2010	春雨一号	国品鉴茶2010002	浙江省武义县农业局	是
2010	春雨二号	国品鉴茶2010003	浙江省武义县农业局	是
2010	茂绿	国品鉴茶2010004	浙江省杭州市农业科学研究院	
2010	南江1号	国品鉴茶2010005	重庆市农业科学院茶叶研究所	
2010	石佛翠	国品鉴茶2010006	安徽省安庆市种植业管理局	
2010	皖茶91	国品鉴茶2010007	安徽农业大学	
2010	尧山秀绿	国品鉴茶2010008	广西壮族自治区桂林茶叶科学研究所	
2010	桂香18号	国品鉴茶2010009	广西壮族自治区桂林茶叶科学研究所	是
2010	玉绿	国品鉴茶2010010	湖南省茶叶研究所	是
2010	浙农139	国品鉴茶2010011	浙江大学茶叶研究所	是
2010	浙农117	国品鉴茶2010012	浙江大学茶叶研究所	是
2010	中茶108	国品鉴茶2010013	中国农业科学院茶叶研究所	是
2010	中茶302	国品鉴茶2010014	中国农业科学院茶叶研究所	是
2010	丹桂	国品鉴茶2010015	福建省农业科学院茶叶研究所	
2010	春兰	国品鉴茶2010016	福建省农业科学院茶叶研究所	
2010	瑞香	国品鉴茶2010017	福建省农业科学院茶叶研究所	是
2010	鄂茶5号	国品鉴茶2010018	湖北省农业科学院果树茶叶研究所	是
2010	鸿雁9号	国品鉴茶2010019	广东省农业科学院茶叶研究所	
2010	鸿雁12号	国品鉴茶2010020	广东省农业科学院茶叶研究所	
2010	鸿雁7号	国品鉴茶2010021	广东省农业科学院茶叶研究所	是
2010	鸿雁1号	国品鉴茶2010022	广东省农业科学院茶叶研究所	是
2010	白毛2号	国品鉴茶2010023	广东省农业科学院茶叶研究所	
2010	金牡丹	国品鉴茶2010024	福建省农业科学院茶叶研究所	
2010	黄玫瑰	国品鉴茶2010025	福建省农业科学院茶叶研究所	
2010	紫牡丹	国品鉴茶2010026	福建省农业科学院茶叶研究所	
2012	特早213	国品鉴茶2013001	四川省名山县农业局茶技站	
2014	巴渝特早	国品鉴茶2014001	重庆市农业技术推广总站	
2014	花秋1号	国品鉴茶2014002	四川省花秋茶业有限公司	

（续表）

年份	品种名称	鉴定编号	第一选育单位	是否重新登记
2014	梦茗	国品鉴茶2014003	安徽省安庆市茶业学会	
2014	黔茶8号	国品鉴茶2014004	贵州省茶叶研究所	是
2014	山坡绿	国品鉴茶2014005	安徽省舒城县茶叶产业协会	
2014	苏茶120	国品鉴茶2014006	江苏省无锡市茶叶品种研究所有限公司	
2014	天府28号	国品鉴茶2014007	四川省农业科学院茶叶研究所	
2014	湘妃翠	国品鉴茶2014008	湖南农业大学	
2014	中茶111	国品鉴茶2014009	中国农业科学院茶叶研究所	是
2014	鸿雁13号	国品鉴茶20140010	广东省农业科学院饮用植物研究所	

三、非主要农作物品种登记

自2016年1月1日起施行的《中华人民共和国种子法》第二十二条规定"国家对部分非主要农作物实行品种登记制度。列入非主要农作物登记目录的品种在推广前应当登记""实行品种登记的农作物范围应当严格控制，并根据保护生物多样性、保证消费安全和用种安全的原则确定。登记目录由国务院农业农村主管部门制定和调整"。

为了规范非主要农作物品种管理，科学、公正、及时地登记非主要农作物品种，2017年，农业部（2018年改组为农业农村部）根据《中华人民共和国种子法》制定了《非主要农作物品种登记办法》，3月30日发布，自2017年5月1日起施行。同时，发布了第一批29种非主要农作物品种登记目录及登记指南，茶树被列入第一批登记目录。2018年5月20日发布的农业农村部公告第26号，共有592个非主要农作物品种完成登记，其中包括'毛蟹'等6个茶树品种。'毛蟹'等成为第一批完成非主要农作物品种登记的茶树品种。到2024年4月底共有298个茶树品种完成了非主要农作物品种登记（表1-3）。

表1-3 非主要农作物品种登记——各省份茶树品种数量（截至2024年4月）

省份	省份代码	完成登记品种数量
江苏	32	1
浙江	33	91
安徽	34	15
福建	35	28
江西	36	10
山东	37	25
湖北	42	16

(续表)

省份	省份代码	完成登记品种数量
湖南	43	44
广东	44	5
广西	45	20
重庆	50	2
四川	51	23
贵州	52	4
云南	53	12
西藏	54	1
陕西	61	1
合计		298

第二章

茶树登记品种图谱

自2017年5月开始实行非主要农作物品种登记制度，到2024年4月底共有江苏、浙江、安徽、福建、江西、山东、湖南、湖北、广东、广西、四川、贵州、云南、重庆、西藏、陕西16个省（区、市）的298个茶树品种完成了登记。其中，48个属于已审定，60个属于已销售，190个属于新选育；61个已经获得植物新品种权授权，17个申请了植物新品种权；采用人工杂交选育的34个（占11%），从自然杂交后代或者地方群体中单株选育259个（占87%），其他诱变育种等5个（占2%）；在植物学分类上，281个属于茶树原变种 *Camellia sinensis*（L.）O. Kuntze var. *sinensis*，12个属于大叶茶 *C. sinensis* var. *assamica*（Masters）Kitamura，5个属于白毛茶 *C. sinensis* var. *pubilimba* Chang。详细登记茶树品种名单见表2-1。

表2-1 非主要农作物品种登记——茶树品种名单（截至2024年4月）

年份	品种	登记编号	第一申请者	农业农村部公告号
2018	*毛蟹	GPD茶树（2018）350001	安溪县农业与茶果局	26
2018	*本山	GPD茶树（2018）350002	安溪县农业与茶果局	26
2018	*黄旦	GPD茶树（2018）350003	安溪县农业与茶果局	26
2018	*铁观音	GPD茶树（2018）350004	安溪县农业与茶果局	26
2018	*梅占	GPD茶树（2018）350005	安溪县农业与茶果局	26
2018	*大叶乌龙	GPD茶树（2018）350006	安溪县农业与茶果局	26
2018	*紫嫣	GPD茶树（2018）510007	四川农业大学	38
2018	*川茶6号	GPD茶树（2018）510008	四川农业大学	38
2018	*陕茶1号	GPD茶树（2018）610009	安康市汉水韵茶业有限公司	133
2019	蒙山5号	GPD茶树（2019）510001	四川省名山茶树良种繁育场	157
2019	*茶农98	GPD茶树（2019）340002	安徽农业大学	157
2019	锡茶24号	GPD茶树（2019）320003	无锡市茶叶品种研究所有限公司	157
2019	鸿雁1号	GPD茶树（2019）440004	梅州市华顺农林发展有限公司	157
2019	*皖茶8号	GPD茶树（2019）340005	安徽省农业科学院茶叶研究所	157
2019	*皖茶9号	GPD茶树（2019）340006	安徽省农业科学院茶叶研究所	157
2019	*黔茶1号	GPD茶树（2019）520007	贵州省茶叶研究所	157
2019	*黔茶8号	GPD茶树（2019）520008	贵州省茶叶研究所	157
2019	*黔辐4号	GPD茶树（2019）520009	贵州省茶叶研究所	157
2019	苔选0310	GPD茶树（2019）520010	贵州省茶叶研究所	157
2019	*白牡丹	GPD茶树（2019）350011	武夷山市茶业局	157

(续表)

年份	品种	登记编号	第一申请者	农业农村部公告号
2019	*青农3号	GPD茶树（2019）370012	青岛农业大学	182
2019	*寒梅	GPD茶树（2019）370013	青岛农业大学	182
2019	*青农38号	GPD茶树（2019）370014	青岛农业大学	182
2019	*鄂茶1号	GPD茶树（2019）420015	湖北省农业科学院果树茶叶研究所	182
2019	*鄂茶5号	GPD茶树（2019）420016	湖北省农业科学院果树茶叶研究所	182
2019	*槠叶齐	GPD茶树（2019）430017	湖南省茶叶研究所	225
2019	*湘波绿2号	GPD茶树（2019）430018	湖南省茶叶研究所	225
2019	*西莲1号	GPD茶树（2019）430019	湖南省茶叶研究所	225
2019	*白毫早	GPD茶树（2019）430020	湖南省茶叶研究所	225
2019	*黄金茶2号	GPD茶树（2019）430021	湖南省茶叶研究所	225
2019	*保靖黄金茶1号	GPD茶树（2019）430022	湖南省茶叶研究所	225
2019	*玉笋	GPD茶树（2019）430023	湖南省茶叶研究所	225
2019	*碧香早	GPD茶树（2019）430024	湖南省茶叶研究所	225
2019	*茗丰	GPD茶树（2019）430025	湖南省茶叶研究所	225
2019	*尖波黄13号	GPD茶树（2019）430026	湖南省茶叶研究所	225
2019	*潇湘1号	GPD茶树（2019）430027	湖南省茶叶研究所	225
2019	*湘红3号	GPD茶树（2019）430028	湖南省茶叶研究所	225
2019	*湘茶研4号	GPD茶树（2019）430029	湖南省茶叶研究所	225
2019	*湘茶研2号	GPD茶树（2019）430030	湖南省茶叶研究所	225
2019	*湘茶研8号	GPD茶树（2019）430031	湖南省茶叶研究所	225
2019	*庐云3号	GPD茶树（2019）330032	中国农业科学院茶叶研究所	225
2019	*中黄1号	GPD茶树（2019）330033	中国农业科学院茶叶研究所	225
2019	*中黄2号	GPD茶树（2019）330034	中国农业科学院茶叶研究所	225
2019	*北茶36	GPD茶树（2019）370035	青岛职业技术学院	225
2019	*庐云1号	GPD茶树（2019）360036	九江市农业农村局	225
2019	*庐云2号	GPD茶树（2019）360037	濂溪区山北茶场	225
2019	*北茶1号	GPD茶树（2019）370038	烟台市步鹤山农业科技有限公司	225
2019	*中茶111	GPD茶树（2019）330039	中国农业科学院茶叶研究所	262

（续表）

年份	品种	登记编号	第一申请者	农业农村部公告号
2020	*东方紫婵	GPD茶树（2020）370001	青岛东方紫婵茶叶研究所	287
2020	*渝茶3号	GPD茶树（2020）500004	重庆市农业科学院	310
2020	*渝茶4号	GPD茶树（2020）500005	重庆市农业科学院	310
2020	*云抗10号	GPD茶树（2020）530006	云南省农业科学院茶叶研究所	310
2020	*云茶1号	GPD茶树（2020）530007	云南省农业科学院茶叶研究所	310
2020	*皖茶10号	GPD茶树（2020）340010	安徽省农业科学院茶叶研究所	310
2020	*景白2号	GPD茶树（2020）330011	景宁畲族自治县经济作物总站	317
2020	*景白1号	GPD茶树（2020）330012	景宁畲族自治县经济作物总站	317
2020	*鄂茶6号	GPD茶树（2020）420013	湖北省农业科学院果树茶叶研究所	317
2020	*鄂茶11	GPD茶树（2020）420014	湖北省农业科学院果树茶叶研究所	317
2020	*鄂茶12	GPD茶树（2020）420015	湖北省农业科学院果树茶叶研究所	317
2020	*湘茶研1号	GPD茶树（2020）430016	湖南省茶叶研究所	317
2020	*湘茶研3号	GPD茶树（2020）430017	湖南省茶叶研究所	317
2020	*黄金茶168号	GPD茶树（2020）430018	湖南省茶叶研究所	317
2020	*中白1号	GPD茶树（2020）330019	中国农业科学院茶叶研究所	317
2020	*金茗1号	GPD茶树（2020）420020	湖北省农业科学院果树茶叶研究所	340
2020	*桂茶1号	GPD茶树（2020）450021	广西壮族自治区桂林茶叶科学研究所	340
2020	*桂茶2号	GPD茶树（2020）450022	广西壮族自治区桂林茶叶科学研究所	340
2020	*中茶502	GPD茶树（2020）330023	中国农业科学院茶叶研究所	340
2020	*中茶601	GPD茶树（2020）330024	中国农业科学院茶叶研究所	354
2020	*中茶602	GPD茶树（2020）330025	中国农业科学院茶叶研究所	354
2020	*中茶603	GPD茶树（2020）330026	中国农业科学院茶叶研究所	354
2020	*浙农12	GPD茶树（2020）330027	浙江大学	382
2020	*浙农113	GPD茶树（2020）330028	浙江大学	382
2020	*浙农117	GPD茶树（2020）330029	浙江大学	382
2020	*浙农121	GPD茶树（2020）330030	浙江大学	382
2020	*浙农21	GPD茶树（2020）330031	浙江大学	382
2020	*浙农25	GPD茶树（2020）330032	浙江大学	382

（续表）

年份	品种	登记编号	第一申请者	农业农村部公告号
2020	*浙农139	GPD茶树（2020）330033	浙江大学	382
2020	*浙农301	GPD茶树（2020）330034	浙江大学	382
2020	*浙农302	GPD茶树（2020）330035	浙江大学	382
2020	*浙农701	GPD茶树（2020）330036	浙江大学	382
2020	*浙农702	GPD茶树（2020）330037	浙江大学	382
2020	*浙农901	GPD茶树（2020）330038	浙江大学	382
2020	*浙农902	GPD茶树（2020）330039	浙江大学	382
2020	*谷雨春	GPD茶树（2020）340040	舒城县舒茶九一六茶场	382
2020	*舒茶早	GPD茶树（2020）340041	舒城县农业农村局	382
2020	*鸿雁7号	GPD茶树（2020）440042	广东德高信种植有限公司	382
2020	*中茶112	GPD茶树（2020）330043	中国农业科学院茶叶研究所	382
2020	*中茶125	GPD茶树（2020）330044	中国农业科学院茶叶研究所	382
2020	*中茶147	GPD茶树（2020）330045	中国农业科学院茶叶研究所	382
2020	*东茗1号	GPD茶树（2020）330046	中国农业科学院茶叶研究所	382
2021	*川茶10号	GPD茶树（2021）510001	四川农业大学	403
2021	*川沐318	GPD茶树（2021）510002	四川农业大学	403
2021	*天府5号	GPD茶树（2021）510003	洪雅县观音茶叶专业合作社	403
2021	*天府6号	GPD茶树（2021）510004	洪雅县观音茶叶专业合作社	403
2021	*中茗66号	GPD茶树（2021）330005	中国农业科学院茶叶研究所	403
2021	*凹富后单丛	GPD茶树（2021）440006	华南农业大学	403
2021	*漕溪1号	GPD茶树（2021）340007	谢裕大茶叶股份有限公司	426
2021	*浮梁槠叶1号	GPD茶树（2021）360008	江西省蚕桑茶叶研究所	426
2021	*赣茶4号	GPD茶树（2021）360009	江西省蚕桑茶叶研究所	426
2021	*婺绿1号	GPD茶树（2021）360010	江西省蚕桑茶叶研究所	426
2021	*春闺	GPD茶树（2021）350011	福建省农业科学院茶叶研究所	426
2021	*瑞香	GPD茶树（2021）350012	福建省农业科学院茶叶研究所	426
2021	*九龙袍	GPD茶树（2021）350013	福建省农业科学院茶叶研究所	426
2021	*中茶102	GPD茶树（2021）330014	中国农业科学院茶叶研究所	426

（续表）

年份	品种	登记编号	第一申请者	农业农村部公告号
2021	*中茶302	GPD茶树（2021）330015	中国农业科学院茶叶研究所	426
2021	*中茶108	GPD茶树（2021）330016	中国农业科学院茶叶研究所	426
2021	*中茶604	GPD茶树（2021）330017	中国农业科学院茶叶研究所	426
2021	*中茶605	GPD茶树（2021）330018	中国农业科学院茶叶研究所	426
2021	*中茶606	GPD茶树（2021）330019	中国农业科学院茶叶研究所	426
2021	*春雨二号	GPD茶树（2021）330024	武义县农业农村局	446
2021	*栗峰	GPD茶树（2021）330025	杭州市农业科学研究院	446
2021	*杭茶21号	GPD茶树（2021）330026	杭州市农业科学研究院	446
2021	*杭茶22号	GPD茶树（2021）330027	杭州市农业科学研究院	446
2021	*春雨一号	GPD茶树（2021）330029	武义县农业农村局	446
2021	*鄂茶201	GPD茶树（2021）420032	湖北省农业科学院果树茶叶研究所	446
2021	*彝黄1号	GPD茶树（2021）510033	马边彝族自治县农业农村局	446
2021	*湘茶研6号	GPD茶树（2021）430036	湖南省茶叶研究所	446
2021	*玉绿	GPD茶树（2021）430037	湖南省茶叶研究所	456
2021	*西山茶1号	GPD茶树（2021）450038	广西壮族自治区茶叶科学研究所	456
2021	*西山茶8号	GPD茶树（2021）450039	广西壮族自治区茶叶科学研究所	456
2021	*中茶501	GPD茶树（2021）330040	中国农业科学院茶叶研究所	456
2021	*中茗7号	GPD茶树（2021）330041	中国农业科学院茶叶研究所	456
2022	*中茶149	GPD茶树（2022）330001	中国农业科学院茶叶研究所	514
2022	*中茶152	GPD茶树（2022）330002	中国农业科学院茶叶研究所	514
2022	*中茶153	GPD茶树（2022）330003	中国农业科学院茶叶研究所	514
2022	*中茶154	GPD茶树（2022）330004	中国农业科学院茶叶研究所	514
2022	*中茶158	GPD茶树（2022）330005	中国农业科学院茶叶研究所	514
2022	*中茗6号	GPD茶树（2022）330006	中国农业科学院茶叶研究所	514
2022	*崂茶1号	GPD茶树（2022）370007	青岛万里江茶业有限公司	535
2022	*玉露1号	GPD茶树（2022）420008	恩施州农业科学院	535
2022	*中茶127	GPD茶树（2022）330009	中国农业科学院茶叶研究所	535
2022	*天福星1号	GPD茶树（2022）350010	武夷星茶业有限公司	535

（续表）

年份	品种	登记编号	第一申请者	农业农村部公告号
2022	*金福星1号	GPD茶树（2022）350011	福建农林大学	535
2022	*金福星2号	GPD茶树（2022）350012	福建农林大学	535
2022	*醉金红	GPD茶树（2022）330013	宁波黄金韵茶业科技有限公司	563
2022	*黄金毫	GPD茶树（2022）330014	宁波黄金韵茶业科技有限公司	563
2022	*瑞雪1号	GPD茶树（2022）330015	宁波黄金韵茶业科技有限公司	563
2022	*千年雪	GPD茶树（2022）330016	宁波黄金韵茶业科技有限公司	563
2022	*黄金芽	GPD茶树（2022）330017	宁波黄金韵茶业科技有限公司	563
2022	*黄金甲	GPD茶树（2022）330018	宁波黄金韵茶业科技有限公司	563
2022	*御金香	GPD茶树（2022）330019	宁波黄金韵茶业科技有限公司	563
2022	*宁州早1号	GPD茶树（2022）360020	江西省蚕桑茶叶研究所	563
2022	*赣茶5号	GPD茶树（2022）360021	江西省蚕桑茶叶研究所	563
2022	*俾头单丛	GPD茶树（2022）440022	潮州市茶产业促进会	563
2022	*芝兰香单丛	GPD茶树（2022）440023	潮州市茶产业促进会	563
2022	*岚里香	GPD茶树（2022）340024	张常春	563
2022	藏茶1号	GPD茶树（2022）540025	林芝市易贡珠峰农业科技有限公司	563
2022	*望海茶1号	GPD茶树（2022）330026	宁海县农业产业化发展中心	563
2022	*利川红1号	GPD茶树（2022）420027	利川市毛坝镇人民政府	563
2022	中黄4号	GPD茶树（2022）330028	中国农业科学院茶叶研究所	563
2022	*春萱	GPD茶树（2022）350029	福建省农业科学院茶叶研究所	563
2022	*瑞茗	GPD茶树（2022）350030	福建省农业科学院茶叶研究所	563
2022	*福萱	GPD茶树（2022）350031	福建省农业科学院茶叶研究所	563
2022	*金鸡1号	GPD茶树（2022）340032	安徽省农业科学院茶叶研究所	563
2022	*霍黄1号	GPD茶树（2022）340033	安徽省农业科学院茶叶研究所	563
2022	*湘茶研10号	GPD茶树（2022）430034	湖南省茶叶研究所	563
2022	*湘茶研14号	GPD茶树（2022）430035	湖南省茶叶研究所	563
2022	*湘茶研12号	GPD茶树（2022）430036	湖南省茶叶研究所	563
2022	*甘露1号	GPD茶树（2022）510037	四川省农业科学院茶叶研究所	588
2022	*金凤1号	GPD茶树（2022）510038	四川省农业科学院茶叶研究所	588

（续表）

年份	品种	登记编号	第一申请者	农业农村部公告号
2022	*金凤2号	GPD茶树（2022）510039	四川省农业科学院茶叶研究所	588
2022	烟茶7号	GPD茶树（2022）370040	烟台市和心意茶叶专业合作社	588
2022	烟茶9号	GPD茶树（2022）370041	烟台市和心意茶叶专业合作社	588
2022	*蒙山6号	GPD茶树（2022）510042	四川省名山茶树良种繁育场	588
2022	*蒙山8号	GPD茶树（2022）510043	四川省名山茶树良种繁育场	588
2022	*径山1号	GPD茶树（2022）330044	中国农业科学院茶叶研究所	603
2022	*径山2号	GPD茶树（2022）330045	中国农业科学院茶叶研究所	603
2022	*白叶1号	GPD茶树（2022）330046	安吉县农业农村局茶叶站	603
2022	川茶2号	GPD茶树（2022）510047	四川农业大学	603
2022	川茶3号	GPD茶树（2022）510048	四川农业大学	603
2022	*中茶308	GPD茶树（2022）330049	中国农业科学院茶叶研究所	603
2022	*紫娟	GPD茶树（2022）530050	云南省农业科学院茶叶研究所	603
2022	*云茶香1号	GPD茶树（2022）530051	云南省农业科学院茶叶研究所	603
2022	秧塔大白茶	GPD茶树（2022）530052	云南省农业科学院茶叶研究所	603
2022	中茶503	GPD茶树（2022）330053	中国农业科学院茶叶研究所	634
2022	川茶5号	GPD茶树（2022）510054	四川农业大学	634
2022	中茶307	GPD茶树（2022）330055	中国农业科学院茶叶研究所	634
2022	*笙元2号	GPD茶树（2022）330056	嵊州市笙元茗茶实验场	634
2022	*笙元3号	GPD茶树（2022）330057	嵊州市笙元茗茶实验场	634
2022	磐茶1号	GPD茶树（2022）330058	磐安县农业农村局	634
2022	中茶504	GPD茶树（2022）330059	中国农业科学院茶叶研究所	634
2022	中白3号	GPD茶树（2022）330060	中国农业科学院茶叶研究所	634
2022	中茶紫芽2号	GPD茶树（2022）330061	中国农业科学院茶叶研究所	634
2022	*中茶105	GPD茶树（2022）330062	中国农业科学院茶叶研究所	634
2023	中茶701	GPD茶树（2023）330001	中国农业科学院茶叶研究所	661
2023	*崂茶2号	GPD茶树（2023）370002	青岛万里江茶业有限公司	661
2023	*崂茶3号	GPD茶树（2023）370003	青岛万里江茶业有限公司	661
2023	桂热2号	GPD茶树（2023）450004	广西南亚热带农业科学研究所	661

(续表)

年份	品种	登记编号	第一申请者	农业农村部公告号
2023	凌波红	GPD茶树（2023）430005	湖南省茶叶研究所	661
2023	金栀	GPD茶树（2023）430006	湖南省茶叶研究所	661
2023	湘茶研16号	GPD茶树（2023）430007	湖南省茶叶研究所	661
2023	椀香茗	GPD茶树（2023）430008	湖南省茶叶研究所	661
2023	渐荣齐	GPD茶树（2023）430009	湖南省茶叶研究所	661
2023	湘茶研18号	GPD茶树（2023）430010	湖南省茶叶研究所	661
2023	玉叶	GPD茶树（2023）430011	湖南省茶叶研究所	661
2023	*五峰212	GPD茶树（2023）420012	五峰土家族自治县茶叶发展中心	661
2023	仙池12号	GPD茶树（2023）450013	广西绿异茶树良种研究院	661
2023	*仙池66号	GPD茶树（2023）450014	三江侗族自治县仙池茶业有限公司	661
2023	*桂茗1号	GPD茶树（2023）450015	广西壮族自治区茶叶科学研究所	661
2023	*桂茗2号	GPD茶树（2023）450016	广西壮族自治区茶叶科学研究所	661
2023	*中茗2807	GPD茶树（2023）330017	中国农业科学院茶叶研究所	661
2023	*桂香早	GPD茶树（2023）450018	广西壮族自治区茶叶科学研究所	661
2023	*凌云5号	GPD茶树（2023）450019	广西壮族自治区茶叶科学研究所	661
2023	中茶310	GPD茶树（2023）330020	中国农业科学院茶叶研究所	661
2023	中茶311	GPD茶树（2023）330021	中国农业科学院茶叶研究所	661
2023	中茶312	GPD茶树（2023）330022	中国农业科学院茶叶研究所	661
2023	中茶702	GPD茶树（2023）330023	中国农业科学院茶叶研究所	661
2023	中茶硒茶2号	GPD茶树（2023）330024	中国农业科学院茶叶研究所	661
2023	中茶黄芽5号	GPD茶树（2023）330025	中国农业科学院茶叶研究所	661
2023	龙冠1号	GPD茶树（2023）330026	杭州龙冠实业有限公司	661
2023	五峰310	GPD茶树（2023）420027	五峰土家族自治县茶叶发展中心	678
2023	金裕1号	GPD茶树（2023）340028	安徽农业大学	678
2023	桂红2号	GPD茶树（2023）450029	广西壮族自治区茶叶科学研究所	678
2023	中茶313	GPD茶树（2023）330030	中国农业科学院茶叶研究所	678
2023	白叶2号	GPD茶树（2023）330031	安吉茗正堂茶业有限公司	678
2023	川茶9号	GPD茶树（2023）510032	四川农业大学	678

（续表）

年份	品种	登记编号	第一申请者	农业农村部公告号
2023	韩冠茶	GPD茶树（2023）350033	福建省农业科学院茶叶研究所	678
2023	茗桂	GPD茶树（2023）350034	福建省农业科学院茶叶研究所	678
2023	紫玫瑰	GPD茶树（2023）350035	福建省农业科学院茶叶研究所	678
2023	早春毫	GPD茶树（2023）350036	福建省农业科学院茶叶研究所	678
2023	茗铁0319	GPD茶树（2023）350037	福建省农业科学院茶叶研究所	678
2023	皇冠茶	GPD茶树（2023）350038	福建省农业科学院茶叶研究所	678
2023	茗冠茶	GPD茶树（2023）350039	福建省农业科学院茶叶研究所	678
2023	矮脚乌龙	GPD茶树（2023）350040	建瓯市茶业发展中心	678
2023	赣茶6号	GPD茶树（2023）360041	江西省经济作物研究所	678
2023	赣茶7号	GPD茶树（2023）360042	江西省经济作物研究所	678
2023	狗牯脑茶2号	GPD茶树（2023）360043	江西省经济作物研究所	678
2023	宜茶1号	GPD茶树（2023）420044	宜昌市夷陵区农业技术服务中心	711
2023	宜茶2号	GPD茶树（2023）420045	宜昌市夷陵区农业技术服务中心	711
2023	宜茶3号	GPD茶树（2023）420046	宜昌市夷陵区农业技术服务中心	711
2023	福茗8号	GPD茶树（2023）350047	福建省农业科学院茶叶研究所	711
2023	福茗1号	GPD茶树（2023）350048	福建省农业科学院茶叶研究所	711
2023	福茗2号	GPD茶树（2023）350049	福建省农业科学院茶叶研究所	711
2023	鲁茶1号	GPD茶树（2023）370050	日照市农业科学研究院	711
2023	鲁茶2号	GPD茶树（2023）370051	日照市农业科学研究院	711
2023	鸟峰1号	GPD茶树（2023）340052	安徽农业大学	711
2023	中黄3号	GPD茶树（2023）330053	中国农业科学院茶叶研究所	711
2023	中茶703	GPD茶树（2023）330054	中国农业科学院茶叶研究所	711
2023	中茶704	GPD茶树（2023）330055	中国农业科学院茶叶研究所	711
2023	中茶硒茶4号	GPD茶树（2023）330056	中国农业科学院茶叶研究所	711
2023	卫民4号	GPD茶树（2023）340057	安徽省农业科学院茶叶研究所	711
2023	横山1号	GPD茶树（2023）340058	安徽省农业科学院茶叶研究所	711
2023	报春1号	GPD茶树（2023）340059	安徽农业大学	711
2023	云顶早	GPD茶树（2023）510060	四川省农业科学院茶叶研究所	711

(续表)

年份	品种	登记编号	第一申请者	农业农村部公告号
2023	天府茶1号	GPD茶树（2023）510061	四川省农业科学院茶叶研究所	711
2023	中茶128	GPD茶树（2023）330062	中国农业科学院茶叶研究所	711
2023	鄂茶7号	GPD茶树（2023）420063	五峰土家族自治县茶叶发展中心	742
2023	桂红3号	GPD茶树（2023）450064	广西壮族自治区茶叶科学研究所	742
2023	桂红4号	GPD茶树（2023）450065	广西壮族自治区茶叶科学研究所	742
2023	桂香22号	GPD茶树（2023）450066	广西壮族自治区茶叶科学研究所	742
2023	桂香18号	GPD茶树（2023）450067	广西壮族自治区茶叶科学研究所	742
2023	三花1951	GPD茶树（2023）510068	四川省农业科学院茶叶研究所	742
2023	鲁茶6号	GPD茶树（2023）370069	山东省农业科学院	742
2023	鲁茶17号	GPD茶树（2023）370070	青岛农业大学	742
2023	鲁茶7号	GPD茶树（2023）370071	青岛农业大学	742
2023	黄金茶3号	GPD茶树（2023）430072	湖南省茶叶研究所	742
2023	鲁茶3号	GPD茶树（2023）370073	日照市农业科学研究院	742
2023	鲁茶4号	GPD茶树（2023）370074	日照市农业科学研究院	742
2023	川沐217	GPD茶树（2023）510075	四川一枝春茶业有限公司	742
2023	川沐28	GPD茶树（2023）510076	四川一枝春茶业有限公司	742
2023	苔子茶1号	GPD茶树（2023）510077	四川农业大学	742
2023	中茶白芽2号	GPD茶树（2023）330078	中国农业科学院茶叶研究所	742
2023	中茶硒茶3号	GPD茶树（2023）330079	中国农业科学院茶叶研究所	742
2023	中茶150	GPD茶树（2023）330080	中国农业科学院茶叶研究所	742
2023	中茶148	GPD茶树（2023）330081	中国农业科学院茶叶研究所	742
2023	云茶8号	GPD茶树（2023）530082	云南省农业科学院茶叶研究所	742
2023	云茶11号	GPD茶树（2023）530083	云南省农业科学院茶叶研究所	742
2024	莲山1号	GPD茶树（2024）370001	五莲县北方茶叶研究所	778
2024	云黄1号	GPD茶树（2024）530002	景谷傣族彝族自治县茶叶和特色生物产业发展中心	778
2024	长叶白毫	GPD茶树（2024）530003	云南省农业科学院茶叶研究所	778
2024	崂茶4号	GPD茶树（2024）370004	青岛万里江茶业有限公司	778

（续表）

年份	品种	登记编号	第一申请者	农业农村部公告号
2024	崂茶8号	GPD茶树（2024）370005	青岛万里江茶业有限公司	778
2024	崂茶5号	GPD茶树（2024）370006	青岛万里江茶业有限公司	778
2024	崂茶6号	GPD茶树（2024）370007	青岛万里江茶业有限公司	778
2024	紫脉龙韵	GPD茶树（2024）450008	广西南亚热带农业科学研究所	778
2024	龙蕊2号	GPD茶树（2024）450009	广西南亚热带农业科学研究所	778
2024	龙蕊1号	GPD茶树（2024）450010	广西南亚热带农业科学研究所	778
2024	凌龙1号	GPD茶树（2024）450011	广西南亚热带农业科学研究所	778
2024	黄金茶16号	GPD茶树（2024）430012	湖南省茶叶研究所	778
2024	黄金茶5号	GPD茶树（2024）430013	湖南省茶叶研究所	778
2024	碧盛	GPD茶树（2024）430014	湖南省茶叶研究所	778
2024	楮红韵	GPD茶树（2024）430015	湖南省茶叶研究所	778
2024	玉青螺	GPD茶树（2024）430016	湖南省茶叶研究所	778
2024	绿凝	GPD茶树（2024）430017	湖南省茶叶研究所	778
2024	福郁	GPD茶树（2024）430018	湖南省茶叶研究所	778
2024	炎秀	GPD茶树（2024）430019	湖南省茶叶研究所	778
2024	金瑞	GPD茶树（2024）430020	湖南省茶叶研究所	778
2024	观樾	GPD茶树（2024）430021	湖南省茶叶研究所	778
2024	金香玉	GPD茶树（2024）430022	湖南省茶叶研究所	778
2024	观韵	GPD茶树（2024）430023	湖南省茶叶研究所	778
2024	湘牛春	GPD茶树（2024）430036	湖南省茶叶研究所	778
2024	襄茶1号	GPD茶树（2024）420037	襄阳市农业科学院	778
2024	云茶37号	GPD茶树（2024）530038	云南省农业科学院茶叶研究所	778
2024	云茶14号	GPD茶树（2024）530039	云南省农业科学院茶叶研究所	778
2024	北茶寒春	GPD茶树（2024）370040	青岛职业技术学院	778
2024	北茶红蕊	GPD茶树（2024）370041	青岛职业技术学院	778
2024	云红茶3号	GPD茶树（2024）530044	云南省农业科学院茶叶研究所	778
2024	白云0492	GPD茶树（2024）350045	福建省农业科学院茶叶研究所	778

* 该品种建立了基因型信息，详细信息参见第三章。

江苏省

'锡茶24号'

Camellia sinensis（L.）O. Kuntze 'Xicha 24'

申 请 者 无锡市茶叶品种研究所有限公司

育 种 者 无锡市茶叶品种研究所有限公司　徐琪　邵元海　王敏鑫　周静峰　田晓兰　钱雪菲

品种编号 非主要农作物品种登记号：GPD茶树（2019）320003。

品种来源 无锡市茶叶品种研究所有限公司从'福鼎大白茶'有性后代中选育而成。

特征特性 小乔木型，早生种，树姿半开张，中叶类，叶片长度6.5厘米，宽度2.9厘米，窄椭圆形，叶片着生姿态向上。新梢一芽二叶呈浅绿色，茸毛较稀，一芽三叶百芽重61.0克。春季一芽二叶生化样含茶多酚24.3%，氨基酸4.1%，咖啡碱3.8%，水浸出物36.3%。适制绿茶。制烘青绿茶，外形条索较紧结，色泽翠绿；汤色嫩绿明亮；香气呈栗香；滋味鲜爽；叶底嫩绿、尚明亮。第一生长周期春季亩（1亩≈667米^2）产一芽二叶鲜叶192千克，比对照'福鼎大白茶'增产2%；第二生长周期春季亩产一芽二叶鲜叶202千克，比对照'福鼎大白茶'增产2%。抗茶炭疽病，感茶小绿叶蝉。抗寒性和抗旱性均较强。

适宜种植区域及栽培技术要点

适宜在江苏无锡、宜兴茶区春季或秋季雨水较充沛的时间种植。选择土层深厚、有机质含量较高的园地，单行双株种植，适时进行3~4次定型修剪。采摘茶园增施有机肥，加强肥水管理，及时分批留叶采摘，适度嫩采、采养结合，夏秋季注意预防茶小绿叶蝉为害。

浙江省

'庐云3号'

Camellia sinensis（L.）O. Kuntze 'Luyun 3'

申 请 者 中国农业科学院茶叶研究所　濂溪区山北茶场　九江市农业农村局

育 种 者 陈　亮　朱顺友　刘　爽　金基强　陈　艳　吕凤琴　黄纪刚　张玲芳　陈建华

品种编号 非主要农作物品种登记号：GPD茶树（2019）330032。

品种来源 中国农业科学院茶叶研究所等从'庐山种'中经过单株选择—扦插扩繁—性状鉴定等育种程序选育而成。

特征特性 灌木型，中生偏早种，树姿半开张，中叶类，叶片长度9厘米，宽度3厘米，窄椭圆形。在九江地区物候期较对照'龙井长叶'迟4~7天，新梢一芽二叶期第二叶浅绿色，发芽密度密，茸毛密。春季一芽二叶生化样含茶多酚16.8%、氨基酸5.0%、咖啡碱3.4%、水浸出物47.3%。适制绿茶。制"庐山云雾茶"，外形兰花形、显毫、嫩黄润、汤色浅嫩黄、较明亮，香气尚高爽、有嫩香；滋味醇和、较甘滑，叶底细嫩、显芽、匀齐、嫩黄。第一生长周期春季亩产一芽二叶鲜叶174千克，比对照'龙井长叶'增产130%；第二生长周期春季亩产一芽二叶鲜叶197千克，比对照'龙井长叶'增产37%。感茶小绿叶蝉，抗茶炭疽病，抗寒性与抗旱性强。

适宜种植区域及栽培技术要点

适宜在江南茶区江西九江秋季或春季雨水较充沛的时间种植。宜采用单行双株或双行双株种植。适宜温度年均气温15℃以上，最低温度不低于-9℃，年降水量1 000~2 000毫米。

'中黄1号'

Camellia sinensis（L.）O. Kuntze 'Zhonghuang 1'

申 请 者 中国农业科学院茶叶研究所　浙江天台九遮茶业有限公司　天台县特产技术推广站

育 种 者 杨亚军　陈　明　王新超　奚永照　虞富莲　叶文国　金　鑫　陈　俊　许廉明　白堃元

品种编号 非主要农作物品种登记号：GPD茶树（2019）330033。原浙江省林木品种审定委员会林木良种认定编号：浙R-SV-CS-008-2013、浙S-SV-CS-005-2016。

品种来源 中国农业科学院茶叶研究所等从天台地方品种中单株选育而成。

特征特性 灌木型，中（偏晚）生种，树姿直立，中叶类，叶片长度6.1厘米、宽度3.0厘米，叶片中等椭圆形，叶片着生状态水平或稍向上。在杭州地区春茶一芽一叶期在4月上旬，新梢芽叶鹅黄色，茸毛少，一芽三叶长4.4厘米。春茶一芽二叶生化样含茶多酚（14.2±0.5）%，氨基酸（7.3±0.4）%，咖啡碱（3.1±0.06）%，水浸出物（43.5±2.4）%。适制绿茶。制烘青绿茶，外形细嫩绿润透金黄，汤色嫩绿清澈透黄，香气嫩香，滋味鲜醇。第一生长周期春季亩产一芽二叶鲜叶39千克，比对照'黄金芽'增产21%；第二生长周期春季亩产54千克，比对照'黄金芽'增产39%。较抗虫，易感茶炭疽病，较抗寒、抗旱、耐高温。

适宜种植区域及栽培技术要点

适宜在江南和江北茶区年活动积温大于3 200℃的浙江、四川、贵州、湖南秋季或春季雨水较充沛的时间种植。直立性强，需要适当缩小行距、增加种植密度。幼龄期未投产之前，可适当遮阴，以提高成活率与生长势，但投产之后不宜遮阴，否则影响黄化程度。在春季气温回升较快地区种植，可能会影响新梢黄化程度。

'中黄2号'

Camellia sinensis（L.）O. Kuntze 'Zhonghuang 2'

申 请 者 中国农业科学院茶叶研究所　缙云县农业农村局经济特产站　缙云县上湖茶业专业合作社

育 种 者 杨亚军　胡惜丽　王新超　徐可新　虞富莲

品种编号 非主要农作物品种登记号：GPD茶树（2019）330034。原浙江省农作物品种审定委员会审定编号：浙（非）审茶2015001。

品种来源 中国农业科学院茶叶研究所等从缙云县地方品种中单株选育而成。

特征特性 灌木型，中生种，树姿直立，中叶类，叶片长度6.0厘米、宽度2.8厘米，叶片窄椭圆形，叶片着生状态向上。在杭州地区春茶一芽一叶期在4月上旬，新梢芽叶葵花黄色，茸毛少，一芽三叶长4.8厘米。春茶一芽二叶生化样含茶多酚（14.0±1.8）%，氨基酸（7.7±0.8）%，咖啡碱（2.9±0.1）%，水浸出物（44.3±2.2）%。适制绿茶。制烘青绿茶，外形金黄翠绿相间，汤色嫩绿清澈，香气清香高锐，滋味清鲜或嫩鲜。第一生长周期春季亩产一芽二叶鲜叶41千克，比对照'黄金芽'增产37%；第二生长周期春季亩产59千克，比对照'黄金芽'增产25%。中抗茶炭疽病和茶橙瘿螨，较抗寒、旱。

适宜种植区域及栽培技术要点

适宜在浙江、安徽、四川、江苏、贵州偏酸性土壤的大部分绿茶产区秋季或春季雨水充沛的时间种植。幼龄期未投产之前，可适当遮阴，以提高成活率和生长势，但投产之后不宜遮阴，否则影响黄化程度。

'中茶111'

Camellia sinensis（L.）O. Kuntze'Zhongcha 111'

申 请 者 中国农业科学院茶叶研究所

育 种 者 陈 亮 姚明哲 虞富莲 马春雷 金基强 王新超 马建强

品种编号 非主要农作物品种登记号：GPD茶树（2019）330039。原全国茶树品种鉴定委员会鉴定编号：国品鉴茶2014009。

品种来源 中国农业科学院茶叶研究所从'云桂大叶'中经过单株选拔—无性繁殖—区域试验等选育而成。

特征特性 灌木型，中生种，树姿半开张，中叶类，叶片长度10.5厘米，宽度5.1厘米，中等椭圆形，叶片着生姿态水平；新梢芽叶黄绿色，茸毛较少，芽头较肥壮，一芽三叶长7.1厘米，一芽三叶百芽重54.3克。春季一芽二叶生化样含茶多酚21.3%，氨基酸3.6%，咖啡碱3.2%，水浸出物41.9%。适制绿茶。制烘青绿茶，外形肥嫩绿润带毫，汤色浅绿亮，香气清香，滋味浓爽。第一生长周期春季亩产一芽二叶鲜叶303千克，比对照'福鼎大白茶'增产21%；第二生长周期春季亩产一芽二叶鲜叶334千克，比对照'福鼎大白茶'增产48%。中抗茶小绿叶蝉，抗茶炭疽病，抗寒性和抗旱性强。

适宜种植区域及栽培技术要点

适宜在江南和江北茶区的浙江、贵州、湖北、湖南偏酸性土壤秋季或春季雨水较充沛的时间种植。宜单行双株或单株种植，选择土层深厚、有机质丰富的土壤栽培。建议与早生品种搭配种植。

浙江省

第二章 茶树登记品种图谱

33

'景白2号'

Camellia sinensis（L.）O. Kuntze 'Jingbai 2'

申 请 者 景宁畲族自治县经济作物总站

育 种 者 王建林　刘祝安　刘建平　包佐淼　叶昌松

品种编号 非主要农作物品种登记号：GPD茶树（2020）330011。原浙江省非主要农作物品种审定委员会审定编号：浙（非）审茶2014002。

品种来源 景宁畲族自治县经济作物总站从'景宁惠明茶'变异后代中单株选育而成。

特征特性 灌木型，中生种，树姿半开张，中叶类，叶片长度7.4厘米，宽度2.8厘米，窄椭圆形。发芽密度高，芽叶茸毛少，一芽三叶长6.9厘米，一芽三叶百芽重41.0克。春季一芽二叶生化样含茶多酚14.5%，氨基酸8.0%，咖啡碱3.2%，水浸出物44.0%。适制绿茶。制绿茶，干茶呈燕尾状，色泽嫩黄鲜活，汤色嫩黄明亮，香气嫩香馥郁有蛋黄香，滋味鲜醇，叶底匀亮。第一生长周期春季亩产一芽二叶鲜叶26千克，比对照'白叶1号'增产17%；第二生长周期春季亩产一芽二叶鲜叶32千克，比对照'白叶1号'增产18%。抗茶云纹叶枯病，感茶饼病。

适宜种植区域及栽培技术要点

适宜在江南茶区浙江西南的春、秋季节及浙北地区春季雨水较充沛的时间种植。幼龄茶园进行3次定型修剪，投产茶园正常年份5月中下旬修剪为宜。

浙江省

第二章 茶树登记品种图谱

35

'景白1号'

Camellia sinensis（L.）O. Kuntze 'Jingbai 1'

申 请 者 景宁畲族自治县经济作物总站

育 种 者 刘建平　叶有奇　叶玉琪　刘　饶　刘慧平

品种编号 非主要农作物品种登记号：GPD茶树（2020）330012。原浙江省非主要农作物品种审定委员会审定编号：浙（非）审茶2014001。

品种来源 景宁畲族自治县经济作物总站从'景宁惠明茶'变异中单株选育而成。

特征特性 灌木型，中生种，树姿半开张；中叶类，叶片长度9.3厘米，宽度3.2厘米，窄椭圆形。新梢发芽密度中，芽叶茸毛少，一芽三叶长7.6厘米，一芽三叶百芽重49.0克。春季一芽二叶生化样含茶多酚16.3%，氨基酸7.9%，咖啡碱3.6%，水浸出物45.6%。适制绿茶。制绿茶，干茶肥壮，色泽嫩绿鲜活，汤色嫩黄明亮；香气嫩香带蛋黄香；滋味鲜爽浓醇；叶底嫩黄匀亮。第一生长周期春季亩产一芽二叶鲜叶32千克，比对照'白叶1号'增产3%；第二生长周期春季亩产一芽二叶鲜叶35千克，比对照'白叶1号'增产9%。中抗茶炭疽病，抗寒性较强。

适宜种植区域及栽培技术要点

适宜在江南茶区的浙江西南及浙北地区春、秋季种植。无性扦插繁殖适宜选择夏季扦插，避开春季落叶集中期，提高扦插成活率。幼龄茶园进行3次定型修剪，投产茶园正常年份5月中下旬修剪为宜。

浙江省

第二章 茶树登记品种图谱

37

'中白1号'

Camellia sinensis(L.) O. Kuntze 'Zhongbai 1'

申 请 者 中国农业科学院茶叶研究所　建德市农业技术推广中心　建德市龙源白茶开发有限公司

育 种 者 曾建明　郝国双　章志芳　张友炯　俞燎远　聂美英　杨亚军　范方媛

品种编号 非主要农作物品种登记号：GPD茶树（2020）330019。

品种来源 中国农业科学院茶叶研究所等从'鸠坑种'中单株选育而成。

特征特性 灌木型，晚生种，树姿直立，中叶类，叶片长度8.0厘米、宽度2.6厘米，叶片披针形，叶片着生状态向上。在杭州地区春茶一芽一叶期在4月初，新梢芽叶乳白色，茸毛少；夏、秋季新梢芽叶乳黄色。春茶一芽二叶生化样含茶多酚17.6%、氨基酸6.3%、咖啡碱4.3%、水浸出物44.4%。适制绿茶。制烘青绿茶，外形细紧、嫩绿稍带嫩黄鲜润，汤色嫩绿清澈，香气嫩香或清香，滋味鲜嫩醇爽。第一生长周期亩产一芽二叶鲜叶71千克，与对照'白叶1号'相当；第二生长周期亩产110千克，比对照'白叶1号'减产4%。抗茶炭疽病，抗寒、旱。

适宜种植区域及栽培技术要点

适宜在浙江、江苏、山东、贵州、湖北秋季或春季雨水较充沛的时间种植。该品种直立性强，应适当提高种植密度，采用双行栽时应适当加宽小行距到40厘米以提高茶行覆盖度。芽叶较长，早期以采摘单芽和一芽一叶为主，后期采摘一芽二叶。

'中茶502'

Camellia sinensis（L.）O. Kuntze 'Zhongcha 502'

申 请 者 中国农业科学院茶叶研究所
育 种 者 曾建明　杨亚军　章志芳　王新超　王　璐　郝心愿　李小恋
品种编号 非主要农作物品种登记号：GPD茶树（2020）330023。
品种来源 中国农业科学院茶叶研究所从'木禾种'中单株选育而成。
特征特性 灌木型，早生种，树姿半开张，中叶类，叶片长度6.9厘米、宽度3.4厘米，叶片中等椭圆形，叶片着生状态向上。在杭州地区春茶一芽一叶期在3月下旬，新梢芽叶黄绿色，茸毛少，一芽三叶长9.7厘米。春茶一芽二叶生化样含茶多酚19.0%，氨基酸4.4%，咖啡碱3.1%，水浸出物47.9%。适制绿茶。制烘青绿茶，外形细紧卷曲、显毫较绿，汤色清澈明亮，香气清高，滋味较鲜爽浓醇。第一生长周期全年亩产一芽二叶鲜叶260千克，比对照'福鼎大白茶'增产6%；第二生长周期全年亩产567千克，比对照'福鼎大白茶'增产16%。感茶小绿叶蝉，抗茶炭疽病，抗寒、旱。连续3年机采试验，当蓬面一芽三叶新梢达到30%左右时，机采完整新梢比例达到75%，适宜优质茶机采。

适宜种植区域及栽培技术要点

适宜在江南茶区浙江、湖北、安徽、湖南地区秋季或春季雨水较充沛的时间种植。该品种适宜机采，种植后应及时定剪，促进机采蓬面的形成。适时防治茶小绿叶蝉。

浙江省

第二章 茶树登记品种图谱

'中茶601'

Camellia sinensis（L.）O. Kuntze 'Zhongcha 601'

申 请 者 中国农业科学院茶叶研究所

育 种 者 王新超　王　璐　郝心愿　杨亚军　章志芳　曾建明

品种编号 非主要农作物品种登记号：GPD茶树（2020）330024。

品种来源 中国农业科学院茶叶研究所从'龙井43'种子后代中单株选育而成。

特征特性 灌木型，特早生种，树姿半开张，生长势较强，中叶类，叶片长度8.4厘米、宽度3.5厘米，叶片中等椭圆形，叶片着生状态向上。在杭州地区春茶一芽一叶期在3月中下旬，新梢芽叶浅绿色，茸毛少，一芽三叶长4.9厘米。春茶一芽二叶生化样含茶多酚16.9%，氨基酸4.1%，咖啡碱3.0%，儿茶素10.8%，水浸出物45.4%。适制绿茶。制烘青绿茶，外形细紧绿润鲜活，汤色嫩黄明亮，香气清鲜带花香，滋味醇和甘鲜。第一生长周期亩产一芽二叶鲜叶273千克，比对照'福鼎大白茶'增产8%；第二生长周期亩产384千克，比对照'福鼎大白茶'增产14%。感茶小绿叶蝉，抗病性和抗寒性强，中抗旱。

适宜种植区域及栽培技术要点

适宜在江南茶区浙江、湖北、安徽春季或秋季种植。宜采用单行双株或双行双株的种植规格，前期肥水供应要充足。注意夏秋高温热旱害，及时嫩采。

浙江省

第二章 茶树登记品种图谱

'中茶602'

Camellia sinensis（L.）O. Kuntze 'Zhongcha 602'

申 请 者 中国农业科学院茶叶研究所
育 种 者 王新超　王　璐　郝心愿　章志芳　杨亚军　曾建明
品种编号 非主要农作物品种登记号：GPD茶树（2020）330025。
品种来源 中国农业科学院茶叶研究所从'云台山种'中单株选育而成。
特征特性 灌木型，早生种，树姿半开张，生长势较强，中叶类，叶片长度10.3厘米、宽度3.8厘米，叶片窄椭圆形，叶片着生状态向上。在杭州地区春茶一芽一叶期在3月下旬，新梢芽叶浅绿色，茸毛中等，持嫩性好，一芽三叶长6.4厘米。春茶一芽二叶生化样含茶多酚18.0%，儿茶素12.4%，氨基酸4.2%，咖啡碱3.5%，水浸出物48.2%。适制绿茶和红茶。制烘青绿茶，外形细紧、肥嫩、披毫、嫩绿鲜润，汤色浅嫩黄、清澈明亮，香气嫩（栗）香持久，滋味甘鲜嫩爽。夏秋季制红茶，外形较壮结、肥、显金毫，汤色红、明亮，香气清甜、较鲜、略有花果香，滋味尚浓醇。第一生长周期亩产一芽二叶鲜叶382千克，比对照'福鼎大白茶'增产15%；第二生长周期亩产487千克，比对照'福鼎大白茶'增产11%。感茶小绿叶蝉，抗茶炭疽病，较抗寒、旱。

适宜种植区域及栽培技术要点

适宜在江南茶区浙江、湖南，西南茶区重庆、贵州、四川春季或秋季种植。宜采用单行双株或双行双株的种植规格，注意及时采取绿色防治措施防治茶小绿叶蝉。

'中茶603'

Camellia sinensis（L.）O. Kuntze'Zhongcha 603'

申 请 者 中国农业科学院茶叶研究所
育 种 者 王新超　郝心愿　王　璐　杨亚军　章志芳　曾建明
品种编号 非主要农作物品种登记号：GPD茶树（2020）330026。
品种来源 中国农业科学院茶叶研究所从'四川中小叶种'中单株选育而成。
特征特性 灌木型，早生种，树姿半开张，生长势较强，中叶类，叶片长度8.1厘米、宽度3.7厘米，叶片中等椭圆形，叶片着生状态向上。在杭州地区春茶一芽一叶期在3月下旬，新梢芽叶浅绿色，茸毛密，持嫩性好，一芽三叶长5.2厘米。春茶一芽二叶生化样含茶多酚17.3%，儿茶素10.6%，氨基酸4.6%，咖啡碱3.5%，水浸出物48.5%。适制绿茶和红茶。制烘青绿茶，外形肥嫩、卷曲、披毫、嫩绿鲜润，汤色嫩绿、明亮，香气清高、鲜爽、有花香，滋味醇和甘鲜。夏秋季制红茶，外形多金毫、乌褐，汤色红、明亮，香气高甜，滋味较浓醇。第一生长周期亩产一芽二叶鲜叶81千克，比对照'福鼎大白茶'增产5%；第二生长周期亩产90千克，与对照'福鼎大白茶'相当。感茶小绿叶蝉，高抗茶炭疽病，较抗寒、旱。

适宜种植区域及栽培技术要点

适宜在江南茶区浙江秋季或春季种植。宜采用单行双株或双行双株的种植规格，前期肥水供应要充足，注意及时嫩采，适时防治茶小绿叶蝉。

'浙农12'

Camellia sinensis（L.）O. Kuntze 'Zhenong 12'

申 请 者 浙江大学

育 种 者 刘祖生　赵学仁　王爱蓉　胡月龄　周巨根　梁月荣　赵　东

品种编号 非主要农作物品种登记号：GPD茶树（2020）330027。原全国农作物品种审定委员会认定编号：GS13045-1987。

品种来源 浙江大学茶叶研究所从'福鼎大白茶'与'云南大叶种'自然杂交后代群体中单株选育而成。

特征特性 小乔木型，中生种，生长势强，树姿半开张，中叶类，叶片长度8.7厘米、宽度3.7厘米，叶片中等椭圆形，叶片着生状态向上。在杭州地区春茶一芽一叶期在3月中下旬，新梢芽叶绿色，茸毛特多，芽头肥壮，一芽三叶长7.3厘米、百芽重68.0克。春茶一芽二叶生化样含茶多酚14.6%，氨基酸4.6%，咖啡碱2.3%，水浸出物45.6%。适制红茶和绿茶，品质优良。制红碎茶，香味浓厚；制绿茶，绿翠多毫，香高持久，滋味浓鲜。第一生长周期亩产一芽二叶鲜叶511千克，比对照'福鼎大白茶'增产29%；第二生长周期亩产632千克，比对照'福鼎大白茶'增产35%。高抗茶小绿叶蝉，高抗茶炭疽病，抗寒性较弱，抗旱性强。

适宜种植区域及栽培技术要点

适宜在广东、广西、福建、江西、湖南、浙江等茶区春、秋、冬季种植。宜选择土层深厚、背风向阳的地块，按常规茶园规格种植。抗寒性较弱。幼年期遇严寒，主茎基部易遭冻裂，及时铺草培土，适当控制后期氮肥施用量。

浙江省

第二章 茶树登记品种图谱

49

'浙农113'

Camellia sinensis（L.）O. Kuntze 'Zhenong 113'

申 请 者 浙江大学

育 种 者 刘祖生　赵学仁　王爱蓉　周巨根　梁月荣　胡月龄　赵　东　陆建良

品种编号 非主要农作物品种登记号：GPD茶树（2020）330028。原全国农作物品种审定委员会审定编号：GS13009-1994。

品种来源 浙江大学茶叶研究所从'福鼎大白茶'与'云南大叶种'自然杂交后代中单株选育而成。

特征特性 小乔木型，早生种，生长势强，树姿半开张，中叶类，叶片长度8.9厘米、宽度3.6厘米，叶片中等椭圆形，叶片着生状态水平。在杭州地区春茶一芽一叶期在3月下旬，新梢芽叶黄绿色，茸毛多，一芽三叶长6.5厘米、百芽重88.0克。春茶一芽二叶生化样含茶多酚14.2%，氨基酸4.0%，咖啡碱2.7%，水浸出物45.4%。适制绿茶，尤适制高香松针形、曲毫形名优绿茶。制绿茶，外形紧细、纤细有毫，香高持久，滋味浓鲜爽口。第一生长周期亩产一芽二叶鲜叶319千克，比对照'浙农12'增产32%；第二生长周期亩产387千克，比对照'浙农12'增产35%。抗病虫性强，抗寒性、抗旱性强。

适宜种植区域及栽培技术要点

适宜在浙江、福建、湖北、四川、江西、安徽、重庆等茶区春、秋、冬季种植。宜选择土层深厚、背风向阳的地块，按常规茶园规格种植。

浙江省

第二章 茶树登记品种图谱

51

'浙农117'

Camellia sinensis（L.）O. Kuntze'Zhenong 117'

申 请 者 浙江大学

育 种 者 刘祖生　梁月荣　赵　东　陆建良　赵学仁　王爱蓉　胡月龄　郑新强

品种编号 非主要农作物品种登记号：GPD茶树（2020）330029。原全国茶树品种鉴定委员会鉴定编号：国品鉴茶2010012，浙江省非主要农作物品种认定委员会认定编号：浙认茶2006001。

品种来源 浙江大学茶叶研究所从'福鼎大白茶'与'云南大叶种'自然杂交后代中单株选育而成。

特征特性 小乔木型，早生种，生长势强，树姿半开张，中叶类，叶片长度8.7厘米、宽度3.1厘米，叶片窄椭圆形，叶片着生状态水平。在杭州地区春茶一芽一叶期在3月中旬，新梢芽叶黄绿色，茸毛中等偏少，芽头壮，一芽三叶长7.8厘米、百芽重65.0克。春茶一芽二叶生化样含茶多酚17.2%，氨基酸3.2%，咖啡碱2.9%，水浸出物46.7%。适制红茶和绿茶，品质优良。制红碎茶，香高带甜香，味鲜浓强；制绿茶，外形细嫩紧结、深绿显芽，花香浓，滋味鲜爽。第一生长周期亩产一芽二叶鲜叶203千克，比对照'福鼎大白茶'增产23%；第二生长周期亩产317千克，比对照'福鼎大白茶'增产19%。感茶小绿叶蝉，高抗茶炭疽病，抗螨、蚜虫和象甲，抗寒性强，抗旱性强。

适宜种植区域及栽培技术要点

适宜在浙江、福建、湖北、四川、贵州等茶区春、秋、冬季种植。宜选择土层深厚、背风向阳的地块，按常规茶园规格种植，及时防治茶小绿叶蝉。

'浙农121'

Camellia sinensis（L.）O. Kuntze'Zhenong 121'

申 请 者 浙江大学

育 种 者 刘祖生　赵学仁　王爱蓉　梁月荣　周巨根　胡月龄　奚彪　赵东

品种编号 非主要农作物品种登记号：GPD茶树（2020）330030。原浙江省农作物品种审定委员会（1988）认定编号：浙品认字第086号。

品种来源 浙江大学茶叶研究所从'福鼎大白茶'和'云南大叶种'自然杂交后代中单株选育而成。

特征特性 小乔木型，中生种，生长势强，树姿半开张，大叶类，叶片长度10.6厘米、宽度4.8厘米，叶片中等椭圆形，叶片着生状态向上；在杭州地区春茶一芽一叶期在3月下旬，新梢芽叶绿色，茸毛较多，芽头肥壮，一芽三叶长6.1厘米、百芽重105.0克。春茶一芽二叶生化样含茶多酚11.3%，氨基酸4.4%，咖啡碱3.1%，水浸出物44.2%。适制红茶和绿茶，品质优良。制红碎茶，色较乌润，香高，味鲜醇；制绿茶，绿翠多毫，略具花香，味鲜爽。第一生长周期亩产一芽二叶鲜叶365千克，比对照'浙农12'增产51%；第二生长周期亩产505千克，比对照'浙农12'增产76%。感茶小绿叶蝉，高抗茶炭疽病，抗寒性、抗旱性较强。

适宜种植区域及栽培技术要点

适宜在浙江等茶区春、秋、冬季种植。按常规茶园规格种植与定型修剪。抗虫性较弱，注意防治。

'浙农21'

Camellia sinensis（L.）O. Kuntze 'Zhenong 21'

申 请 者 浙江大学

育 种 者 刘祖生　赵学仁　王爱蓉　胡月龄　周巨根　梁月荣　赵　东　陆建良　郑新强

品种编号 非主要农作物品种登记号：GPD茶树（2020）330031。原全国农作物品种审定委员会审定编号：国审茶2002012。

品种来源 浙江大学茶叶研究所从浙江平阳'云南大叶种'自然杂交后代中单株选育而成。

特征特性 小乔木型，中生种，生长势强，树姿半开张，中叶类，叶片长度9.0厘米、宽度3.7厘米，叶片中等椭圆形，叶片着生状态水平。在杭州地区春茶一芽一叶期在3月底，新梢芽叶绿色，茸毛多，芽头壮，一芽三叶长6.8厘米、百芽重104.0克。春茶一芽二叶生化样含茶多酚11.0%，氨基酸4.6%，咖啡碱2.6%，水浸出物45.8%。适制红茶、绿茶。制红茶品质与'黔湄419'相近，制红碎茶，味浓强，具花香；制绿茶，香高味浓，宜制毛峰等。第一生长周期亩产一芽二叶鲜叶24千克，比对照'福鼎大白茶'增产43%；第二生长周期亩产107千克，比对照'福鼎大白茶'增产39%。高抗茶小绿叶蝉，高抗茶炭疽病，抗寒性中等，抗旱性较强。

适宜种植区域及栽培技术要点

适宜在广东、广西、福建、江西、湖南、浙江等茶区春、秋、冬季种植。按常规茶园规格种植和定剪。在行距1.5米规格下，采用单行或双行种植；幼龄期做好防冻保苗工作；及时、分批采摘。后期控制氮肥用量，以利越冬。

浙江省

第二章 茶树登记品种图谱

57

'浙农25'

Camellia sinensis（L.）O. Kuntze 'Zhenong 25'

申 请 者 浙江大学

育 种 者 刘祖生　赵学仁　王爱蓉　胡月龄　周巨根　梁月荣　赵　东　陆建良　郑新强

品种编号 非主要农作物品种登记号：GPD茶树（2020）330032。原浙江省农作物品种审定委员会（1992）认定编号：浙品认字第156号。

品种来源 浙江大学茶叶研究所从'云南大叶种'自然杂交后代中单株选育而成。

特征特性 小乔木型，中生种，生长势强，树姿半开张，大叶类，叶片长度10.7厘米、宽度3.9厘米，叶片窄椭圆形，叶片着生状态水平。在杭州地区春茶一芽一叶期在3月底，新梢芽叶淡绿色，茸毛多，芽头肥壮，一芽三叶长8.9厘米、百芽重99.0克。春茶一芽二叶生化样含茶多酚17.8%，氨基酸3.2%，咖啡碱2.4%，水浸出物45.6%。适制红茶。制红茶具有滇红风味，红碎茶香高似花香，滋味较浓鲜爽。第一生长周期亩产一芽二叶鲜叶30千克，比对照'福鼎大白茶'增产84%；第二生长周期亩产114千克，比对照'福鼎大白茶'增产47%。感茶小绿叶蝉，感茶炭疽病，抗寒性中等，抗旱性强。

适宜种植区域及栽培技术要点

适宜在浙江等茶区春、秋、冬季种植。按双条栽茶园规格种植，严格进行定型修剪和摘顶养蓬，以扩大采摘面。幼龄期注意防冻保苗。后期控制氮肥用量，以利越冬，注意病害防治。

'浙农139'

Camellia sinensis(L.)O. Kuntze'Zhenong 139'

申 请 者 浙江大学

育 种 者 刘祖生　梁月荣　赵　东　陆建良　赵学仁　王爱蓉　胡月龄　郑新强

品种编号 非主要农作物品种登记号：GPD茶树（2020）330033。原全国茶树品种鉴定委员会鉴定编号：国品鉴茶2010011，浙江省非主要农作物品种认定委员会认定编号：浙认茶2006002。

品种来源 浙江大学茶叶研究所从'福鼎大白茶'与'云南大叶种'自然杂交后代中单株选育而成。

特征特性 小乔木型，早生种，生长势强，树姿半开张，中叶类，叶片长度8.8厘米、宽度3.3厘米，叶片窄椭圆形，叶片着生状态水平。在杭州地区春茶一芽一叶期在3月中旬，新梢芽叶绿色，茸毛较多，芽形较小，一芽三叶长7.3厘米、百芽重58.0克。春茶一芽二叶生化样含茶多酚12.4%，氨基酸4.5%，咖啡碱2.9%，水浸出物49.0%。适制绿茶。制绿茶，外形紧实、绿润、显毫，香高，滋味清爽带鲜。第一生长周期亩产一芽二叶鲜叶160千克，比对照'福鼎大白茶'减产2%；第二生长周期亩产266千克，与对照'福鼎大白茶'相当。抗茶小绿叶蝉、螨、蚜虫和象甲，感茶炭疽病，抗寒性较强，抗旱性强。

适宜种植区域及栽培技术要点

适宜在浙江、福建、四川等茶区春、秋、冬季种植。宜选择土层深厚、背风向阳的地块，按常规茶园规格种植。春季萌发早，要注意及时防止倒春寒发生。

'浙农301'

Camellia sinensis（L.）O. Kuntze 'Zhenong 301'

申 请 者 浙江大学

育 种 者 梁月荣　郑新强　陆建良　叶俭慧　赵　东

品种编号 非主要农作物品种登记号：GPD茶树（2020）330034，植物新品种权号：CNA20171601.8。

品种来源 浙江大学茶叶研究所从'嘉茗1号'自然杂交后代中单株选育而成。

特征特性 灌木型，早生种，生长势强，树姿半开张，中叶类，叶片长度8.5厘米、宽度3.4厘米，叶片中等椭圆形，叶片着生状态向上。在杭州地区春茶一芽一叶期在3月上旬，新梢芽叶黄绿色，茸毛中，一芽三叶长11.8厘米、百芽重29.2克。春茶一芽二叶生化样含茶多酚19.8%，氨基酸4.3%，咖啡碱3.5%，水浸出物49.3%。适制绿茶。制烘青绿茶，条索紧结略弯、色泽翠绿润，汤色黄绿明亮，香气清香浓、带栗香、持久，滋味鲜浓较醇。第一生长周期亩产一芽二叶鲜叶66千克，比对照'福鼎大白茶'增产44%；第二生长周期亩产104千克，比对照'福鼎大白茶'增产7%。感茶小绿叶蝉，高抗茶炭疽病、叶枯病，抗螨和蚜虫，抗寒性和抗旱性强。

适宜种植区域及栽培技术要点

适宜在浙江地区春、秋、冬季种植。适宜单行双株或双行单株种植，选择土层深厚、有机质丰富的土壤栽培；适时定型修剪，适当增施有机肥。因春季发芽早，注意防范"倒春寒"。

'浙农302'

Camellia sinensis(L.) O. Kuntze 'Zhenong 302'

申 请 者 浙江大学

育 种 者 陆建良　郑新强　梁月荣　叶俭慧　赵　东

品种编号 非主要农作物品种登记号：GPD茶树（2020）330035，植物新品种权号：CNA20171602.7。

品种来源 浙江大学茶叶研究所从'嘉茗1号'自然杂交后代中单株选育而成。

特征特性 灌木型，早生种，生长势强，树姿半开张，中叶类，叶片长度7.1厘米、宽度3.3厘米，叶片中等椭圆形，叶片着生状态向上。在杭州地区春茶一芽一叶期在3月中旬，新梢芽叶黄绿色，茸毛中，一芽三叶长11.5厘米、百芽重30.4克。春茶一芽二叶生化样含茶多酚21.3%，氨基酸3.8%，咖啡碱3.0%，水浸出物49.2%。适制绿茶。制烘青绿茶，条索紧结有锋苗、色泽绿润、有白毫，汤色嫩绿明亮，香气嫩香浓、稍闷、持久，滋味浓醇、尚鲜。第一生长周期亩产一芽二叶鲜叶81千克，比对照'福鼎大白茶'增产76%；第二生长周期亩产99千克，比对照'福鼎大白茶'增产2%。感茶小绿叶蝉，高抗茶炭疽病、叶枯病，抗螨和蚜虫，抗寒性和抗旱性强。

适宜种植区域及栽培技术要点

适宜在浙江地区春、秋、冬季种植。适宜单行双株或双行单株种植，选择土层深厚、有机质丰富的土壤栽培；适时定型修剪，适当增施有机肥；分批留叶采摘数年后，蓬面须轻剪整枝。因春季发芽早，注意防范"倒春寒"。

'浙农701'

Camellia sinensis（L.）O. Kuntze 'Zhenong 701'

申 请 者 浙江大学

育 种 者 郑新强　梁月荣　陆建良　叶俭慧　赵　东

品种编号 非主要农作物品种登记号：GPD茶树（2020）330036，植物新品种权号：CNA20171603.6。

品种来源 浙江大学茶叶研究所从'福鼎大白茶'בʼ浙农109ʼ杂交后代中单株选育而成。

特征特性 小乔木型，早生种，生长势强，树姿半开张，中叶类，叶片长度9.9厘米、宽度3.7厘米，叶片窄椭圆形，叶片着生状态向上。在杭州地区春茶一芽一叶期在3月中旬，新梢芽叶黄绿色，茸毛多，一芽三叶长13.1厘米、百芽重57.2克。春茶一芽二叶生化样含茶多酚15.8%，氨基酸6.8%，咖啡碱4.5%，水浸出物46.5%。适制绿茶。制烘青绿茶，外形紧结、卷曲、有毫、绿翠稍深，香气高鲜，滋味鲜醇、甘鲜。第一生长周期亩产一芽二叶鲜叶414千克，与对照'福鼎大白茶'相当；第二生长周期亩产335千克，比对照'福鼎大白茶'增产7%。感小绿叶蝉，抗茶炭疽病，抗寒性和抗旱性强。

适宜种植区域及栽培技术要点

适宜在浙江、湖南、四川、重庆、贵州等地区春、秋、冬季种植。适宜单行双株或双行单株种植，选择土层深厚、有机质丰富的土壤栽培；适时定型修剪，适当增施有机肥。冬天抗冻性稍弱，可提早修剪或立体栽培；易感小绿叶蝉，应注意防控。

'浙农702'

Camellia sinensis（L.）O. Kuntze 'Zhenong 702'

申 请 者 浙江大学

育 种 者 叶俭慧　梁月荣　陆建良　郑新强　赵　东

品种编号 非主要农作物品种登记号：GPD茶树（2020）330037，植物新品种权号：CNA20171604.5。

品种来源 浙江大学茶叶研究所从'福鼎大白茶'בʼ浙农109'杂交后代中单株选育而成。

特征特性 小乔木型，早生种，生长势强，树姿半开张，中叶类，叶片长度9.8厘米、宽度4.1厘米，叶片中等椭圆形，叶片着生状态水平。在杭州地区春茶一芽一叶期在3月中旬，新梢芽叶黄绿色，茸毛中等，一芽三叶长13.2厘米、百芽重50.6克。春茶一芽二叶生化样含茶多酚15.9%，氨基酸7.1%，咖啡碱4.3%，水浸出物47.7%。适制绿茶。制烘青绿茶，外形紧结、卷曲、有毫、绿翠，汤色明亮，清香，滋味醇、尚鲜。第一生长周期亩产一芽二叶鲜叶482千克，比对照'福鼎大白茶'增产17%；第二生长周期亩产332千克，比对照'福鼎大白茶'增产6%。感小绿叶蝉，抗茶炭疽病、赤星病，抗寒性中等，抗旱性强。

适宜种植区域及栽培技术要点

适宜在浙江、湖南、四川、贵州等地区春、秋、冬季种植。适宜单行双株或双行单株种植，选择土层深厚、有机质丰富的土壤栽培。适时定型修剪，适当增施有机肥；易感小绿叶蝉，应注意防控。

'浙农901'

Camellia sinensis（L.）O. Kuntze'Zhenong 901'

申 请 者 浙江大学

育 种 者 陆建良　叶俭慧　梁月荣　郑新强　赵　东

品种编号 非主要农作物品种登记号：GPD茶树（2020）330038，植物新品种权号：CNA20171605.4。

品种来源 浙江大学茶叶研究所从'鸠坑种'后代中单株选育而成。

特征特性 灌木型，早生种，生长势强，树姿半开张，中叶类，叶片长度6.5厘米、宽度3.0厘米，叶片中等椭圆形，叶片着生状态向上。在杭州地区春茶一芽一叶期在3月上旬，新梢芽叶黄绿色，茸毛少，一芽三叶长13.0厘米、百芽重31.5克。春茶一芽二叶生化样含茶多酚14.4%，氨基酸8.5%，咖啡碱3.4%，水浸出物48.8%。适制绿茶。制烘青绿茶，外形紧结、卷曲、有锋苗、深绿带翠，汤色嫩绿明亮，香气较清高，滋味鲜醇。第一生长周期亩产一芽二叶鲜叶425千克，比对照'福鼎大白茶'增产3%；第二生长周期亩产308千克，比对照'福鼎大白茶'减产2%。感茶小绿叶蝉，高抗茶炭疽病，抗螨和蚜虫，抗寒性和抗旱性强。

适宜种植区域及栽培技术要点

适宜在浙江、湖南、四川、重庆、贵州地区春、秋、冬季种植。适宜单行双株或双行单株种植，选择土层深厚、有机质丰富的土壤栽培。适时定型修剪，适当增施有机肥。因春季发芽早，注意防范"倒春寒"。

浙江省

第二章 茶树登记品种图谱

71

'浙农902'

Camellia sinensis（L.）O. Kuntze 'Zhenong 902'

申 请 者 浙江大学

育 种 者 梁月荣　叶俭慧　陆建良　郑新强　赵　东

品种编号 非主要农作物品种登记号：GPD茶树（2020）330039，植物新品种权号：CNA20171606.3。

品种来源 浙江大学茶叶研究所从'鸠坑种'后代中单株选育而成。

特征特性 灌木型，早生种，生长势强，树姿半开张，中叶类，叶片长度10.0厘米、宽度4.1厘米，叶片中等椭圆形，叶片着生状态向上。在杭州地区春茶一芽一叶期在3月上旬，新梢芽叶黄绿色，茸毛少，一芽三叶长12.8厘米、百芽重38.0克。春茶一芽二叶生化样含茶多酚15.4%，氨基酸8.0%，咖啡碱3.5%，水浸出物44.9%。适制绿茶。制烘青绿茶，外形细紧、卷曲、有毫、绿翠，汤色浅嫩黄、明亮，香气清高，滋味浓醇、甘。第一生长周期亩产一芽二叶鲜叶494千克，比对照'福鼎大白茶'增产19%；第二生长周期亩产386千克，比对照'福鼎大白茶'增产23%。感茶小绿叶蝉，高抗茶炭疽病，抗螨和蚜虫，抗寒性和抗旱性强。

适宜种植区域及栽培技术要点

适宜在浙江、湖南、四川、重庆、贵州地区春、秋、冬季种植。适宜单行双株或双行单株种植，选择土层深厚、有机质丰富的土壤栽培。适时定型修剪，适当增施有机肥；因春季发芽早，注意防范"倒春寒"。

'中茶112'

Camellia sinensis（L.）O. Kuntze 'Zhongcha 112'

申 请 者 中国农业科学院茶叶研究所

育 种 者 陈　亮　姚明哲　王新超　金基强　马春雷　马建强

品种编号 非主要农作物品种登记号：GPD茶树（2020）330043。

品种来源 中国农业科学院茶叶研究所从'矮丰20'自然杂交后代中单株选拔—无性繁殖—区域试验等选育而成。

特征特性 灌木型，早生种，树姿半开张，中叶类，叶片长度8.2厘米，宽度3.4厘米，窄椭圆形，叶片着生姿态向上。杭州地区开采期一般为3月中下旬，一芽二叶盛期一般在4月初。新梢发芽密度中，茸毛中，一芽三叶长7.6厘米，一芽三叶百芽重48.3克。春季一芽二叶生化样含茶多酚18.4%，氨基酸5.1%，咖啡碱3.5%，水浸出物49.2%。适制绿茶。制烘青绿茶，外形细紧，略卷曲，显毫绿润，汤色浅嫩黄明亮，香气清高较鲜爽，滋味尚浓醇甘鲜，叶底细嫩显芽，嫩绿明亮。第一生长周期春季亩产一芽二叶鲜叶395千克，比对照'福鼎大白茶'增产17%；第二生长周期春季亩产一芽二叶鲜叶556千克，比对照'福鼎大白茶'增产28%。高抗茶炭疽病，抗茶小绿叶蝉，在四川地区试点、重庆地区试点抗寒性和抗旱性强。

适宜种植区域及栽培技术要点

适宜在江南茶区浙江、湖南，西南茶区重庆、四川和贵州地区秋季或者春季雨水充足的时间种植。选择土层深厚、有机质丰富的土壤栽培，单行双株种植。适当增施有机肥，适时定型修剪。分批留叶采摘，采养结合。

'中茶125'

Camellia sinensis(L.) O. Kuntze 'Zhongcha 125'

申 请 者 中国农业科学院茶叶研究所

育 种 者 陈 亮 金基强 马建强 马春雷 姚明哲 王新超

品种编号 非主要农作物品种登记号：GPD茶树（2020）330044，植物新品种权号：CNA20100657.0。

品种来源 中国农业科学院茶叶研究所从'蒲莲桐元'בִ龙井43'人工杂交后代中单株选拔—无性繁殖—区域试验等流程选育而成。

特征特性 灌木型，早生种，树姿半开张，中叶类，叶片长度8.2厘米，宽度3.6厘米，窄椭圆形，叶片着生姿态向上。杭州地区开采期一般为3月中下旬，一芽二叶盛期一般在4月初，发芽密度高，茸毛中，开采期一般为3月中下旬，一芽二叶盛期一般在4月初，一芽三叶长5.5厘米，一芽三叶百芽重35.5克。春季一芽二叶生化样含茶多酚18.0%，氨基酸4.6%，咖啡碱2.8%，水浸出物52.0%。适制烘青绿茶和扁形绿茶。制烘青绿茶，外形紧结，略卷曲有毫，较嫩绿带翠；汤色浅嫩黄较明亮，清高较鲜；滋味清鲜较甘和；叶底嫩匀显芽，较嫩绿明亮。第一生长周期春季亩产一芽二叶鲜叶422千克，比对照'福鼎大白茶'增产25%；第二生长周期春季亩产一芽二叶鲜叶563千克，比对照'福鼎大白茶'增产30%。高抗茶炭疽病，高抗茶小绿叶蝉，在四川地区试点、重庆地区试点抗寒性和抗旱性强。

适宜种植区域及栽培技术要点

适宜在江南茶区浙江、湖南以及西南茶区重庆、四川、贵州地区秋季或者春季雨水充足的时间种植。选择土层深厚、有机质丰富的土壤栽培，单行双株种植。适当增施有机肥，适时定型修剪，分批留叶采摘，采养结合。

'中茶147'

Camellia sinensis（L.）O. Kuntze 'Zhongcha 147'

申 请 者 中国农业科学院茶叶研究所

育 种 者 陈　亮　马春雷　姚明哲　马建强　金基强

品种编号 非主要农作物品种登记号：GPD茶树（2020）330045。

品种来源 中国农业科学院茶叶研究所从'嘉茗1号'דを龙井43'人工杂交后代中单株选拔—无性繁殖—区域试验等流程选育而成。

特征特性 灌木型，早生种，树姿半开张，中叶类，叶片长度9.1厘米，宽度3.1厘米，窄椭圆形，叶片着生姿态向上。杭州地区开采期一般为3月下旬，一芽二叶盛期一般在4月上旬，发芽密度高，茸毛中，一芽三叶长7.0厘米，一芽三叶百芽重33.0克。春季一芽二叶生化样含茶多酚19.6%，氨基酸4.5%，咖啡碱3.4%，水浸出物48.3%。适制绿茶。制烘青绿茶，外形紧结，略卷曲显毫，绿翠润，汤色浅嫩黄较明亮，香气清高，滋味尚浓醇甘鲜，叶底细嫩显芽，嫩绿明亮。第一生长周期春季亩产一芽二叶鲜叶350千克，比对照'福鼎大白茶'增产3%，第二生长周期春季亩产一芽二叶鲜叶520千克，比对照'福鼎大白茶'增产20%。高抗茶炭疽病，感茶小绿叶蝉，在四川地区试点和重庆地区试点抗寒性和抗旱性强。

适宜种植区域及栽培技术要点

适宜在江南茶区浙江海拔不高于700米、湖南和西南茶区重庆、贵州地区秋季或春季雨水充足时种植。选择土层深厚、有机质丰富的土壤栽培，单行双株种植；适当增施有机肥，适时定型修剪；分批留叶采摘，采养结合。

浙江省

第一章 茶树登记品种图谱

'东茗1号'

Camellia sinensis（L.）O. Kuntze 'Dongming 1'

申 请 者 中国农业科学院茶叶研究所　新昌县东茗乡事业综合服务中心　新昌县茶叶站

育 种 者 张志汀　陈　亮　白家赫　马建强　俞志锋　马春雷　周竹定　金基强　陈杰丹

品种编号 非主要农作物品种登记号：GPD茶树（2020）330046。

品种来源 中国农业科学院茶叶研究所等从'鸠坑种'中经过单株选育—无性繁殖—区域试验等流程选育而成。

特征特性 灌木型，早生种，树姿直立，中叶类，叶片长度9.9厘米，宽度4.1厘米，中等椭圆形，叶片着生姿态向上。杭州地区开采期一般为3月底，一芽二叶盛期一般在4月初，发芽密度低，茸毛中，一芽三叶长6.2厘米，一芽三叶百芽重32.3克。春季一芽二叶生化样含茶多酚19.4%，氨基酸4.8%，咖啡碱3.1%，水浸出物49.1%。适制绿茶。制"龙井茶"，扁平光滑、挺直稍宽扁、嫩黄，汤色浅嫩黄明亮，香气高爽有栗香，滋味尚浓醇、尚甘鲜，叶底嫩厚、成朵、嫩绿明亮。第一生长周期春季亩产一芽二叶鲜叶110千克，比对照'福鼎大白茶'减产27%；第二生长周期春季亩产一芽二叶鲜叶93千克，比对照'福鼎大白茶'减产35%。高抗茶炭疽病，抗茶小绿叶蝉，抗寒性中等。

适宜种植区域及栽培技术要点

适宜在江南茶区的浙江茶区海拔600米以下秋季或春季雨水充足时间种植。选择土层深厚、有机质丰富的土壤栽培，单行双株种植，因树姿直立可适当减少行距；适时进行3次定型修剪，分批留叶采摘，采养结合，培养树冠。

浙江省

第二章 茶树登记品种图谱

'中茗66号'

Camellia sinensis（L.）O. Kuntze 'Zhongming 66'

申 请 者 中国农业科学院茶叶研究所

育 种 者 韦　康　成　浩　王丽鸳　曾建明　阮　丽　章志芳　吴立赟

品种编号 非主要农作物品种登记号：GPD茶树（2021）330005，植物新品种权号：CNA20161833.9。

品种来源 中国农业科学院茶叶研究所从西湖'龙井种'中单株选育而成。

特征特性 灌木型，早生种，生长势中，树姿半开张，小叶类，叶片长度7.1厘米、宽度2.9厘米，叶片窄椭圆形，叶片着生状态向上。在杭州地区一芽二叶盛期一般在3月下旬，新梢芽叶浅绿色，茸毛中，一芽三叶长5.8厘米、百芽重20.9克。春茶一芽二叶生化样含茶多酚18.1%，氨基酸5.1%，咖啡碱3.3%，水浸出物46.0%。适制绿茶。制"龙井茶"，外形扁平较光滑挺直、较绿翠，汤色嫩黄明亮，香气微有花香，滋味尚醇，叶底嫩匀成朵绿明亮。第一生长周期春茶亩产一芽二叶鲜叶42千克，比对照'龙井43'减产2%；第二生长周期春茶亩产44千克，比对照'龙井43'减产14%。感茶小绿叶蝉，抗茶炭疽病，抗寒性和抗旱性中等。

适宜种植区域及栽培技术要点

适宜在长江以南茶区浙江杭州地区春季或秋季种植。栽培期间注意防治虫害。

浙江省

第二章 茶树登记品种图谱

'中茶102'

Camellia sinensis(L.) O. Kuntze 'Zhongcha 102'

申 请 者 中国农业科学院茶叶研究所

育 种 者 杨亚军　杨素娟　曾建明　孙　涛　王玉书

品种编号 非主要农作物品种登记号：GPD茶树（2021）330014。原全国农作物品种审定委员会审定编号：国审茶2002014。

品种来源 中国农业科学院茶叶研究所从西湖'龙井种'中单株选育而成。

特征特性 灌木型，早生种，树姿半开张，生长势强，中叶类，叶片长度9.6厘米、宽度4.6厘米，叶片中等椭圆形，叶片着生状态水平。在杭州地区春茶一芽二叶盛期一般在3月下旬，新梢芽叶浅绿色，茸毛中，一芽三叶长5.6厘米，百芽重35.7克。春茶一芽二叶生化样含茶多酚19.5%，氨基酸4.1%，咖啡碱3.4%，水浸出物40.8%。适制绿茶。制绿茶，外形翠绿匀整，汤色嫩黄，香气嫩香，滋味清爽。第一生长周期亩产一芽二叶鲜叶284千克，比对照'迎霜'增产8%；第二生长周期亩产421千克，比对照'迎霜'增产24%。较抗寒、旱。

适宜种植区域及栽培技术要点

适宜在江南、江北茶区浙江、湖南、河南、江苏春季或秋季雨水充足时间种植。适合单行条栽，秋季持嫩性较好。

'中茶302'

Camellia sinensis（L.）O. Kuntze 'Zhongcha 302'

申 请 者 中国农业科学院茶叶研究所

育 种 者 杨亚军　杨素娟　曾建明　王玉书　章志芳

品种编号 非主要农作物品种登记号：GPD茶树（2021）330015。原全国茶树品种鉴定委员会鉴定编号：国品鉴茶2010014。

品种来源 中国农业科学院茶叶研究所从'格鲁吉亚6号'בF鼎大白茶'人工杂交后代中单株选育而成。

特征特性 灌木型，早生种，树姿半开张，生长势强，中叶类，叶片长度8.4厘米、宽度3.8厘米，叶片阔椭圆形，叶片着生状态向上。在杭州地区春茶一芽二叶盛期一般在4月初，新梢芽叶浅绿色，茸毛多，一芽三叶长7.8厘米、百芽重39.0克。春茶一芽二叶生化样含茶多酚15.8%，氨基酸4.6%，咖啡碱3.3%，水浸出物47.9%。适制单芽或一芽一叶类名优绿茶。制绿茶，外形肥壮嫩绿、茸毫披露，汤色嫩绿、明亮，香气清香高锐，滋味清爽。第一生长周期全年亩产一芽二叶鲜叶482千克，比对照'福鼎大白茶'增产77%；第二生长周期全年亩产673千克，比对照'福鼎大白茶'增产157%。抗假眼小绿叶蝉和茶橙瘿螨，中抗茶跗线螨，高感黑刺粉虱，抗茶炭疽病，较抗寒、旱。

适宜种植区域及栽培技术要点

适宜在江南茶区浙江、四川、湖北以及江北茶区河南信阳春季或秋季雨水充足时间种植。适宜单行双株条栽规格种植，注意选择土层深厚、有机质丰富的地块栽种；按时进行定型修剪和摘顶养蓬；投产后须分批及时嫩采，连续采摘数年后，蓬面须轻剪整枝。

浙江省

第二章 茶树登记品种图谱

'中茶108'

Camellia sinensis（L.）O. Kuntze 'Zhongcha 108'

申 请 者 中国农业科学院茶叶研究所

育 种 者 中国农业科学院茶叶研究所

品种编号 非主要农作物品种登记号：GPD茶树（2021）330016。原全国茶树品种鉴定委员会鉴定编号：国品鉴茶2010013。

品种来源 中国农业科学院茶叶研究所从'龙井43'枝条^{60}Coγ射线辐射诱变M_1代中单株选育而成。

特征特性 灌木型，特早生种，树姿半开张，中叶类，叶片长度8.4厘米、宽度3.9厘米，叶片窄椭圆形，叶片着生状态向上；在杭州地区春茶一芽二叶盛期一般在3月下旬，新梢芽叶浅绿色，茸毛少，一芽三叶长7.9厘米、百芽重36.7克。春茶一芽二叶生化样含茶多酚12.0%，氨基酸4.8%，咖啡碱2.6%，水浸出物48.8%。适制绿茶。制烘青绿茶，外形绿润紧结，汤色嫩绿明亮，香气清香浓馥，滋味鲜爽；制扁形绿茶，外形光扁挺直匀整，翠绿鲜艳，滋味清爽鲜。第一生长周期全年亩产一芽二叶鲜叶243千克，比对照'福鼎大白茶'增产89%；第二生长周期全年亩产855千克，比对照'福鼎大白茶'增产47%。抗茶小绿叶蝉和茶橙瘿螨，中抗至抗茶跗线螨，高感黑刺粉虱，抗茶炭疽病，抗寒、旱。

适宜种植区域及栽培技术要点

适宜在江南茶区浙江、四川、湖北以及江北茶区河南信阳春季或秋季雨水充足时间种植。采用双行双株条栽方式栽培；该品种顶端优势较强，定型修剪时建议采用一年两定剪或打顶促分枝以加快成园；江北茶区或江南部分冬季易受干冷风侵袭的茶区建议选择背风地块种植。

浙江省

第二章 茶树登记品种图谱

'中茶604'

Camellia sinensis（L.）O. Kuntze 'Zhongcha 604'

申 请 者 中国农业科学院茶叶研究所
育 种 者 王新超　王　璐　郝心愿　杨亚军　章志芳　曾建明　李娜娜
品种编号 非主要农作物品种登记号：GPD茶树（2021）330017。
品种来源 中国农业科学院茶叶研究所从引种到平阳的'云南大叶种'种子后代中单株选育而成。
特征特性 灌木型，早生种，树姿半开张，中叶类，叶片长度8.5厘米、宽度4.0厘米，叶片中等椭圆形，叶片着生状态向上。在杭州地区春茶一芽一叶期在3月下旬，新梢芽叶浅绿色，茸毛少，一芽三叶长6.3厘米、百芽重26.0克。春茶一芽二叶生化样含茶多酚19.0%，氨基酸5.2%，咖啡碱3.3%，水浸出物49.4%。适制绿茶。制烘青绿茶，外形较细紧、卷曲、略有毫、绿翠，汤色浅嫩绿、清澈、明亮，香气较高鲜，滋味甘醇鲜爽。第一生长周期亩产一芽二叶鲜叶124千克，比对照'福鼎大白茶'增产59%；第二生长周期亩产150千克，比对照'福鼎大白茶'增产67%。感茶小绿叶蝉，高抗茶炭疽病，抗寒性中等，较抗旱。

适宜种植区域及栽培技术要点

适宜在江南茶区浙江秋季或春季雨水充足时间种植。宜采用单行双株或双行双株的种植规格；前期肥水供应要充足，注意及时嫩采；适时防治茶小绿叶蝉。

'中茶605'

Camellia sinensis（L.）O. Kuntze'Zhongcha 605'

申 请 者 中国农业科学院茶叶研究所

育 种 者 王 璐　王新超　郝心愿　杨亚军　章志芳　曾建明　李娜娜

品种编号 非主要农作物品种登记号：GPD茶树（2021）330018。

品种来源 中国农业科学院茶叶研究所从'古兰茶'种子后代中单株选育而成。

特征特性 灌木型，早生种，树姿半开张，生长势强，中叶类，叶片长度8.8厘米、宽度3.7厘米，叶片中等椭圆形，叶片着生状态水平。在杭州地区春茶一芽一叶期在3月下旬，新梢芽叶黄绿色，茸毛少，一芽三叶长5.0厘米、百芽重25.0克。春茶一芽二叶生化样含茶多酚20.1%，氨基酸3.9%，咖啡碱3.8%，水浸出物47.8%。适制绿茶。制烘青绿茶，外形较细紧、卷曲、有毫、嫩绿，汤色浅嫩绿、清澈、明亮，香气高鲜、有花香，滋味甘醇鲜爽。第一生长周期亩产一芽二叶鲜叶106千克，比对照'福鼎大白茶'增产36%；第二生长周期亩产91千克，与对照'福鼎大白茶'相当。感茶小绿叶蝉，高抗茶炭疽病，抗寒性、抗旱性较强。

适宜种植区域及栽培技术要点

适宜在江南茶区浙江春、秋季雨水充足时间种植。宜采用单行双株或双行双株的种植规格，前期肥水供应要充足，注意及时嫩采，适时防治茶小绿叶蝉。

'中茶606'

Camellia sinensis（L.）O. Kuntze 'Zhongcha 606'

申 请 者 中国农业科学院茶叶研究所

育 种 者 王新超　王　璐　郝心愿　杨亚军　章志芳　曾建明　李娜娜

品种编号 非主要农作物品种登记号：GPD茶树（2021）330019。

品种来源 中国农业科学院茶叶研究所从'福鼎大白茶'自然杂交后代中单株选育而成。

特征特性 灌木型，早生种，树姿半开张，中叶类，叶片长度9.4厘米、宽度3.8厘米，叶片中等椭圆形，叶片着生状态水平。在杭州地区春茶一芽一叶期在3月下旬，新梢芽叶浅绿色，茸毛少，一芽三叶长5.9厘米、百芽重34.0克。春茶一芽二叶生化样含茶多酚18.9%，氨基酸3.9%，咖啡碱3.4%，水浸出物48.6%。适制绿茶。制烘青绿茶外形细紧、卷曲、有毫、嫩绿，汤色浅嫩绿、明亮，香气高鲜、有花香，滋味甘醇鲜爽。第一生长周期亩产一芽二叶鲜叶85千克，比对照'福鼎大白茶'增产10%；第二生长周期亩产71千克，比对照'福鼎大白茶'减产21%。高感茶小绿叶蝉，高抗茶炭疽病，抗寒性、抗旱性强。

适宜种植区域及栽培技术要点

适宜在江南茶区浙江秋季或春季种植。宜采用单行双株或双行双株的种植规格，前期肥水供应要充足，注意及时嫩采，适时防治茶小绿叶蝉。

浙江省

第二章 茶树登记品种图谱

'春雨二号'

Camellia sinensis（L.）O. Kuntze 'Chunyu 2'

申 请 者 武义县农业农村局 金华市农科院武义茶叶研究所

育 种 者 郑旭霞 徐文武 沈生智 邓树青 胡 强 祝凌平 郑旭东 汤玉平 周小芬

品种编号 非主要农作物品种登记号：GPD茶树（2021）330024。原全国茶树品种鉴定委员会鉴定编号：国品鉴茶2010003。

品种来源 武义县农业农村局等从'福鼎大白茶'种子后代中单株选拔—无性繁殖—区域试验等流程选育而成。

特征特性 灌木型，晚生种，树姿半开张，中叶类，叶片长度10.7厘米，宽度4.1厘米，中等椭圆形，叶片着生姿态向上。开采期一般为4月上旬，一芽二叶盛期一般在4月上旬，发芽密度低，茸毛中，一芽三叶长4.1厘米，一芽三叶百芽重41.8克。春季一芽二叶生化样含茶多酚15.6%，氨基酸3.7%，咖啡碱2.6%，水浸出物50.0%。适制绿茶。制"武阳春雨"，外形肥嫩似月牙，黄绿，汤色绿亮，香气花香，滋味清爽带花味，叶底绿明匀齐。第一生长周期春季亩产一芽二叶鲜叶118千克，比对照'福鼎大白茶'减产182%；第二生长周期春季亩产一芽二叶鲜叶217千克，比对照'福鼎大白茶'减产224%。抗茶橙瘿螨，抗茶小绿叶蝉，抗寒性中等。

适宜种植区域及栽培技术要点

适宜在江南茶区浙江、福建，西南茶区湖北、四川秋末冬初或早春雨水较充沛的时间种植。采用单行双株或双行双株种植。移栽后及时定型修剪促进分枝，3次定型修剪后可投入正式生产。注意预防低温冻害，适宜温度年均气温15℃以上，最低温度不低于-9℃。

浙江省

第二章 茶树登记品种图谱

97

'栗峰'

Camellia sinensis（L.）O. Kuntze'Lifeng'

申 请 者 杭州市农业科学研究院

育 种 者 黄海涛　余继忠　王凤雷　郑旭霞　周铁锋　敖　存

品种编号 非主要农作物品种登记号：GPD茶树（2021）330025，植物新品种权号：CNA20130064.4。

品种来源 杭州市农业科学研究院从'鸠坑种'中单株选育而成。

特征特性 灌木型，早生种，树姿半开张，中叶类，叶片长度11.2厘米，宽度4.7厘米，中等椭圆形，叶片着生姿态向上。杭州地区开采期一般为3月下旬，一芽二叶盛期一般在4月上旬。发芽密度中，茸毛中，一芽三叶长10.1厘米，一芽三叶百芽重96克；春季一芽二叶生化样含茶多酚20.6%，氨基酸3.8%，咖啡碱3.7%，水浸出物47.3%。适制绿茶。制绿茶，外形绿翠显毫，汤色嫩绿明亮，香气清高鲜爽有花香，滋味甘醇鲜爽，叶底嫩绿鲜亮。第一生长周期春季亩产一芽二叶鲜叶16千克，比对照'福鼎大白茶'增产37%；第二生长周期春季亩产一芽二叶鲜叶13千克，比对照'福鼎大白茶'减产18%。中抗茶尺蠖、茶小绿叶蝉、茶橙瘿螨，感茶炭疽病，抗寒性较强。

适宜种植区域及栽培技术要点

适宜在江南茶区浙江杭州晚秋季或早春时间种植。选择土层深厚、有机质含量高的土壤。按照单行双株或者双行单株种植，适时定型修剪，及时嫩采。

'杭茶21号'

Camellia sinensis(L.) O. Kuntze 'Hangcha 21'

申 请 者 杭州市农业科学研究院

育 种 者 郑旭霞　黄海涛　敖　存　崔宏春　毛宇骁　余继忠　周铁锋　吴跃平

品种编号 非主要农作物品种登记号：GPD茶树（2021）330026，植物新品种权号：CNA20141369.3。

品种来源 杭州市农业科学研究院从'鸠坑种'中经过单株选拔—无性繁殖—区域试验等流程选育而成。

特征特性 灌木型，早生种，树姿半开张，中叶类，叶片长度9.2厘米，宽度3.9厘米，中等椭圆形，叶片着生姿态向上。杭州地区开采期一般为3月下旬，一芽二叶盛期一般在4月上旬，发芽密度中，茸毛中，一芽三叶长8.7厘米，一芽三叶百芽重39.1克。春季一芽二叶生化样含茶多酚20.7%，氨基酸3.4%，咖啡碱3.7%，水浸出物48.1%。适制绿茶。制绿茶，外形壮结有毫绿润，汤色嫩黄明亮，香气清高鲜爽有花香，滋味清鲜甘醇，叶底嫩匀绿亮。第一生长周期春季亩产一芽二叶鲜叶16千克，比对照'福鼎大白茶'增产37%；第二生长周期春季亩产一芽二叶鲜叶33千克，比对照'福鼎大白茶'增产82%。中抗茶炭疽病，中抗茶小绿叶蝉，抗旱性中等。

适宜种植区域及栽培技术要点

适宜在浙江杭州秋、冬季或春季种植。新建茶园要求土层深厚，投产后以施有机肥为主，及时防治茶橙瘿螨等病虫害。

'杭茶22号'

Camellia sinensis（L.）O. Kuntze 'Hangcha 22'

申 请 者 杭州市农业科学研究院　磐安县农业农村局

育 种 者 郑旭霞　张兰美　毛宇骁　黄海涛　敖　存　崔宏春　余继忠　周铁锋

品种编号 非主要农作物品种登记号：GPD茶树（2021）330027，植物新品种权号：CNA20141370.0。

品种来源 杭州市农业科学研究院等从'木禾种'中经过单株选拔—无性繁殖—区域试验等流程选育而成。

特征特性 灌木型，中生种，树姿半开张，中叶类，叶片长度8.5厘米，宽度4.1厘米，中等椭圆形，叶片着生姿态向上。开采期一般为4月上旬，一芽二叶盛期一般在4月中旬，发芽密度中，茸毛中，一芽三叶长7.2厘米，一芽三叶百芽重29.3克。春季一芽二叶生化样含茶多酚18.6%，氨基酸3.5%，咖啡碱3.3%，水浸出物44.6%。适制绿茶。制绿茶，外形较紧结有毫，绿翠稍深，汤色嫩绿明亮，香气高爽、栗香显，滋味醇厚较甘鲜，叶底嫩匀青绿。第一生长周期春季亩产一芽二叶鲜叶16千克，比对照'福鼎大白茶'增产36%；第二生长周期春季亩产一芽二叶鲜叶26千克，比对照'福鼎大白茶'增产43%。感茶小绿叶蝉，中抗茶炭疽病，抗旱性中等，抗寒性强。

适宜种植区域及栽培技术要点

适宜在江南茶区浙江杭州地区秋季或春季雨水较充沛的时间种植。可作为中晚生品种搭配种植；及时嫩采，注意控制虫害和旱害。

浙江省

第二章 茶树登记品种图谱

103

'春雨一号'

Camellia sinensis（L.）O. Kuntze 'Chunyu 1'

申 请 者 武义县农业农村局　金华市农科院武义茶叶研究所

育 种 者 郑旭霞　徐文武　沈生智　邓树青　胡　强　郑旭东　周小芬　虞舜杰

品种编号 非主要农作物品种登记号：GPD茶树（2021）330029。原全国茶树品种鉴定委员会鉴定编号：国品鉴茶2010002。

品种来源 武义县农业农村局等从'福鼎大白茶'种子后代中单株选拔—无性繁殖—区域试验等流程选育而成。

特征特性 灌木型，特早生种，树姿半开张，中叶类，中等椭圆形，叶片长度9.9厘米，宽度4.4厘米，叶片着生姿态向上。开采期一般为3月中旬，一芽二叶盛期一般在3月中旬。发芽密度中，茸毛多，一芽三叶长3.1厘米，一芽三叶百芽重28.0克。春季一芽二叶生化样含茶多酚11.7%，氨基酸4.6%，咖啡碱2.5%，水浸出物46.1%。适制绿茶。制绿茶，香气清高，味鲜醇。第一生长周期春夏秋季亩产一芽二叶鲜叶588千克，比对照'福鼎大白茶'增产77%；第二生长周期春夏秋季亩产一芽二叶鲜叶922千克，比对照'福鼎大白茶'增产33%。抗茶橙瘿螨，对茶小绿叶蝉的抗性稍强于'福鼎大白茶'，抗寒性中到强，抗旱性强。

适宜种植区域及栽培技术要点

适宜在江南茶区浙江、福建、湖北，西南茶区四川秋季或春季雨水较充沛的时间种植。宜采用单行双株或双行双株种植，种植后及时定型修剪，促进分枝，3次定型修剪后可投入正式生产。适宜温度年均气温15℃以上，最低温度不低于-6℃，年降水量650～1 200毫米。

浙江省

第二章 茶树登记品种图谱

'中茶501'

Camellia sinensis（L.）O. Kuntze'Zhongcha 501'

申 请 者 中国农业科学院茶叶研究所
育 种 者 曾建明　杨亚军　章志芳　王新超　王　璐　郝心愿　李小恋
品种编号 非主要农作物品种登记号：GPD茶树（2021）330040。
品种来源 中国农业科学院茶叶研究所从'木禾种'中单株选育而成。
特征特性 灌木型，特早生种，树姿半开张，小叶类，叶片长度7.4厘米、宽度3.5厘米，叶片中等椭圆形，叶片着生状态向上。在杭州地区春茶一芽一叶期在3月下旬，新梢芽叶黄绿色，茸毛少，一芽三叶长9.4厘米。春茶一芽二叶生化样含茶多酚20.0%，氨基酸4.8%，咖啡碱3.8%，水浸出物49.4%。适制绿茶。制烘青绿茶，外形细紧略卷曲、有毫较绿，汤色浅黄明亮，香气较清高、略有花香，滋味较甘醇鲜爽。第一生长周期全年亩产一芽二叶鲜叶232千克，比对照'福鼎大白茶'减产4%；第二生长周期全年亩产391千克，比对照'福鼎大白茶'减产3%。抗茶小绿叶蝉，高抗茶炭疽病，抗寒、旱。连续3年机采试验，当蓬面一芽三叶新梢达到30%左右时，机采完整新梢比例达到67%，适宜优质茶机采。

适宜种植区域及栽培技术要点

适宜在江南生态区浙江杭州地区秋季或春季雨水较充沛的时间种植。该品种适宜机采，种植后应及时定剪，促进机采蓬面的形成。该品种特早生，注意防范倒春寒。

浙江省

第二章 茶树登记品种图谱

107

'中茗7号'

Camellia sinensis（L.）O. Kuntze 'Zhongming 7'

申 请 者 中国农业科学院茶叶研究所　丽水市经济作物总站

育 种 者 王丽鸳　成　浩　韦　康　张成才　吴立赟　阮　丽　潘建义　马军辉

品种编号 非主要农作物品种登记号：GPD茶树（2021）330041，植物新品种权号：CNA20151400.3。

品种来源 中国农业科学院茶叶研究所等从'中茶108'דT龙井43'人工杂交后代中单株选育而成。

特征特性 灌木型，早生种，树姿半开张，生长势强，中叶类，叶片长度9.5厘米、宽度3.0厘米，叶片窄椭圆形，叶片着生状态向上。杭州和嵊州地区春茶一芽二叶盛期一般在3月中旬，新梢芽叶浅绿色，茸毛少，一芽三叶长6.8厘米、百芽重35.0克。春茶一芽二叶生化样含茶多酚19.7%，氨基酸5.2%，咖啡碱4.0%，水浸出物48.6%。适制绿茶和红茶。制卷曲型绿茶，外形壮结显毫，香气高鲜有花香，滋味甘醇鲜爽。制红茶，香气具花果香。第一生长周期春季亩产一芽二叶鲜叶98千克，比对照'龙井43'增产9%；第二生长周期春季亩产81千克，比对照'龙井43'增产4%。感茶小绿叶蝉，高抗茶炭疽病，抗寒性和抗旱性较强。

适宜种植区域及栽培技术要点

适宜在浙江地区春、秋、冬季种植。宜采用单行双株或双行单株的种植规格，树幅大，可适当减小种植密度。该品种生长势旺盛、发芽早，越冬前需修剪突出枝条，防止因顶芽冻伤而减产。

浙江省

第二章 茶树登记品种图谱

109

'中茶149'

Camellia sinensis（L.）O. Kuntze 'Zhongcha 149'

申 请 者 中国农业科学院茶叶研究所

育 种 者 马建强　姚明哲　陈　亮　马春雷　金基强　陈杰丹

品种编号 非主要农作物品种登记号：GPD茶树（2022）330001，植物新品种权号：CNA20191006303。

品种来源 中国农业科学院茶叶研究所从'福鼎大白茶'בそ碧云'杂交后代中单株选拔—无性繁殖—区域试验等程序选育而成。

特征特性 灌木型，早生种，树姿半开张，小叶类，叶片长度7.4厘米，宽度3.6厘米，中等椭圆形，叶片着生姿态向上。杭州地区开采期一般为3月中旬，一芽二叶盛期一般在3月中旬。发芽密度高，茸毛少，一芽三叶长4.8厘米，一芽三叶百芽重43.7克。春季一芽二叶生化样含茶多酚21.1%，氨基酸4.0%，咖啡碱2.4%，水浸出物47.2%。适制绿茶。制绿茶，外形紧结显毫、嫩绿带翠，汤色嫩绿明亮，香气清高、有花香，滋味浓醇甘鲜，叶底嫩匀显芽、嫩绿明亮。第一生长周期春季亩产一芽二叶鲜叶110千克，比对照'福鼎大白茶'增产90%；第二生长周期春季亩产一芽二叶鲜叶111千克，比对照'福鼎大白茶'增产29%。感茶炭疽病，感茶小绿叶蝉，抗寒性和抗旱性较强。

适宜种植区域及栽培技术要点

适宜在江南茶区浙江杭州秋季或春季雨水较充沛的时间种植。宜采用单行单株或双株种植，定植时间以秋季或春季雨水较充沛的时间为宜，定植后进行3次定型修剪，3年后可正式投产。

浙江省

'中茶152'

Camellia sinensis（L.）O. Kuntze 'Zhongcha 152'

申 请 者 中国农业科学院茶叶研究所

育 种 者 陈 亮 马春雷 金基强 姚明哲 马建强 陈杰丹

品种编号 非主要农作物品种登记号：GPD茶树（2022）330002，植物新品种权号：CNA20211006064。

品种来源 中国农业科学院茶叶研究所从'龙井种'中单株选拔—无性繁殖—区域试验等选育而成。

特征特性 灌木型，特早生种，树姿半开张，小叶类，叶片长度7.7厘米，宽度3.1厘米，窄椭圆形，叶片着生姿态向上。春季发芽特早，杭州地区比对照'龙井43'早一周以上，发芽密度高，茸毛中或少，一芽三叶长8.6厘米，一芽三叶百芽重54.9克。春季一芽二叶生化样含茶多酚15.2%，氨基酸4.0%，咖啡碱3.0%，水浸出物48.8%。适制绿茶。制烘青绿茶，外形细紧、略卷曲、略有毫，嫩绿带翠，汤色浅嫩绿、明亮，香气较高鲜、有栗香，滋味较甘醇、鲜爽，叶底细嫩、显芽、绿明亮。第一生长周期春季亩产一芽二叶鲜叶98千克，比对照'龙井43'增产42%；第二生长周期春季亩产一芽二叶鲜叶202千克，比对照'龙井43'增产38%。高抗茶炭疽病，感茶小绿叶蝉，抗寒性较强，抗旱性强。

适宜种植区域及栽培技术要点

适宜在江南茶区浙江杭州地区秋季或春季雨水较充沛的时间种植。宜采用单行双株种植，定植后进行3次定型修剪，3年后可正式投产。因春季发芽期特早，建议与中晚生品种搭配种植，并注意防范"倒春寒"。

浙江省

第二章 茶树登记品种图谱

113

'中茶153'

Camellia sinensis（L.）O. Kuntze 'Zhongcha 153'

申 请 者 中国农业科学院茶叶研究所

育 种 者 金基强　姚明哲　马春雷　陈　亮　马建强　陈杰丹

品种编号 非主要农作物品种登记号：GPD茶树（2022）330003，植物新品种权号：CNA20211006062。

品种来源 中国农业科学院茶叶研究所从'龙井种'中单株选拔—无性繁殖—区域试验等选育而成。

特征特性 灌木型，早生种，树姿半开张，中叶类，叶片长度8.6厘米，宽度3.4厘米，窄椭圆形，叶片着生姿态向上。杭州地区开采期一般为3月下旬，一芽二叶盛期一般在3月下旬，发芽密度中，茸毛少，一芽三叶长9.8厘米，一芽三叶百芽重60.2克。春季一芽二叶生化样含茶多酚16.4%，氨基酸4.8%，咖啡碱3.6%，水浸出物50.0%。适制绿茶。制烘青绿茶，外形细紧、略卷曲、绿翠稍深，汤色嫩绿、清澈明亮，香气清高鲜爽、花香显，滋味清鲜甘和，叶底嫩匀、有芽。第一生长周期春季亩产一芽二叶鲜叶54千克，比对照'龙井43'减产22%；第二生长周期春季亩产一芽二叶鲜叶138千克，比对照'龙井43'减产6%。高抗茶炭疽病，感茶小绿叶蝉，抗寒性较强，抗旱性强。

适宜种植区域及栽培技术要点

适宜在江南茶区浙江杭州地区秋季或春季雨水较充沛的时间种植。宜采用单行双株种植，定植后进行3次定型修剪，3年后可正式投产。

'中茶154'

Camellia sinensis（L.）O. Kuntze 'Zhongcha 154'

申 请 者 中国农业科学院茶叶研究所

育 种 者 姚明哲　金基强　陈　亮　马春雷　马建强　陈杰丹

品种编号 非主要农作物品种登记号：GPD茶树（2022）330004，植物新品种权号：CNA20211006061。

品种来源 中国农业科学院茶叶研究所从'龙井种'中单株选拔—无性繁殖—区域试验等选育而成。

特征特性 灌木型，早生种，树姿半开张，小叶类，叶片长度8.3厘米，宽度3.1厘米，窄椭圆形，叶片着生姿态向上，叶色中绿。杭州地区开采期一般为3月下旬，一芽二叶盛期一般在3月下旬，发芽密度高，茸毛中，一芽三叶长9.1厘米，一芽三叶百芽重48.2克。春季一芽二叶生化样含茶多酚18.6%，氨基酸4.4%，咖啡碱3.0%，水浸出物51.0%。适制绿茶。制烘青绿茶，外形紧结、略卷曲、显毫、较嫩绿，汤色嫩绿、明亮，香气较高鲜、有花香，滋味甘醇、鲜爽、滑，叶底嫩匀、显芽、嫩绿、明亮。第一生长周期春季亩产一芽二叶鲜叶73千克，比对照'龙井43'增产5%；第二生长周期春季亩产一芽二叶鲜叶170千克，比对照'龙井43'增产16%。高抗茶炭疽病，感茶小绿叶蝉，抗寒性中等，抗旱性强。

适宜种植区域及栽培技术要点

适宜在江南茶区浙江杭州地区秋季或春季雨水较充沛的时间种植。宜采用单行双株种植，定植后进行3次定型修剪，3年后可正式投产。

浙江省

第二章 茶树登记品种图谱

117

'中茶158'

Camellia sinensis(L.)O. Kuntze'Zhongcha 158'

申 请 者 中国农业科学院茶叶研究所

育 种 者 马建强　陈　亮　姚明哲　马春雷　金基强　陈杰丹

品种编号 非主要农作物品种登记号：GPD茶树（2022）330005，植物新品种权号：CNA20201005148。

品种来源 中国农业科学院茶叶研究所从'鸠坑种'后代中单株选拔—无性繁殖—区域试验等选育而成。

特征特性 灌木型，早生种，树姿半开张，中叶类，叶片长度8.4厘米，宽度3.6厘米，窄椭圆形，叶片着生姿态向上。杭州地区开采期一般为3月上旬，一芽二叶盛期一般在3月中旬，发芽密度高，茸毛少。一芽三叶长5.2厘米，一芽三叶百芽重40.6克。春季一芽二叶生化样含茶多酚20.8%，氨基酸3.7%，咖啡碱3.1%，水浸出物48.8%。适制绿茶。制烘青绿茶，外形壮结显毫、绿间嫩黄，汤色嫩绿明亮，香气清高、花香显，滋味甘醇鲜爽，叶底嫩绿明亮。第一生长周期春季亩产一芽二叶鲜叶109千克，比对照'福鼎大白茶'增产88%；第二生长周期春季亩产一芽二叶鲜叶109千克，比对照'福鼎大白茶'增产27%。抗茶炭疽病，感茶小绿叶蝉，抗寒性中等，抗旱性强。

适宜种植区域及栽培技术要点

适宜在江南茶区浙江杭州秋季或春季雨水较充沛的时间种植。宜采用单行单株或双株种植，定植后进行3次定型修剪，3年后可正式投产。因春季发芽期特早，建议与中晚生品种搭配种植。

浙江省

第二章 茶树登记品种图谱

'中茗6号'

Camellia sinensis（L.）O. Kuntze 'Zhongming 6'

申 请 者 中国农业科学院茶叶研究所

育 种 者 王丽鸳　成　浩　韦　康　吴立赟　阮　丽　张成才

品种编号 非主要农作物品种登记号：GPD茶树（2022）330006，植物新品种权号：CNA20151399.6。

品种来源 中国农业科学院茶叶研究所从西湖'龙井种'中单株选育而成。

特征特性 灌木型，早生种，树姿半开张，小叶类，叶片长度8.5厘米、宽度2.6厘米，叶片披针形，叶片着生状态向上。在杭州地区一芽二叶盛期一般在3月下旬，新梢芽叶黄绿色，茸毛少，一芽三叶长7.2厘米、百芽重38.0克。春茶一芽二叶生花样含茶多酚20.0%，氨基酸5.4%，咖啡碱3.1%，水浸出物49.4%。适制绿茶。制"龙井茶"，外形扁平、光滑、尖削、挺直、嫩绿，汤色嫩绿、明亮，香气较高鲜、有花香，滋味较甘醇、鲜爽，叶底嫩匀、成朵、嫩绿鲜亮。第一生长周期春茶亩产一芽二叶鲜叶67千克，比对照'龙井43'减产26%；第二生长周期春茶亩产64千克，比对照'龙井43'减产19%。感茶小绿叶蝉，高抗茶炭疽病，抗寒性和抗旱性较强。

适宜种植区域及栽培技术要点

适宜在浙江地区春、秋、冬季种植。宜采用单行双株或双行单株的种植规格，适时防治茶小绿叶蝉。

'中茶127'

Camellia sinensis（L.）O. Kuntze 'Zhongcha 127'

申 请 者 中国农业科学院茶叶研究所

育 种 者 马春雷　陈　亮　姚明哲　金基强　马建强　陈杰丹

品种编号 非主要农作物品种登记号：GPD茶树（2022）330009，植物新品种权号：CNA20130587.2。

品种来源 中国农业科学院茶叶研究所'鸠坑种'中单株选育—无性繁殖—区域试验等选育而成。

特征特性 灌木型，早生种，树姿半开张，小叶类，叶片长度6.8厘米，宽度2.8厘米，窄椭圆形，叶片着生姿态向上。杭州地区开采期一般为3月中旬，一芽二叶盛期一般在3月下旬，发芽密度高，茸毛中等。一芽三叶长9.6厘米，一芽三叶百芽重40.3克。春季一芽二叶生化样含茶多酚18.6%，氨基酸4.5%，咖啡碱3.2%，水浸出物46.8%。适制绿茶。制烘青绿茶，外形细紧显毫、较嫩绿，汤色嫩绿明亮，香气较高鲜，滋味甘醇较鲜爽，叶底细嫩显芽、绿明亮。第一生长周期春季亩产一芽二叶鲜叶133千克，比对照'福鼎大白茶'增产129%；第二生长周期春季亩产一芽二叶鲜叶133千克，比对照'福鼎大白茶'增产55%。感茶炭疽病，感茶小绿叶蝉，抗寒性较强，抗旱性强。

适宜种植区域及栽培技术要点

适宜在江南茶区浙江杭州地区的秋季或春季雨水较充沛的时间种植。选择土层深厚、有机质丰富的土壤栽培，单行双株种植，定植后进行3次定型修剪，3年后可正式投产。

'醉金红'

Camellia sinensis（L.）O. Kuntze 'Zuijinhong'

申 请 者 宁波黄金韵茶业科技有限公司　浙江大学　宁波市农业技术推广总站

育 种 者 张龙杰　王开荣　梁月荣　韩　震　吴　颖　王盛彬　邓　隆　李　明　王荣芬　郑新强

品种编号 非主要农作物品种登记号：GPD茶树（2022）330013，植物新品种权号：20140085。

品种来源 宁波黄金韵茶业科技有限公司等以'黄金芽'为母本获得自然杂交种子后代、经单株选育而成。

特征特性 灌木型，晚生种，树姿直立，生长势强，分枝部位低，分枝密度密；小叶类，叶片长8.7厘米、宽3.2厘米，叶片窄椭圆形、先端形状钝、着生状态向上。宁波地区春茶一芽一叶期一般在4月上旬，一芽二叶盛期一般在4月中旬；光照敏感型黄化茶，春、夏、秋等三季新梢呈黄色；发芽密度高，茸毛较少，芽体较纤秀，一芽三叶长5.2厘米、百芽重37.3克；盛花期为每年10月下旬到11月中旬。春茶一芽二叶生化样含茶多酚19.1%，氨基酸4.2%，咖啡碱3.6%，水浸出物47.3%。适制绿茶。制烘青绿茶，黄绿润，有白毫，汤色绿黄亮，香气鲜浓较持久，滋味浓尚鲜醇，叶底细嫩成朵、嫩黄绿明亮。第一生长周期亩产春茶一芽一叶鲜叶24千克，比对照'黄金芽'增产11%；第二生长周期亩产37千克，比对照'黄金芽'增产1%。抗茶炭疽病，中抗茶小绿叶蝉，抗寒性强，抗旱性较强。

适宜种植区域及栽培技术要点

适宜浙江、江苏、安徽、贵州地区栽培。建议选择光照相对较少、土层相对深厚的宜茶地段，在秋季或春季等雨水相对丰沛的时间种植；幼龄茶园宜采取减少日照、控制黄化程度的栽培措施；春茶前尽量少施化肥，防止黄化新梢返绿。

浙江省

第二章 茶树登记品种图谱

125

'黄金毫'

Camellia sinensis（L.）O. Kuntze'Huangjinhao'

申 请 者 宁波黄金韵茶业科技有限公司　浙江大学　余姚市上王园艺场

育 种 者 王开荣　张龙杰　梁月荣　李　明　郑新强　张完林　王荣芬　胡涨吉

品种编号 非主要农作物品种登记号：GPD茶树（2022）330014，植物新品种权号：20150074。

品种来源 宁波黄金韵茶业科技有限公司等单位以'黄金芽'为母本获得自然杂交后代、经单株选育而成。

特征特性 灌木型，晚生种，树姿直立，生长势强，分枝部位低，分枝密度密；小叶类，叶片长7.4厘米、宽2.6厘米，叶片窄椭圆形、先端形状钝、着生状态水平。在宁波地区春茶一芽一叶期一般在4月上中旬，一芽二叶盛期一般在4月中旬；光照敏感型黄化茶，春、夏、秋等三季新梢呈黄色；发芽密度高，茸毛多，持嫩性好，一芽三叶长5.7厘米、百芽重38克。盛花期为每年10月底到11月下旬。春茶一芽二叶生化样含茶多酚13.9%，氨基酸7.2%，咖啡碱4.5%，水浸出物44.9%。适制绿茶。制烘青绿茶，嫩绿润有白毫，汤色浅黄绿明亮，香气较鲜浓，滋味浓较鲜醇，叶底嫩匀尚成朵、嫩黄绿亮。第一生长周期亩产春茶一芽一叶鲜叶25千克，比对照'黄金芽'增产20%；第二生长周期亩产45千克，比对照'黄金芽'增产21%。感茶炭疽病，中抗茶小绿叶蝉，抗寒性较强，抗旱性中等，幼龄期抗日灼能力较弱。

适宜种植区域及栽培技术要点

适宜浙江、云南、江苏地区栽培。建议选择光照较少、土层相对深厚的宜茶地段，在春、秋、冬季等种植；幼龄茶园宜采取适度减少光照的保护栽培方法，1~3龄茶园夏秋季光照量控制在全日照的30%~50%，同时要有良好的水肥保证；春茶前尽量少施化肥，防止黄化新梢返绿。

'瑞雪1号'

Camellia sinensis（L.）O. Kuntze 'Ruixue 1'

申 请 者 宁波黄金韵茶业科技有限公司　浙江大学　宁波市农业技术推广总站

育 种 者 王开荣　梁月荣　张龙杰　李　明　邓　隆　韩　震　王荣芬　郑新强　吴　颖　王盛彬

品种编号 非主要农作物品种登记号：GPD茶树（2022）330015，植物新品种权号：20140084。

品种来源 宁波黄金韵茶业科技有限公司等单位以'四明雪芽'为母本获得自然杂交后代、经单株选育而成。

特征特性 灌木型，早生种，树姿直立，生长势强，分枝部位低，分枝密度中；中叶类，叶片长9.0厘米、宽4.7厘米，中等椭圆形，先端形状钝，叶片着生状态向上。宁波地区春茶一芽一叶期一般在3月底，一芽二叶盛期一般在4月上旬；低温敏感型白化茶，春季新梢呈雪白色，发芽密度中，茸毛少，一芽三叶长5.3厘米、百芽重37克。盛花期为每年10月底到11月上旬。春茶一芽二叶生化样含茶多酚14.5%，氨基酸7.4%，咖啡碱3.0%，水浸出物44.8%。适制绿茶。制烘青绿茶，嫩绿鲜亮，有金黄片，汤色嫩绿明亮，香气清鲜较浓，滋味鲜醇爽，叶底细嫩尚成朵、玉白明亮、稍带绿。第一生长周期亩产春茶一芽一叶鲜叶14千克，比对照'白叶1号'增产3%；第二生长周期亩产21千克，比对照'白叶1号'减产1%。中抗茶炭疽病，中抗茶小绿叶蝉，抗寒性和抗旱性强。

适宜种植区域及栽培技术要点

适宜浙江、江苏、贵州地区栽培。建议选择土层相对深厚的宜茶地段种植；新建茶园茶苗种植宜在春季偏晚时间进行，防止新梢萌展后高度白化而引起日光灼伤，在春梢返绿前采取减光防日灼栽培。

'千年雪'

Camellia sinensis（L.）O. Kuntze 'Qiannianxue'

申 请 者 宁波黄金韵茶业科技有限公司　浙江大学　宁波市林特科技推广中心　宁波望海茶业发展有限公司　余姚市农业技术推广服务总站

育 种 者 王开荣　林伟平　方乾勇　李　明　梁月荣　俞茂昌　秦　岭　张完林

品种编号 非主要农作物品种登记号：GPD茶树（2022）330016。原浙江省林木良种审定委员会林木良种认定编号：浙R-SV-CS-011-2008。

品种来源 宁波黄金韵茶业科技有限公司等单位从余姚当地农家种中单株选育而成。

特征特性 灌木型，晚生种，树姿直立，生长势强，分枝部位低，分枝密度密；小叶类，叶片长7.7厘米、宽3.7厘米，中等椭圆形，先端形状钝，叶片着生状态向上。宁波地区春茶一芽一叶期一般在4月上旬，一芽二叶盛期一般在4月中旬；低温敏感型白化茶，春梢呈白色白化，发芽密度高，芽体短，茸毛较少，一芽三叶长6.5厘米、百芽重45.0克。盛花期为10月上旬至11月底。春茶一芽二叶生化样含茶多酚18.3%，氨基酸3.9%，咖啡碱3.5%，水浸出物46.4%。适制绿茶。制烘青绿茶，外形黄绿润、较显毫，汤色黄绿亮，香气清鲜，滋味清醇较鲜，叶底嫩匀成朵，嫩黄明亮。第一生长周期亩产春茶一芽一叶鲜叶19千克，比对照'白叶1号'增产39%；第二生长周期亩产25千克，比对照'白叶1号'增产28%。抗茶炭疽病，抗茶小绿叶蝉，抗寒性和抗旱性强。

适宜种植区域及栽培技术要点

适宜浙江、江苏茶区栽培。建议选择年积温（≥10℃）相对低（低于5 300℃）区域的偏酸性土壤，在秋季或春季等雨水相对丰沛的时间种植；幼龄茶树树冠形成快，成龄茶园在春茶前尽量避免施用氮肥。

浙江省

第二章 茶树登记品种图谱

131

'黄金芽'

Camellia sinensis（L.）O. Kuntze 'Huangjinya'

申 请 者 宁波黄金韵茶业科技有限公司　浙江大学　余姚市农业技术服务推广总站　宁波市林特科技推广中心

育 种 者 王开荣　张完林　李　明　梁月荣　张龙杰　沈立铭　王盛彬

品种编号 非主要农作物品种登记号：GPD茶树（2022）330017。原浙江省林木良种审定委员会林木良种认定编号：浙R-SV-CS-010-2008。

品种来源 宁波黄金韵茶业科技有限公司等单位从余姚当地农家种芽变枝中选育而成。

特征特性 灌木型，早生种，树姿半开张，生长势中，分枝部位低，分枝密度密；小叶类，叶片长6.9厘米、宽2.7厘米，叶片窄椭圆形、先端形状钝、着生状态向上。宁波地区春茶一芽一叶期一般在3月下旬，一芽二叶盛期一般在4月上旬；光照敏感型黄化茶，春、夏、秋等三季新梢均呈黄色，发芽密度高，芽体较纤秀，茸毛少，持嫩性好，一芽三叶长4.8厘米、百芽重32.3克；盛花始期为每年11月初，易开花、少果。春茶一芽二叶生化样含茶多酚17.3%，氨基酸5.8%，咖啡碱4.3%，水浸出物46.9%。适制绿茶。制烘青绿茶，外形黄润，汤色嫩黄明亮，香气鲜浓持久，滋味清醇鲜爽，叶底嫩鹅黄明亮。第一生长周期亩产春茶一芽一叶鲜叶19千克，比对照'白叶1号'增产33%；第二生长周期亩产27千克，比对照'白叶1号'增产39%。中抗茶炭疽病，中抗茶小绿叶蝉；抗寒性中等，抗旱性弱，幼龄期抗日灼能力弱。

适宜种植区域及栽培技术要点

适宜浙江、江苏、江西、贵州、安徽、湖北地区栽培。建议选择年积温（≥10℃）4 500℃区域的光照偏少、肥水供应良好、偏酸性土壤的东北坡、谷地，在秋季或春季等雨水相对丰沛的时间种植；幼龄茶园宜采取减少日照、控制黄化程度的栽培措施，夏秋季光照量控制在全日照的30%～50%，同时要有良好的肥水保证。

'黄金甲'

Camellia sinensis(L.) O. Kuntze 'Huangjinjia'

申 请 者 宁波黄金韵茶业科技有限公司　浙江大学　宁波市农业技术推广总站

育 种 者 王开荣　梁月荣　张龙杰　吴　颖　李　明　邓　隆　王盛彬　韩　震　王荣芬　郑新强

品种编号 非主要农作物品种登记号：GPD茶树（2022）330018，植物新品种权号：20140086。

品种来源 宁波黄金韵茶业科技有限公司等单位以'黄金芽'为母本获得自然杂交后代、经单株选育而成。

特征特性 灌木型，早生种，树姿直立，生长势强，分枝部位低，分枝密度中；中叶类，叶片长8.7厘米、宽3.7厘米，叶片中等椭圆形、先端形状钝、着生状态向上。宁波地区春茶一芽一叶期一般在3月中下旬，一芽二叶盛期一般在3月下旬；光照敏感型黄化茶，春、夏、秋等三季新梢呈黄色，发芽密度中，茸毛少，持嫩性强，一芽三叶长5.8厘米、百芽重39.8克；盛花期为每年10月中旬到11月底，花形大。春茶一芽二叶生化样含茶多酚15.8%，氨基酸7.3%，咖啡碱3.8%，水浸出物47.1%。适制绿茶。制烘青绿茶，黄绿润，汤色黄绿亮，香气鲜浓，滋味浓醇、较鲜爽，叶底嫩匀较成朵、鹅黄明亮。第一生长周期亩产春茶一芽一叶鲜叶22千克，比对照黄金芽增产6%；第二生长周期亩产38千克，比对照黄金芽增产4%。感茶炭疽病，中抗茶小绿叶蝉，抗寒性较强，抗旱性中等，幼龄期抗日灼能力较弱。

适宜种植区域及栽培技术要点

适宜浙江、广西、安徽、江苏、江西、山东地区栽培。建议选择光照较少、土层相对深厚的宜茶地段，在春、秋、冬季种植；幼龄茶园宜采取适度减少光照的保护栽培方法，1～3龄茶园夏秋季光照量控制在全日照的30%～50%，同时要有良好的肥水保证。

'御金香'

Camellia sinensis（L.）O. Kuntze 'Yujinxiang'

申 请 者 宁波黄金韵茶业科技有限公司　浙江大学　余姚市瀑布仙茗绿化有限公司　宁波市白化茶叶专业合作社

育 种 者 王开荣　韩　震　梁月荣　张龙杰　李　明　邓　隆　王盛彬

品种编号 非主要农作物品种登记号：GPD茶树（2022）330019，植物新品种权号：20130038。

品种来源 宁波黄金韵茶业科技有限公司等单位在余姚当地农家种中发现新梢黄色变异株，经短穗扦插繁育后选育而成。

特征特性 灌木型，晚生种，树姿直立，生长势强，分枝部位中，分枝密度中；中叶类，叶片长8.9厘米、宽3.7厘米，叶片中等椭圆形、先端形状钝、着生状态向上。宁波地区春茶一芽一叶期一般在4月上旬，一芽二叶盛期一般在4月中旬；光照敏感型黄化茶，春、秋新梢呈黄色，夏梢呈绿色，新梢芽密度中，茸毛中，持嫩性强，一芽三叶长6.6厘米、百芽重52.8克。盛花期为每年10月中旬到11月中旬。春茶一芽二叶生化样含茶多酚15.3%，氨基酸5.1%，咖啡碱4.0%，水浸出物44.2%。适制绿茶。制烘青绿茶，外形绿显黄、显毫，汤色绿黄亮，香气浓郁持久、鲜、有花香，滋味清醇较鲜浓，叶底嫩匀成朵、嫩黄明亮。第一生长周期春茶一芽一叶鲜叶亩产30千克，比对照'黄金芽'增产44%；第二生长周期一芽一叶鲜叶亩产44千克，比对照'黄金芽'增产19%。中抗茶炭疽病，中抗茶小绿叶蝉，抗寒性强，抗旱性较强。

适宜种植区域及栽培技术要点

适宜浙江、湖北、湖南、江苏、江西、贵州、四川地区栽培。建议选择光照相对充足、土层相对深厚的宜茶地段，在春、秋、冬季种植；茶园田间管理可采取常规茶树品种的技术方法，但成龄立体采摘茶园树势强盛时，宜采取增加修剪、减少施肥等措施，增加新梢黄化程度。

'望海茶1号'

Camellia sinensis（L.）O. Kuntze'Wanghaicha 1'

申 请 者 宁海县农业产业化发展中心　中国农业科学院茶叶研究所　徐会建

育 种 者 姜燕华　王丽鸳　王昂平　成　浩　胡　桐　李　强　阮　丽　徐会建　韦　康　张成才

品种编号 非主要农作物品种登记号：GPD茶树（2022）330026，植物新品种权号：CNA20161835.7。

品种来源 宁海县农业产业化发展中心等从宁海县地方群体种中单株选育而成。

特征特性 灌木型，早生种，生长势强，树姿开张，中叶类，叶片长度8.5厘米、宽度3.3厘米，叶片窄椭圆形，叶片着生状态向上。在浙江宁海地区一芽二叶盛期一般在3月下旬，新梢芽叶浅绿色，茸毛少，一芽三叶长6.9厘米、百芽重62.0克。春茶一芽二叶生化样含茶多酚18.2%，氨基酸5.2%，咖啡碱3.5%，水浸出物48.8%。适制绿茶。制"望海茶"，外形嫩绿鲜润，汤色清澈明亮，香气清高、嫩香显，滋味清鲜甘和，叶底嫩绿明亮。第一生长周期春茶亩产单芽干茶13千克，比对照'嘉茗1号'增产24%；第二生长周期春茶亩产单芽干茶16千克，比对照'嘉茗1号'增产26%。感茶小绿叶蝉，高抗茶炭疽病，抗寒性强，抗旱性中等。

适宜种植区域及栽培技术要点

适宜在浙江地区春、秋季种植。苗木期在缺肥情况下，叶片易表现出黄绿色，因此苗期应注意培肥管理。

浙江省

第二章 茶树登记品种图谱

139

'中黄4号'

Camellia sinensis（L.）O. Kuntze 'Zhonghuang 4'

申 请 者 中国农业科学院茶叶研究所

育 种 者 王新超　王　璐　郝心愿　杨亚军　章志芳

品种编号 非主要农作物品种登记号：GPD茶树（2022）330028，植物新品种权号：CNA20160888.5。

品种来源 中国农业科学院茶叶研究所从湖南地方资源'晚紫浓'中单株选育而成。

特征特性 灌木型，中偏早生种，树姿半开张，中叶类，叶片长度9.4厘米、宽度3.3厘米，叶片窄椭圆形，叶片着生状态向上。在嵊州地区春茶一芽一叶期在3月下旬，新梢芽叶黄绿色，茸毛稀到中，一芽三叶长6.1厘米、百芽重37.3克。春茶一芽二叶生化样含茶多酚17.9%，氨基酸4.1%，咖啡碱3.3%，儿茶素13.4%，水浸出物52.0%。适制绿茶和红茶。制烘青绿茶，外形细紧、显毫、嫩（黄）绿、较鲜润，汤色嫩黄、明亮，香气清高、有花香嫩香，滋味浓醇鲜爽；制针形绿茶，外形细紧、挺直、显毫、嫩绿，汤色嫩绿、明亮，香气清甜、嫩鲜，滋味尚浓醇、甘鲜。制红茶，外形细紧、显毫、乌褐，汤色红、较明亮，香气高（鲜）甜，有花果香，滋味甘醇。第一生长周期全年亩产一芽二叶鲜叶844千克，比对照'福鼎大白茶'增产6%；第二生长周期全年亩产956千克，比对照'福鼎大白茶'增产7%。感茶小绿叶蝉，抗茶炭疽病，较抗寒、旱。

适宜种植区域及栽培技术要点

适宜在江南茶区浙江杭州、嵊州地区春、秋季种植。宜采用单行双株或双行双株的种植规格，前期肥水供应要充足，注意及时嫩采，适时防治茶小绿叶蝉。建议与早生品种搭配种植。

'径山1号'

Camellia sinensis（L.）O. Kuntze 'Jingshan 1'

申 请 者 中国农业科学院茶叶研究所 杭州市余杭区农业技术推广中心

育 种 者 胡剑光 陈亮 朱建杰 马春雷 任国华 马建强 施鸿鑫 金基强 汪群 余秋珠 卢健

品种编号 非主要农作物品种登记号：GPD茶树（2022）330044，植物新品种权号：CNA20151578.9。

品种来源 中国农业科学院茶叶研究所等从'鸠坑种'中单株选拔—无性繁殖—区域试验等选育而成。

特征特性 灌木型，中生种，树姿开张，小叶类，叶片长度7.1厘米，宽度3.1厘米，窄椭圆形，叶片着生姿态向上，叶色深绿。杭州地区开采期一般为4月上旬新梢发芽密度高，茸毛多，一芽三叶长6.0厘米，一芽三叶百芽重21.5克。春季一芽二叶生化样含茶多酚21.7%，氨基酸3.4%，咖啡碱2.6%，水浸出物51.6%。适制绿茶。制烘青绿茶，外形紧结、较翠绿、略有毫，汤色嫩绿明亮，香气高鲜馥郁，滋味清鲜甘和，叶底嫩匀、尚绿。第一生长周期春季亩产一芽二叶鲜叶54千克，比对照'福鼎大白茶'减产37%；第二生长周期春季亩产一芽二叶鲜叶58千克，比对照'福鼎大白茶'减产35%。感茶小绿叶蝉，抗寒性较强，抗旱性中等。

适宜种植区域及栽培技术要点

适宜在江南茶区浙江杭州地区秋季或春季雨水较充沛的时间种植。选择土层深厚，有机质丰富的土壤栽培，单行双株种植，定植时间以秋季或春季雨水较充沛时间为宜。定植后进行3次定型修剪，3年后可正式投产。

浙江省

第二章 茶树登记品种图谱

143

'径山2号'

Camellia sinensis（L.）O. Kuntze 'Jingshan 2'

申 请 者 中国农业科学院茶叶研究所　杭州市余杭区农业技术推广中心

育 种 者 马春雷　任国华　陈　亮　朱建杰　马建强　施鸿鑫　金基强　胡剑光　汪　群　余秋珠　卢　健

品种编号 非主要农作物品种登记号：GPD茶树（2022）330045，植物新品种权号：CNA20151375.4。

品种来源 中国农业科学院茶叶研究所等从'鸠坑种'中单株选拔—无性繁殖—区域试验等选育而成。

特征特性 灌木型，中生种，树姿半开张，小叶类，叶片长度6.7厘米，宽度2.7厘米，窄椭圆形，叶片着生姿态向上，叶色深绿。杭州地区开采期一般为4月初，一芽二叶盛期一般在4月上旬，发芽密度中，茸毛中，一芽三叶长8.6厘米，一芽三叶百芽重38.3克。春季一芽二叶生化样含茶多酚18.6%，氨基酸4.3%，咖啡碱2.8%，水浸出物51.7%。适制绿茶。制烘青绿茶，外形细紧、翠绿较鲜活、显毫，汤色嫩绿清澈明亮，香气清高鲜爽、花香显，滋味甘醇鲜爽，叶底嫩匀、略有芽、绿。第一生长周期春季亩产一芽二叶鲜叶77千克，比对照'福鼎大白茶'减产9%；第二生长周期春季亩产一芽二叶鲜叶78千克，比对照'福鼎大白茶'减产12%。抗茶炭疽病，感茶小绿叶蝉，抗寒性较强，抗旱性中等。

适宜种植区域及栽培技术要点

适宜在江南茶区浙江杭州地区秋季或春季雨水较充沛的时间种植。选择土层深厚、有机质丰富的土壤栽培，单行双株种植，定植后进行3次定型修剪，3年后可正式投产。

'白叶1号'

Camellia sinensis（L.）O. Kuntze'Baiye 1'

申 请 者 安吉县农业农村局茶叶站　安吉县自然资源和规划局　湖州市农业农村局

育 种 者 安吉县农业农村局茶叶站　安吉县自然资源和规划局　湖州市农业农村局

品种编号 非主要农作物品种登记号：GPD茶树（2022）330046。原浙江省农作物品种审定委员会认定编号：（1998）浙农品认字第235号。

品种来源 安吉县农业农村局茶叶站等从安吉地方群体种中单株选育而成，原名'安吉白茶'。

特征特性 灌木型，中生种，树姿半开张，中叶类，叶片长度9.2厘米，宽度3.5厘米，窄椭圆形，叶片着生姿态向上。杭州地区开采期一般为3月下旬，发芽密度中，茸毛少，一芽三叶长7.0厘米，一芽三叶百芽重60.0克。春季一芽二叶生化样含茶多酚15.7%，氨基酸5.8%，咖啡碱3.3%，水浸出物47.0%。适制绿茶。制"安吉白茶"，外形小兰花形，匀齐嫩绿，汤色嫩浅黄清澈明亮，香气清高鲜爽，有花香，滋味清鲜甘和，叶底嫩厚成朵、叶白脉绿明亮。第一生长周期春季亩产一芽二叶鲜叶57千克，比对照'黄金叶'增产9%；第二生长周期春季亩产一芽二叶鲜叶59千克，比对照'黄金叶'增产8%。高抗茶炭疽病，感茶小绿叶蝉，抗寒性和抗旱性中等。

适宜种植区域及栽培技术要点

适宜在浙江、安徽、河南、湖北、贵州、陕西茶区秋季和春季栽培。选择土层深厚、土壤肥力良好地块，生长势中等，单条栽每丛3株，每亩需5 000~6 000株苗木，及时定型修剪。

'中茶308'

Camellia sinensis(L.)O. Kuntze 'Zhongcha 308'

申 请 者 中国农业科学院茶叶研究所
育 种 者 王新超　王　璐　郝心愿　章志芳　曾建明　杨亚军
品种编号 非主要农作物品种登记号：GPD茶树（2022）330049，植物新品种权号：CNA 20191000059。
品种来源 中国农业科学院茶叶研究所从'四川中小叶种'中单株选育而成。
特征特性 灌木型，中偏早生种，树姿半开张，中叶类，叶片长度9.8厘米、宽度3.9厘米，叶片中等椭圆形，叶片着生状态向上。在嵊州地区春茶一芽一叶期在3月下旬，新梢芽叶浅绿色，茸毛密度中等，一芽三叶长6.0厘米、百芽重30.8克。春茶一芽二叶生化样含茶多酚18.6%，儿茶素12.3%，氨基酸3.8%，咖啡碱3.3%，水浸出物52.2%。适制绿茶。制烘青绿茶，外形紧结、有毫、绿翠，汤色较嫩绿、明亮，香气高爽、有栗（花）香，滋味甘醇鲜爽。第一生长周期全年亩产一芽二叶鲜叶830千克，比对照'福鼎大白茶'增产5%；第二生长周期全年亩产905千克，与对照'福鼎大白茶'相当。感茶小绿叶蝉，抗茶炭疽病，较抗寒，抗旱。

适宜种植区域及栽培技术要点

　　适宜在江南茶区浙江杭州、嵊州地区春、秋季种植。宜采用单行双株或双行双株的种植规格，前期肥水供应要充足，注意及时嫩采，适时防治茶小绿叶蝉。建议与早生品种搭配种植。

'中茶503'

Camellia sinensis（L.）O. Kuntze 'Zhongcha 503'

申 请 者 中国农业科学院茶叶研究所

育 种 者 曾建明　杨亚军　章志芳　王新超　王　璐　郝心愿　李小恋

品种编号 非主要农作物品种登记号：GPD茶树（2022）330053。

品种来源 中国农业科学院茶叶研究所从'中茶108'种子后代中单株选育而成。

特征特性 灌木型，早生种，树姿直立，中叶类，叶片长度9.3厘米、宽度3.9厘米，叶片中等椭圆形，叶片着生状态向上。在杭州地区春茶一芽一叶期在3月下旬，新梢芽叶黄绿色，茸毛中等，一芽三叶长5.9厘米、百芽重35.0克。春茶一芽二叶生化样含茶多酚19.0%，氨基酸4.0%，咖啡碱2.8%，水浸出物48.7%。适制绿茶。制烘青绿茶，外形细紧卷曲、显毫、绿翠鲜活，汤色嫩绿明亮，香气高鲜、栗香显，滋味甘醇鲜爽。第一生长周期全年亩产一芽二叶鲜叶517千克，比对照'福鼎大白茶'增产12%；第二生长周期全年亩产595千克，比对照'福鼎大白茶'增产5%。高感茶小绿叶蝉，感茶炭疽病，抗寒、旱。连续3年机采试验，当蓬面一芽三叶新梢达到30%左右时，机采完整新梢比例达到79%，适宜优质茶机采。

适宜种植区域及栽培技术要点

适宜在江南生态区浙江杭州地区秋季或春季雨水较充沛的时间种植。该品种适宜机采，种植后应及时定剪，促进机采蓬面的形成；适时防治茶小绿叶蝉和茶炭疽病。

浙江省

第二章 茶树登记品种图谱

151

'中茶307'

Camellia sinensis（L.）O. Kuntze'Zhongcha 307'

申 请 者 中国农业科学院茶叶研究所
育 种 者 王　璐　王新超　郝心愿　杨亚军　章志芳
品种编号 非主要农作物品种登记号：GPD茶树（2022）330055，植物新品种权号：CNA20183262.3。
品种来源 中国农业科学院茶叶研究所从'祁门种'中单株选育而成。
特征特性 灌木型，特早生种，树姿开张，生长势强，中叶类，叶片长度10.3厘米、宽度3.8厘米，叶片窄椭圆形，叶片着生状态水平。在嵊州地区春茶一芽一叶期在3月中下旬，新梢芽叶浅绿色，茸毛少，一芽三叶长11.3厘米、百芽重65.0克。春茶一芽二叶生化样含茶多酚18.9%，氨基酸4.1%，咖啡碱3.0%，儿茶素12.3%，水浸出物52.9%。适制绿茶。制烘青绿茶，外形紧结、显毫、嫩绿，汤色浅嫩绿（黄）、明亮，香气清高、栗香显，滋味较甘醇鲜爽。第一生长周期全年亩产一芽二叶鲜叶1 067千克，比对照'福鼎大白茶'增产34%；第二生长周期全年亩产1 300千克，比对照'福鼎大白茶'增产45%。感茶小绿叶蝉，抗茶炭疽病，抗寒、旱。

适宜种植区域及栽培技术要点

适宜在江南茶区浙江嵊州地区春、秋季种植。宜采用单行双株或双行单株的种植规格，树幅大，可适当减小种植密度；前期肥水供应要充足；注意及时嫩采，适时防治茶小绿叶蝉。

'笙元2号'

Camellia sinensis（L.）O. Kuntze 'Shengyuan 2'

申 请 者 嵊州市笙元茗茶实验场　中国农业科学院茶叶研究所

育 种 者 朱笙元　王　璐

品种编号 非主要农作物品种登记号：GPD茶树（2022）330056，植物新品种权号：CNA20172199.4。

品种来源 嵊州市笙元茗茶实验场等从嵊州地方群体种中单株选育而成。

特征特性 灌木型，中偏晚生种，树姿半开张，中叶类，叶片长度10.2厘米、宽度3.7厘米，叶片窄椭圆形，叶片着生状态水平。在嵊州地区春茶一芽一叶期在4月上旬，新梢芽叶浅绿色，茸毛中等，一芽三叶长8.1厘米、百芽重47.1克。春茶一芽二叶生化样含茶多酚22.4%，儿茶素18.8%，氨基酸3.3%，咖啡碱3.4%，水浸出物54.6%。适制绿茶和红茶。制烘青绿茶，外形紧结、显毫、黄绿，汤色浅嫩绿（黄）、明亮，香气高鲜、浓郁、有花香，滋味较甘醇清鲜；制红茶，外形较紧结、显毫、乌褐，汤色红艳、较亮，香气甜香，花蜜香，滋味尚浓醇甘爽。第一生长周期全年亩产一芽二叶鲜叶667千克，比对照'福鼎大白茶'减产16%；第二生长周期全年亩产481千克，比对照'福鼎大白茶'减产46%。感茶小绿叶蝉，高抗茶炭疽病，抗寒性中等，抗旱性强。

适宜种植区域及栽培技术要点

适宜在浙江嵊州地区春、秋季种植。宜采用单行双株或双行双株的种植规格，前期肥水供应要充足，注意及时嫩采；适时防范冻害、防治茶小绿叶蝉。建议与早生品种搭配种植。

'笙元3号'

Camellia sinensis（L.）O. Kuntze 'Shengyuan 3'

申 请 者 嵊州市笙元茗茶实验场　中国农业科学院茶叶研究所

育 种 者 朱笙元　王　璐

品种编号 非主要农作物品种登记号：GPD茶树（2022）330057，植物新品种权号：CNA20172194.9。

品种来源 嵊州市笙元茗茶实验场等从嵊州地方群体种中单株选育而成。

特征特性 灌木型，晚生种，树姿半开张，中叶类，叶片长度8.8厘米、宽度3.9厘米，叶片中等椭圆形，叶片着生状态水平。在嵊州地区春茶一芽一叶期在4月上旬，新梢芽叶浅绿色，茸毛少，一芽三叶长7.6厘米、百芽重37.4克。春茶一芽二叶生化样含茶多酚18.9%，儿茶素12.4%，氨基酸4.2%，咖啡碱3.0%，水浸出物52.1%。适制绿茶和红茶。制烘青绿茶，外形紧结、有毫、深绿带翠，汤色浅嫩绿、明亮，香气清高、有花香，滋味清鲜甘和；制红茶外形细紧、略有毫、乌褐，汤色红、明亮，香气甜香、微有果香，滋味甘和。第一生长周期全年亩产一芽二叶鲜叶645千克，比对照'福鼎大白茶'减产19%；第二生长周期全年亩产817千克，比对照'福鼎大白茶'减产9%。感茶小绿叶蝉，抗茶炭疽病，抗寒性、抗旱性强。

适宜种植区域及栽培技术要点

适宜在浙江嵊州地区春、秋季种植。宜采用单行双株或双行双株的种植规格，前期肥水供应要充足；注意及时嫩采，适时防治茶小绿叶蝉。建议与早生品种搭配种植。

'磐茶1号'

Camellia sinensis（L.）O. Kuntze 'Pancha 1'

申 请 者 磐安县农业农村局（磐安县水务局） 杭州市农业科学研究院 磐安县荣仁茶叶专业合作社

育 种 者 张兰美 郑旭霞 陈荣仁 卢国金 李将标 黄海涛 赵樟财 毛宇骁 敖 存 陈文明

品种编号 非主要农作物品种登记号：GPD茶树（2022）330058，植物新品种权号：CNA20141371.9。

品种来源 磐安县农业农村局等从'木禾种'中单株选拔—无性繁殖—区域试验等选育而成。

特征特性 灌木型，中生种，树姿开张，中叶类，叶片长度9.8厘米，宽度3.7厘米，窄椭圆形，叶片着生姿态向下。开采期一般为3月下旬，一芽二叶盛期一般在4月上中旬，发芽密度高，茸毛多，一芽三叶长5.9厘米，一芽三叶百芽重46.6克。春季一芽二叶生化样含茶多酚20.2%，氨基酸4.8%，咖啡碱2.9%，水浸出物48.4%。适制绿茶。制烘青绿茶，外形紧结略卷曲，嫩绿带翠显毫，汤色浅嫩绿清澈明亮，香气高鲜显花香，滋味甘醇鲜爽，叶底肥嫩较嫩绿明亮。第一生长周期春季亩产一芽二叶鲜叶84千克，比对照'福鼎大白茶'增产61%；第二生长周期春季亩产一芽二叶鲜叶124千克，比对照'龙井43'增产199%。抗茶炭疽病，感小绿叶蝉，抗寒性中等，抗旱性强。

适宜种植区域及栽培技术要点

适宜在江南茶区浙江金华地区、杭州地区秋季或春季雨水较充沛的时间种植。选用土层深厚、有机质丰富的土壤栽培。茶树蓬面开张，宜用1.5~1.8米的宽幅双行双株条栽。冬季干旱期要注意灌溉，预防冻害。生长势强，发芽密度大，须及时采摘。

浙江省

第二章 茶树登记品种图谱

159

'中茶504'

Camellia sinensis（L.）O. Kuntze '*Zhongcha 504*'

申 请 者 中国农业科学院茶叶研究所

育 种 者 曾建明　杨亚军　章志芳　王新超　王　璐　郝心愿　李小恋

品种编号 非主要农作物品种登记号：GPD茶树（2022）330059。

品种来源 中国农业科学院茶叶研究所从'中茶108'种子后代中单株选育而成。

特征特性 灌木型，早生种，树姿直立，中叶类，叶片长度9.3厘米、宽度3.9厘米，叶片中等椭圆形，叶片着生状态向上。在杭州地区春茶一芽一叶期在3月下旬，新梢芽叶黄绿色，茸毛少，一芽三叶长7.1厘米、百芽重37.5克。春茶一芽二叶生化样含茶多酚20.4%，氨基酸5.1%，咖啡碱3.0%，水浸出物50.7%。适制绿茶。制烘青绿茶，外形细紧卷曲、显毫、绿翠，汤色嫩绿明亮，香气较清高，滋味较甘醇鲜爽。第一生长周期全年亩产一芽二叶鲜叶656千克，比对照'福鼎大白茶'增产43%；第二生长周期全年亩产856千克，比对照'福鼎大白茶'增产50%。感茶小绿叶蝉，抗茶炭疽病，抗寒、旱。连续3年机采试验，当蓬面一芽三叶新梢达到30%左右时，机采完整新梢比例达到84%，适宜优质茶机采。

适宜种植区域及栽培技术要点

适宜在江南生态区浙江杭州地区秋季或春季雨水较充沛的时间种植。该品种适宜机采，种植后应及时定剪，促进机采蓬面的形成；适时防治茶小绿叶蝉。

浙江省

第二章 茶树登记品种图谱

'中白3号'

Camellia sinensis（L.）O. Kuntze 'Zhongbai 3'

申 请 者 中国农业科学院茶叶研究所　嵊州市坞埂茶叶专业合作社

育 种 者 曾建明　章志芳　杨亚军　邱志刚　王新超　李小恋　王　璐　郝心愿

品种编号 非主要农作物品种登记号：GPD茶树（2022）330060。

品种来源 中国农业科学院茶叶研究所等从嵊州群体种中单株选育而成。

特征特性 灌木型，早生种，树姿直立，中叶类，叶片长度8.8厘米、宽度3.6厘米，叶片中等椭圆形，叶片着生状态向上。在嵊州地区春茶一芽一叶期在3月下旬，新梢芽叶白色，茸毛少，一芽三叶长6.6厘米、百芽重34.5克。春茶一芽二叶生化样含茶多酚19.6%，氨基酸4.3%，咖啡碱3.0%，水浸出物47.6%。适制绿茶。制烘青绿茶，外形卷曲、绿翠间玉黄，汤色嫩绿、清澈明亮，香气清高鲜爽、略有花香，滋味甘醇鲜爽。第一生长周期全年亩产一芽二叶鲜叶833千克，比对照'白叶1号'增产3%；第二生长周期全年亩产812千克，比对照'白叶1号'减产8%。感茶小绿叶蝉，抗茶炭疽病，中抗寒，抗旱。

适宜种植区域及栽培技术要点

适宜在江南生态区浙江嵊州地区秋季或春季雨水较充沛的时间种植。单行双株或双行双株种植，在平原地种植茶叶白化程度降低，在山区种植茶叶白化程度提高。

浙江省

第二章 茶树登记品种图谱

'中茶紫芽2号'

Camellia sinensis（L.）O. Kuntze 'Zhongcha Ziya 2'

申 请 者 中国农业科学院茶叶研究所

育 种 者 王新超　王 璐　郝心愿　杨亚军　章志芳　曾建明　李娜娜　郑梦霞

品种编号 非主要农作物品种登记号：GPD茶树（2022）330061。

品种来源 中国农业科学院茶叶研究所从'舒茶早'自然杂交后代中单株选育而成。

特征特性 灌木型，特早生种，树姿半开张，中叶类，叶片长度7.5厘米、宽度3.2厘米，叶片窄椭圆形，叶片着生状态向上。在嵊州地区春茶一芽一叶期在3月中旬，新梢芽叶紫绿色，茸毛少，一芽三叶长6.3厘米、百芽重32.6克。春茶一芽二叶生化样含茶多酚18.9%，儿茶素12.0%，氨基酸3.5%，咖啡碱3.4%，水浸出物52.2%。适制红茶和白茶。制红茶，外形紧结、较乌，汤色橙红、明亮，香气较鲜甜、略有果香，滋味甘醇；制白茶外形花朵形、芽叶连枝、显毫、红褐，汤色深金黄、明亮，香气清甜、鲜爽、果香显，滋味甘和。第一生长周期全年亩产一芽二叶鲜叶965千克，比对照'福鼎大白茶'增产21%；第二生长周期全年亩产1 075千克，比对照'福鼎大白茶'增产20%。感茶小绿叶蝉，抗茶炭疽病，抗寒、旱。

适宜种植区域及栽培技术要点

适宜在江南茶区浙江嵊州地区春、秋季种植。宜采用单行双株或双行双株的种植规格，前期肥水供应要充足，注意及时嫩采，适时防治茶小绿叶蝉。

'中茶105'

Camellia sinensis（L.）O. Kuntze 'Zhongcha 105'

申 请 者 中国农业科学院茶叶研究所

育 种 者 杨亚军　章志芳　王新超　王　璐　曾建明　郝心愿　李娜娜

品种编号 非主要农作物品种登记号：GPD茶树（2022）330062。

品种来源 中国农业科学院茶叶研究所从'祁门种'实生后代中单株选育而成。

特征特性 灌木型，中生种，树姿半开张，中叶类，叶片长度8.9厘米、宽度3.6厘米，叶片窄椭圆形，叶片着生状态向上。在杭州地区春茶一芽一叶期在4月中旬，新梢芽叶浅绿色，茸毛少，一芽三叶长8.5厘米、百芽重48.7克。春茶一芽二叶生化样含茶多酚20.9%，氨基酸3.6%，咖啡碱3.7%，水浸出物52.6%。适制绿茶和红茶。制烘青绿茶，外形细嫩、尚绿，汤色嫩绿明亮，香气清香高锐，滋味清爽鲜醇；制红茶，外形较紧结有毫，汤色橙红明亮，香气鲜甜，有花香和果香，滋味甘醇。第一生长周期全年亩产一芽二叶鲜叶469千克，比对照'福鼎大白茶'增产72%；第二生长周期全年亩产582千克，比对照'福鼎大白茶'增产122%。感茶小绿叶蝉，抗茶炭疽病，抗寒、旱。

适宜种植区域及栽培技术要点

适宜在江南茶区浙江杭州地区春、秋季种植。宜采用单行双株或双行双株的种植规格，前期肥水供应要充足，注意及时嫩采，适时防治茶小绿叶蝉。建议与早生品种搭配种植。

浙江省

第二章 茶树登记品种图谱

'中茶701'

Camellia sinensis（L.）O. Kuntze 'Zhongcha 701'

申 请 者 中国农业科学院茶叶研究所

育 种 者 曾建明　杨亚军　章志芳　王新超　王　璐　郝心愿　李娜娜

品种编号 非主要农作物品种登记号：GPD茶树（2023）330001。

品种来源 中国农业科学院茶叶研究所从'中茶108'种子后代中单株选育而成。

特征特性 灌木型，早生种，树姿直立，生长势强，中叶类，叶片长度9.0厘米、宽度4.1厘米，叶片中等椭圆形，叶片着生状态向上。在杭州地区春茶一芽一叶期在3月下旬，新梢芽叶黄绿色，茸毛少，一芽三叶长5.6厘米、百芽重30.4克。春茶一芽二叶生化样含茶多酚21.6%，氨基酸4.1%，咖啡碱3.2%，水浸出物50.0%。适制绿茶。制烘青绿茶，外形卷曲细紧、绿润显毫，汤色较嫩绿明亮，香气清高有花香，滋味醇和。第一生长周期全年亩产一芽二叶鲜叶424千克，比对照'福鼎大白茶'减产8%；第二生长周期全年亩产565千克，与对照'福鼎大白茶'产量相当。感茶小绿叶蝉，中抗茶炭疽病，抗寒、旱。

适宜种植区域及栽培技术要点

适宜在江南生态区浙江杭州地区秋季或春季雨水较充沛的时间种植。春季持嫩性较好，注意防冻；适时防治茶小绿叶蝉。

浙江省

第二章 茶树登记品种图谱

'中茗2807'

Camellia sinensis（L.）O. Kuntze'Zhongming 2807'

申 请 者 中国农业科学院茶叶研究所　开化县茶叶科学研究所

育 种 者 王丽鸳　成　浩　韦　康　吴立赟　付建玉　方辉韩

品种编号 非主要农作物品种登记号：GPD茶树（2023）330017，植物新品种权号：CNA20172765.8。

品种来源 中国农业科学院茶叶研究所等从'嘉茗1号'בRegistered龙井43'杂交后代中单株选育而成。

特征特性 灌木型，特早生种，中叶类，生长势强，树姿直立，叶片长度9.3厘米、宽度3.6厘米，叶片窄椭圆形，叶片着生状态向上。在杭州和嵊州地区一芽二叶盛期一般在3月中旬，新梢芽叶浅绿色，茸毛少，一芽三叶长5.9厘米、百芽重41.9克。春茶一芽二叶生化样含茶多酚17.8%，氨基酸5.6%，咖啡碱3.5%，水浸出物49.8%。适制绿茶。制卷曲型绿茶，外形细紧、卷曲、显毫，汤色嫩绿明亮，香气高鲜、花香馥郁，滋味甘醇鲜爽；制龙井，汤色嫩绿明亮，滋味甘醇鲜爽。第一生长周期春季亩产一芽二叶鲜叶42千克，比对照'龙井43'增产5%；第二生长周期春季亩产93千克，比对照'龙井43'增产11%。感茶小绿叶蝉，抗茶炭疽病，抗寒性和抗旱性较强。

适宜种植区域及栽培技术要点

适宜在浙江地区春、秋、冬季种植。宜采用单行双株或双行双株的种植规格；生长势旺盛，故修剪程度需较一般品种大；树形较直立，茶园保苗数量需增加；为特早生种，须严防倒春寒。

'中茶310'

Camellia sinensis（L.）O. Kuntze 'Zhongcha 310'

申 请 者 中国农业科学院茶叶研究所

育 种 者 王 璐　王新超　郝心愿　杨亚军　章志芳　曾建明　李娜娜　郑梦霞

品种编号 非主要农作物品种登记号：GPD茶树（2023）330020。

品种来源 中国农业科学院茶叶研究所从'楮叶齐'自然杂交后代中单株选育而成。

特征特性 灌木型，早生种，树姿半开张，中叶类，叶片长度9.7厘米、宽度3.4厘米，叶片窄椭圆形，叶片着生状态向上。在嵊州地区春茶一芽一叶期在3月下旬，新梢芽叶浅绿色，茸毛中等，一芽三叶长8.1厘米、百芽重43.7克。春茶一芽二叶生化样含茶多酚16.7%，氨基酸4.5%，咖啡碱3.4%，儿茶素11.9%，水浸出物50.2%。适制绿茶和红茶。制烘青绿茶，外形紧结显毫，汤色嫩绿明亮，香气清高、鲜爽、花香显，滋味较甘醇鲜；制红茶，外形紧结、有毫、乌褐，汤色橙黄（红）、明亮，香气较鲜甜，有花香，滋味较甘醇。第一生长周期全年亩产一芽二叶鲜叶878千克，比对照'福鼎大白茶'增产11%；第二生长周期全年亩产1 071千克，比对照'福鼎大白茶'增产20%。感茶小绿叶蝉，抗茶炭疽病，较抗寒、旱。

适宜种植区域及栽培技术要点

适宜在江南茶区浙江嵊州地区春、秋季种植。宜采用单行双株或双行双株的种植规格；前期肥水供应要充足，注意及时嫩采；适时防治茶小绿叶蝉。

浙江省

第二章 茶树登记品种图谱

173

'中茶311'

Camellia sinensis（L.）O. Kuntze 'Zhongcha 311'

申 请 者 中国农业科学院茶叶研究所

育 种 者 郝心愿　王新超　王　璐　杨亚军　章志芳　曾建明　李娜娜　郑梦霞

品种编号 非主要农作物品种登记号：GPD茶树（2023）330021。

品种来源 中国农业科学院茶叶研究所从湖南'江华甜茶'实生后代中单株选育而成。

特征特性 灌木型，早生种，树姿半开张，中叶类，叶片长度7.4厘米、宽度3.6厘米，叶片中等椭圆形，叶片着生状态向上。在嵊州地区春茶一芽一叶期在3月下旬，新梢芽叶浅绿色，茸毛少，一芽三叶长7.4厘米、百芽重40.2克。春茶一芽二叶生化样含茶多酚20.0%，儿茶素15.1%，氨基酸3.6%，咖啡碱3.5%，水浸出物52.8%。适制绿茶和红茶。制烘青绿茶，外形紧结显毫，汤色浅、嫩黄、较明亮，香气高鲜、有花香，滋味较清鲜甘和；制红茶，外形紧结、有毫、乌褐，汤色红、明亮，香气较鲜甜，滋味较甘醇。第一生长周期全年亩产一芽二叶鲜叶743千克，比对照'福鼎大白茶'减产6%；第二生长周期全年亩产922千克，比对照'福鼎大白茶'增产3%。感茶小绿叶蝉，中抗茶炭疽病，较抗寒，中抗旱。

适宜种植区域及栽培技术要点

适宜在江南茶区浙江嵊州地区春、秋季雨水充足时间种植。宜采用单行双株或双行单株的种植规格；前期肥水供应要充足，注意及时嫩采；适时防治茶小绿叶蝉。

浙江省

第二章 茶树登记品种图谱

175

'中茶312'

Camellia sinensis（L.）O. Kuntze 'Zhongcha 312'

申 请 者 中国农业科学院茶叶研究所

育 种 者 李娜娜　王新超　王璐　郝心愿　杨亚军　章志芳　曾建明　郑梦霞

品种编号 非主要农作物品种登记号：GPD茶树（2023）330022。

品种来源 中国农业科学院茶叶研究所从福建政和地方群体种种子后代中单株选育而成。

特征特性 灌木型，特早生种，树姿半开张，中叶类，叶片长度7.2厘米、宽度3.4厘米，叶片窄椭圆形，叶片着生状态向上。在杭州地区春茶一芽一叶期在3月中旬，新梢芽叶浅绿色，茸毛密度中等，一芽三叶长8.5厘米、百芽重55.7克。春季一芽二叶生化样含茶多酚17.7%，氨基酸4.5%，咖啡碱2.9%，儿茶素12.1%，水浸出物52.2%。适制绿茶和红茶。制烘青绿茶，外形紧结、显毫、较绿翠，汤色嫩绿、明亮，香气高鲜、有栗香，滋味甘醇、鲜爽；制工夫红茶，外形紧结、显毫、较乌，汤色红、明亮，香气较鲜甜，滋味较甘醇。第一生长周期全年亩产一芽二叶鲜叶1 030千克，比对照'福鼎大白茶'增产30%；第二生长周期全年亩产1 138千克，比对照'福鼎大白茶'增产27%。感茶小绿叶蝉，中抗茶炭疽病，抗寒性强，较抗旱。

适宜种植区域及栽培技术要点

适宜在江南茶区浙江嵊州地区春、秋季种植。宜采用单行双株或双行双株的种植规格；前期肥水供应要充足，注意及时嫩采；适时防治茶小绿叶蝉。

浙江省

第二章 茶树登记品种图谱

'中茶702'

Camellia sinensis（L.）O. Kuntze'Zhongcha 702'

申 请 者 中国农业科学院茶叶研究所

育 种 者 曾建明　杨亚军　章志芳　王新超　王　璐　郝心愿　李娜娜

品种编号 非主要农作物品种登记号：GPD茶树（2023）330023。

品种来源 中国农业科学院茶叶研究所从'碧云'种子后代中单株选育而成。

特征特性 灌木型，早生种，树姿直立，生长势强，中叶类，叶片长度9.3厘米、宽度4.5厘米，叶片中等椭圆形，叶片着生状态向上。在杭州地区春茶一芽一叶期在3月下旬，新梢芽叶黄绿色，茸毛中等，一芽三叶长6.5厘米、百芽重32.7克。春茶一芽二叶生化样含茶多酚20.6%，氨基酸3.3%，咖啡碱3.7%，水浸出物49.4%。适制绿茶。制烘青绿茶，外形尚紧、略卷曲、略有毫，汤色浅嫩黄、较清澈明亮，香气清高、有花香，滋味较清鲜甘和。第一生长周期全年亩产一芽二叶鲜叶507千克，比对照'福鼎大白茶'增产42%；第二生长周期全年亩产532千克，比对照'福鼎大白茶'增产20%。高感茶小绿叶蝉，感茶炭疽病，抗寒、旱。

适宜种植区域及栽培技术要点

适宜在江南生态区浙江杭州地区秋季或春季雨水较充沛的时间种植。宜采用单行双株或双行双株种植，适时防治茶小绿叶蝉、茶炭疽病。

'中茶硒茶2号'

Camellia sinensis（L.）O. Kuntze '*Zhongcha Xicha 2*'

申 请 者 中国农业科学院茶叶研究所
育 种 者 曾建明　章志芳　王　璐　郝心愿　王新超　李晓嫚　郭丽娜
品种编号 非主要农作物品种登记号：GPD茶树（2023）330024。
品种来源 中国农业科学院茶叶研究所从'嘉茗1号'种子后代中单株选育而成。
特征特性 灌木型，特早生种，树姿直立，中叶类，叶片长度7.9厘米、宽度3.5厘米，叶片中等椭圆形，叶片着生状态向上。在嵊州地区春茶一芽一叶期在3月中下旬，新梢芽叶黄绿色，茸毛少，一芽三叶长6.6厘米、百芽重43.5克。春茶一芽二叶生化样含茶多酚19.6%，氨基酸4.4%，咖啡碱3.3%，水浸出物49.2%。适制绿茶。制烘青绿茶，外形紧结、略卷曲、显毫、绿，汤色嫩绿明亮，香气较高、有栗香，滋味醇和、较甘鲜。第一生长周期全年亩产一芽二叶鲜叶1 103千克，比对照'福鼎大白茶'增产24%；第二生长周期全年亩产995千克，比对照'福鼎大白茶'增产5%。高感茶小绿叶蝉，抗茶炭疽病，抗寒、旱。该品种聚硒能力强，同等条件下，连续2年一芽二叶茶叶中硒平均含量比对照组（20个育成品种平均值）高27%。

适宜种植区域及栽培技术要点

适宜在江南生态区浙江嵊州地区秋季或春季雨水较充沛的时间种植。宜采用单行双株或双行单株的种植规格，适时防治茶小绿叶蝉；特早生品种注意防范倒春寒，及时采摘。

'中茶黄芽5号'

Camellia sinensis（L.）O. Kuntze 'Zhongcha Huangya 5'

申 请 者 中国农业科学院茶叶研究所　安吉县农业农村局　安吉金色黄茶专业合作社
育 种 者 丁长庆　程玉龙　王新超　徐水荣　王　璐　郑锐宏　李娜娜
品种编号 非主要农作物品种登记号：GPD茶树（2023）330025。
品种来源 中国农业科学院茶叶研究所等从'龙井43'自然变异单株中单株选育而成。
特征特性 灌木型，特早生种，树姿半开张，小叶类，叶片长度7.6厘米、宽度3.2厘米，叶片窄椭圆形，叶片着生状态向上。在浙江安吉地区春茶一芽一叶期3月中旬，新梢芽叶黄绿色，茸毛较少，芽头较肥壮，一芽三叶长6.3厘米、百芽重32.6克。春茶一芽二叶生化样含茶多酚（16.7±1.11）%，氨基酸（5.3±1.16）%，咖啡碱（3.2±0.16）%，水浸出物（48.3±1.16）%。适制绿茶。制朵型绿茶，外形凤尾形，玉黄透绿，汤色嫩绿、清澈明亮，香气高爽、有甜香、微有花香，滋味甘醇鲜爽。第一生长周期春季亩产一芽二叶鲜叶138千克，比对照'白叶1号'增产18%；第二生长周期春季亩产173千克，比对照'白叶1号'增产19%。感茶小绿叶蝉，感茶炭疽病，抗寒、旱。

适宜种植区域及栽培技术要点

适宜在江南茶区浙江安吉地区春、秋季雨水充足时间种植。种植后及时定剪促进分枝，前期肥水供应要充足，适当遮阴，注意及时嫩采，适时防治小绿叶蝉。

'龙冠1号'

Camellia sinensis（L.）O. Kuntze 'Longguan 1'

申 请 者 杭州龙冠实业有限公司　中国农业科学院茶叶研究所

育 种 者 姜爱芹　王新超　陈瑞鸿　王　璐　孙业良　郝心愿　赵玉宝　章志芳　杨亚军

品种编号 非主要农作物品种登记号：GPD茶树（2023）330026。

品种来源 杭州龙冠实业有限公司等从'龙井43'种子后代中单株选育而成。

特征特性 灌木型，特早生种，树姿半开张，中叶类，叶片长度8.1厘米、宽度3.5厘米，叶片窄椭圆形，叶片着生状态水平。在嵊州地区春茶一芽一叶期在3月中旬，新梢芽叶浅绿色，茸毛少，一芽三叶长7.5厘米、百芽重40.2克。春茶一芽二叶生化样含茶多酚17.8%，氨基酸4.1%，咖啡碱2.9%，儿茶素13.5%，水浸出物52.0%。适制绿茶。制烘青绿茶，外形紧结、略有毫，汤色浅嫩绿、明亮，香气清高、有花香和栗香，滋味甘醇鲜爽。第一生长周期全年亩产一芽二叶鲜叶966千克，比对照'福鼎大白茶'增产22%；第二生长周期全年亩产1 132千克，比对照'福鼎大白茶'增产26%。感茶小绿叶蝉，感茶炭疽病，抗寒、旱。

适宜种植区域及栽培技术要点

适宜在江南茶区浙江嵊州地区春、秋季种植。宜采用单行双株或双行双株的种植规格，前期肥水供应要充足，注意及时嫩采，适时防治茶炭疽病和茶小绿叶蝉。

'中茶313'

Camellia sinensis（L.）O. Kuntze 'Zhongcha 313'

申 请 者 中国农业科学院茶叶研究所

育 种 者 王　璐　王新超　郝心愿　杨亚军　章志芳　曾建明　李娜娜　郑梦霞

品种编号 非主要农作物品种登记号：GPD茶树（2023）330030。

品种来源 中国农业科学院茶叶研究所从'祁门种'种子后代中单株选育而成。

特征特性 灌木型，早生种，树姿半开张，中叶类，叶片长度9.3厘米、宽度3.7厘米，叶片窄椭圆形，叶片着生状态水平。在嵊州地区春茶一芽一叶期在3月中下旬，新梢芽叶浅绿色，茸毛密度中等，一芽三叶长6.8厘米、百芽重39.2克。春季一芽二叶生化样含茶多酚17.5%，氨基酸4.2%，咖啡碱2.8%，儿茶素11.8%，水浸出物51.6%。适制绿茶和红茶。制烘青绿茶，外形紧结、显毫、嫩绿，汤色浅嫩绿明亮，香气高鲜、有花香，滋味甘醇、较鲜爽；制工夫红茶，外形紧结、显毫、乌褐，汤色橙红、明亮，香气较鲜甜，滋味较甘醇。第一生长周期全年亩产一芽二叶鲜叶878千克，比对照'福鼎大白茶'增产11%；第二生长周期全年亩产1 155千克，比对照'福鼎大白茶'增产29%。感茶小绿叶蝉，抗茶炭疽病，抗寒性强，较抗旱。

适宜种植区域及栽培技术要点

适宜在江南茶区浙江嵊州地区春、秋季种植。宜采用单行双株或双行双株的种植规格，前期肥水供应要充足，注意及时嫩采，适时防治茶小绿叶蝉。

'白叶2号'

Camellia sinensis（L.）O. Kuntze'Baiye 2'

申 请 者 安吉茗正堂茶业有限公司　中国农业科学院茶叶研究所　浙江安吉大山坞白茶有限公司

育 种 者 李政明　陈　亮　盛勇亮　胡育萍　马建强　姚　钲　黄　蓉　徐文华　陈杰丹　汪俊宇

品种编号 非主要农作物登记编号：GPD茶树（2023）330031。

品种来源 安吉茗正堂茶业有限公司等从安吉溪龙地方品种中单株选育而成。

特征特性 灌木型，中叶类，中生种。树姿半开张，生长势中，分枝部位中，分枝密度中。叶片向上着生，叶片形状窄椭圆形，叶片长8.3厘米，叶片宽3.2厘米；叶色中绿；叶片先端形状尖锐。杭州地区开采期一般为3月下旬，一芽二叶盛期一般在4月上旬；发芽密度中，茸毛少；一芽三叶长7.1厘米，一芽三叶百芽重63.5克。盛花期为每年10月下旬至11月中旬。春季一芽二叶生化样含茶多酚11.2%，氨基酸9.7%，咖啡碱3.0%，水浸出物46.4%。适制绿茶。制"皇金芽"，外形兰花状、较挺直、玉黄隐绿鲜活，汤色嫩绿明亮，香气尚清高，滋味较甘醇较鲜爽，叶底嫩匀成朵、玉白隐绿。第一生长周期亩产一芽二叶鲜叶84千克，比对照'白叶1号'减产20%；第二生长周期亩产103千克，比对照'白叶1号'减产28%。抗小绿叶蝉，高抗茶炭疽病，抗寒性和抗旱性中等。

适宜种植区域及栽培技术要点

适宜在江南茶区浙江湖州秋季或春季雨水较充沛时种植。选择土层深厚、土壤肥力良好的地块种植，单条栽，每丛3株茶苗，每亩4 500～5 000株苗木，移栽后及时进行定型修剪，注意苗期管理和留养树冠。

浙江省

第二章 茶树登记品种图谱

'中黄3号'

Camellia sinensis（L.）O. Kuntze 'Zhonghuang 3'

申 请 者 中国农业科学院茶叶研究所　龙游圣堂茶业专业合作社　龙游县种植业发展中心

育 种 者 缪述钢　陈　亮　徐汝松　朱建红　马建强　陈志芳　金基强　朱炳良　汪俊宇　姜丽萍

品种编号 非主要农作物品种登记号：GPD茶树（2023）330053，植物新品种权号：CNA20151367.4。

品种来源 中国农业科学院茶叶研究所等从龙游县当地群体种中单株选拔—无性繁殖—性状鉴定等选育而成。

特征特性 灌木型，中生种，树姿半开张，生长势强，小叶类，叶片长度8.1厘米，宽度3.4厘米，中等椭圆形，叶片着生姿态向上。杭州地区和衢州地区春茶3月底4月初开采，新梢发芽密度高，茸毛少，一芽三叶长8.0厘米，一芽三叶百芽重42.7克。春季一芽二叶生化样含茶多酚16.3%，氨基酸5.8%，咖啡碱3.5%，水浸出物49.0%。适制绿茶。制"龙游黄茶"，外形玉黄透绿鲜亮，汤色嫩绿、清澈明亮，香气高爽、有栗香，滋味甘醇、鲜爽。第一生长周期春季亩产一芽二叶鲜叶59千克，比对照'中茶211'增产38%；第二生长周期春季亩产一芽二叶鲜叶67千克，比对照'中茶211'增产25%。高抗茶炭疽病，感茶小绿叶蝉，抗寒性和抗旱性较强。

适宜种植区域及栽培技术要点

适宜在江南茶区浙江杭州地区和衢州地区秋季或春季雨水较充沛的时间种植。宜采用单行双株或单株种植，该品种生长势强，定植后及时进行3次定型修剪，3年后正式投产。

'中茶703'

Camellia sinensis（L.）O. Kuntze 'Zhongcha 703'

申 请 者 中国农业科学院茶叶研究所

育 种 者 曾建明　章志芳　杨亚军　王　璐　郝心愿　王新超　李晓嫚

品种编号 非主要农作物品种登记号：GPD茶树（2023）330054。

品种来源 中国农业科学院茶叶研究所从'茂绿'自然杂交后代中单株选育而成。

特征特性 灌木型，特早生种，树姿半开张，中叶类，叶片长度7.3厘米、宽度3.2厘米，叶片中等椭圆形，叶片着生状态向上。在嵊州地区春茶一芽一叶期在3月中下旬，新梢芽叶黄绿色，茸毛中，一芽三叶长7.7厘米、百芽重47.2克。春茶一芽二叶生化样含茶多酚19.6%，氨基酸6.8%，咖啡碱3.1%，水浸出物51.8%。适制绿茶。制烘青绿茶，外形细紧、略卷曲、显毫、较嫩绿偏黄，汤色嫩黄明亮，香气高爽、有嫩香，滋味醇爽、甘醇、微涩。第一生长周期全年亩产一芽二叶鲜叶1 260千克，比对照'福鼎大白茶'增产42%；第二生长周期全年亩产1 192千克，比对照'福鼎大白茶'增产25%。高感茶小绿叶蝉，中抗茶炭疽病，抗寒、旱。

适宜种植区域及栽培技术要点

适宜在江南生态区浙江绍兴地区秋季或春季雨水较充沛的时间种植。宜采用单行双株或双行单株的种植规格，适时防治茶小绿叶蝉。春季持嫩性好，特早生种注意防范"倒春寒"。

'中茶704'

Camellia sinensis（L.）O. Kuntze 'Zhongcha 704'

申 请 者 中国农业科学院茶叶研究所
育 种 者 曾建明　章志芳　杨亚军　王　璐　郝心愿　王新超　李晓嫚
品种编号 非主要农作物品种登记号：GPD茶树（2023）330055。
品种来源 中国农业科学院茶叶研究所从'嘉茗1号'自然杂交后代中单株选育而成。
特征特性 灌木型，特早生种，树姿直立，中叶类，叶片长度8.2厘米、宽度4.1厘米，叶片中等椭圆形，叶片着生状态向上。在嵊州地区春茶一芽一叶期在3月中上旬，新梢芽叶黄绿色，茸毛密，一芽三叶长6.9厘米、百芽重37.6克。春茶一芽二叶生化样含茶多酚17.4%，氨基酸3.9%，咖啡碱2.9%，水浸出物47.4%。适制绿茶。制烘青绿茶，外形紧结、略卷曲、显毫、绿翠，汤色尚嫩绿、明亮，香气较高鲜、有花香，滋味甘醇鲜爽、微涩。第一生长周期全年亩产一芽二叶鲜叶1 480千克，比对照'福鼎大白茶'增产66%；第二生长周期全年亩产1 189千克，比对照'福鼎大白茶'增产25%。高感茶小绿叶蝉，感茶炭疽病，抗寒、旱。

适宜种植区域及栽培技术要点

适宜在江南生态区浙江绍兴地区秋季或春季雨水较充沛的时间种植。宜采用单行双株或双行单株的种植规格，适时防治茶小绿叶蝉、茶炭疽病。

'中茶硒茶4号'

Camellia sinensis（L.）O. Kuntze 'Zhongcha Xicha 4'

申 请 者 中国农业科学院茶叶研究所

育 种 者 曾建明 章志芳 王 璐 郝心愿 王新超 李晓嫚 郭丽娜

品种编号 非主要农作物品种登记号：GPD茶树（2023）330056。

品种来源 中国农业科学院茶叶研究所从'中茶108'自然杂交后代中单株选育而成。

特征特性 灌木型，早生种，树姿直立，中叶类，叶片长度8.1厘米、宽度3.9厘米，叶片中等椭圆形，叶片着生状态向上。在嵊州地区春茶一芽一叶期在3月中下旬，新梢芽叶黄绿色，茸毛密，一芽三叶长7.0厘米、百芽重43.7克。春茶一芽二叶生化样含茶多酚18.3%，氨基酸4.4%，咖啡碱3.6%，水浸出物48.4%。适制绿茶。制烘青绿茶，外形紧结、略卷曲、显毫、较嫩绿，汤色较嫩绿明亮，香气较高鲜、花香显，有嫩香，滋味较甘醇清鲜，微涩。第一生长周期全年亩产一芽二叶鲜叶1 458千克，比对照'福鼎大白茶'增产31%；第二生长周期全年亩产1 307千克，比对照'福鼎大白茶'增产8%。高感茶小绿叶蝉，感茶炭疽病，抗寒、旱。该品种聚硒能力强，同等条件下，连续3年一芽二叶茶叶中硒平均含量比对照组（20个育成品种平均值）高27%。

适宜种植区域及栽培技术要点

适宜在江南生态区浙江嵊州地区秋季或春季雨水较充沛的时间种植。宜采用单行双株或双行双株种植，适时防治茶小绿叶蝉、茶炭疽病，特早生种注意防范"倒春寒"。

'中茶128'

Camellia sinensis（L.）O. Kuntze 'Zhongcha 128'

申 请 者 中国农业科学院茶叶研究所

育 种 者 陈 亮　姚明哲　马春雷　马建强　金基强　陈杰丹　刘浩然

品种编号 非主要农作物品种登记号：GPD茶树（2023）330062，植物新品种权号：CNA20130588.1。

品种来源 中国农业科学院茶叶研究所从'黄叶早'ב龙井43'杂交后代经单株选育—无性繁殖—区域试验等选育而成。

特征特性 灌木型，中叶类，早生种。树姿半开张，生长势强，分枝部位中，分枝密。叶片向上着生，中等椭圆形，长8.6厘米，宽3.8厘米，叶色深绿色，先端尖锐。杭州地区开采期一般为3月中旬，一芽二叶盛期一般在3月下旬。发芽密度高，茸毛少。一芽三叶长9.9厘米，一芽三叶百芽重27.2克。盛花期为每年10月中旬。春茶一芽二叶生化样含茶多酚20.8%，氨基酸4.3%，咖啡碱3.0%，水浸出物51.1%。适制绿茶。制烘青绿茶，外形紧结，略卷曲、有毫、较绿稍偏黄；汤色嫩绿、明亮；香气清高、鲜爽、有花香；滋味甘醇、鲜爽、滑；叶底细嫩、显芽、较嫩绿明。第一生长周期亩产一芽二叶鲜叶89千克，比对照'福鼎大白茶'增产51%；第二生长周期亩产83千克，比对照'福鼎大白茶'增产50%。抗茶炭疽病、茶小绿叶蝉，抗旱性、抗寒性中等。

适宜种植区域及栽培技术要点

适宜在浙江、湖北、安徽、河南秋季或春季雨水较充沛的时间种植。采用单行双株或单株栽培，适时进行3次定型修剪后可正式投产；及时防控茶炭疽病和茶小绿叶蝉。

浙江省

第二章 茶树登记品种图谱

'中茶白芽2号'

Camellia sinensis（L.）O. Kuntze 'Zhongcha Baiya 2'

申 请 者 中国农业科学院茶叶研究所　嵊州市坞塅茶叶专业合作社

育 种 者 曾建明　章志芳　杨亚军　邱志刚　王新超　王　璐　郝心愿

品种编号 非主要农作物品种登记号：GPD茶树（2023）330078。

品种来源 中国农业科学院茶叶研究所等从浙江省嵊州市长乐镇坞塅村嵊州群体种中单株选育而成。

特征特性 灌木型，晚生种，树姿直立，中叶类，叶片长度11.5厘米、宽度4.8厘米，叶片中等椭圆形，叶片着生状态向上。在嵊州地区春茶一芽一叶期在4月上旬，新梢芽叶白色，茸毛中等，一芽三叶长5.3厘米。春茶一芽二叶生化样含茶多酚18.4%，氨基酸5.5%，咖啡碱3.2%，水浸出物49.4%。适制绿茶。制烘青绿茶，外形较细紧、略卷曲、微有毫，汤色黄绿，香气较高鲜、微有嫩香，滋味尚浓醇。第一生长周期亩产一芽二叶鲜叶798千克，比对照'白叶1号'增产18%；第二生长周期亩产917千克，比对照'白叶1号'增产25%。高感茶小绿叶蝉，抗寒、旱。

适宜种植区域及栽培技术要点

适宜在江南生态区浙江嵊州地区秋季或春季雨水较充沛的时间种植。高感茶小绿叶蝉，在生产上需重点关注，及早防治。

浙江省

第二章 茶树登记品种图谱

201

'中茶硒茶3号'

Camellia sinensis（L.）O. Kuntze 'Zhongcha Xicha 3'

申 请 者 中国农业科学院茶叶研究所

育 种 者 曾建明　章志芳　王　璐　郝心愿　王新超　李晓嫚　郭丽娜

品种编号 非主要农作物品种登记号：GPD茶树（2023）330079。

品种来源 中国农业科学院茶叶研究所从'鄂茶5号'自然杂交后代中单株选育而成。

特征特性 灌木型，特早生种，树姿直立，中叶类，叶片长度9.3厘米、宽度3.9厘米，叶片窄椭圆形，叶片着生状态向上。在杭州地区春茶一芽一叶期在3月中下旬，新梢芽叶浅绿色，茸毛少，一芽三叶长10.8厘米。春茶一芽二叶生化样含茶多酚18.6%，氨基酸5.0%，咖啡碱3.1%，水浸出物50.8%。适制绿茶。制烘青绿茶，外形紧结、略卷曲、绿翠有毫，汤色浅黄、绿明，香气较高鲜、有花香和嫩香，滋味醇和。第一生长周期亩产一芽二叶鲜叶323千克，比对照'福鼎大白茶'减产10%；第二生长周期亩产372千克，比对照'福鼎大白茶'减产16%。高感茶小绿叶蝉，感茶炭疽病，抗寒、旱。该品种聚硒能力强，同等条件下，连续2年一芽二叶茶叶中硒平均含量比对照组（20个育成品种平均值）高59%。

适宜种植区域及栽培技术要点

适宜在江南生态区浙江杭州、湖北恩施地区秋季或春季雨水较充沛的时间种植。感炭疽病，高感茶小绿叶蝉，在生产上须重点关注，及早防治；特早生品种须注意严防"倒春寒"，及时采摘。

'中茶150'

Camellia sinensis（L.）O. Kuntze 'Zhongcha 150'

申 请 者 中国农业科学院茶叶研究所

育 种 者 马建强　陈　亮　姚明哲　马春雷　金基强　陈杰丹　郝万军

品种编号 非主要农作物品种登记号：GPD茶树（2023）330080，植物新品种权号：CNA20191006304。

品种来源 中国农业科学院茶叶研究所从'武夷82'开放授粉后代中单株选育—无性繁殖—区域试验等选育而成。

特征特性 灌木型，早生种，树姿半开张，中叶类，叶片长度9.9厘米，宽度3.2厘米，披针形，叶片着生姿态向上。新梢发芽密度中等，茸毛多，一芽三叶长7.7厘米，一芽三叶百芽重47.7克。春季一芽二叶生化样含茶多酚21.3%，氨基酸3.7%，咖啡碱3.4%，水浸出物48%。适制绿茶和红茶。制烘青绿茶，汤色嫩绿明亮，香气清高、有栗香和花香，滋味较浓醇甘鲜，叶底嫩绿明亮；制工夫红茶，汤色金红明亮，香气高甜，滋味尚浓醇甘爽，叶底红亮。第一生长周期春季亩产一芽二叶鲜叶106千克，比对照'福鼎大白茶'增产58%；第二生长周期春季亩产一芽二叶鲜叶122千克，比对照'福鼎大白茶'增产86%。高抗茶炭疽病，抗茶小绿叶蝉，抗寒性中等，抗旱性强。

适宜种植区域及栽培技术要点

适宜在江南茶区浙江杭州秋季或春季雨水较充沛的时间种植。宜采用单行双株种植，大行距150厘米，穴距33厘米。定植后进行3次定型修剪，3年后可正式投产。因春季发芽期特早，建议与中晚生品种搭配种植。

浙江省

第二章 茶树登记品种图谱

'中茶148'

Camellia sinensis（L.）O. Kuntze 'Zhongcha 148'

申 请 者 中国农业科学院茶叶研究所

育 种 者 姚明哲　陈　亮　郝万军　马建强　马春雷　金基强　陈杰丹

品种编号 非主要农作物品种登记号：GPD茶树（2023）330081，植物新品种权号：CNA20191006302。

品种来源 中国农业科学院茶叶研究所从'汝城早芽'开放授粉后代中单株选育—无性繁殖—区域试验等选育而成。

特征特性 灌木型，早生种，树姿半开张，中叶类，叶片长度8.8厘米，宽度4.2厘米，中等椭圆形，叶片着生姿态向上。新梢发芽密度中等，茸毛中等，一芽三叶长6.0厘米，一芽三叶百芽重51.0克。春季一芽二叶生化样含茶多酚20.5%，氨基酸4.3%，咖啡碱2.7%，水浸出物49.3%。适制绿茶和红茶。制烘青绿茶，汤色嫩绿明亮，香气清高、有花香，滋味浓醇甘鲜，叶底嫩绿明亮；制工夫红茶，汤色橙红较明亮，香气浓郁鲜甜，滋味醇厚较鲜爽，叶底红艳明亮。第一生长周期春季亩产一芽二叶鲜叶109千克，比对照'福鼎大白茶'增产88%；第二生长周期春季亩产一芽二叶鲜叶115千克，比对照'福鼎大白茶'增产34%。感茶炭疽病和茶小绿叶蝉，抗寒性和抗旱性较强。

适宜种植区域及栽培技术要点

适宜在江南茶区浙江杭州地区的秋季或春季雨水较充沛的时间种植。宜采用单行单株或双株种植，定植后立即进行第一次定型修剪，3次定剪后可正式投产。

浙江省

第二章 茶树登记品种图谱

安徽省

'茶农98'

Camellia sinensis（L.）O. Kuntze 'Chanong 98'

申 请 者 安徽农业大学

育 种 者 江昌俊　李叶云　沈周高　杨维时

品种编号 非主要农作物品种登记号：GPD茶树（2019）340002。

品种来源 安徽农业大学从安徽岳西地方有性群体种中单株选育而成。

特征特性 灌木型，树姿半开展。植株生长势强，分枝密度中。叶片向上着生，叶片长宽度中等，叶片形状中等椭圆形。新梢一芽一叶始期早，芽叶生育力强，发芽密度109个/1 109厘米^2，整齐。芽有茸毛，密度稀，芽叶持嫩性强。新梢一芽二叶期第二叶浅绿色，一芽三叶长度中等，一芽三叶百芽重79.3克。花萼外部有茸毛，花冠直径大小中等，子房有茸毛，密度中，雌蕊高于雄蕊。结实率中等。春季一芽二叶生化样含茶多酚18.6%，氨基酸4.1%，咖啡碱4.4%，水浸出物46.7%。适制绿茶和红茶。制烘青绿茶，外形紧结，汤色嫩绿、明亮，香气高爽、有栗香，滋味甘醇、鲜爽，叶底嫩绿明亮；制工夫红茶，条索细紧，色乌润，香高味浓鲜。第一生长周期亩产一芽二叶鲜叶306千克，比对照'福鼎大白茶'增产72%；第二生长周期亩产一芽二叶鲜叶390千克，比对照'福鼎大白茶'增产106%。中抗茶炭疽病和茶小绿叶蝉，抗寒性和抗旱性强。

适宜种植区域及栽培技术要点

适宜在浙江、安徽、湖北、河南地区初春或秋季栽培。该品种生长势强，建立生产茶园时，不宜栽植过密，单条双株为宜。

'皖茶8号'

Camellia sinensis（L.）O. Kuntze'Wancha 8'

申 请 者 安徽省农业科学院茶叶研究所　青阳县种植业局

育 种 者 戴克冰　王文杰　周来俊　吴　琼　刘丹丹　陈金涛

品种编号 非主要农作物品种登记号：GPD茶树（2019）340005。

品种来源 安徽省农业科学院茶叶研究所等从青阳'黄石天云种'中单株选育而成。

特征特性 灌木型，早生种，树姿较直立。小叶类，叶片上斜着生，叶长6.0厘米，叶宽2.8厘米，叶形椭圆形，侧脉7对，叶色中绿色，叶面微隆起，叶身平，叶片质地中等，叶齿锐、密，深度中等，叶基楔形，叶尖钝尖，叶缘平。发芽密，芽叶颜色黄绿色，茸毛中等，一芽三叶百芽重42.0克。春季一芽二叶生化样含茶多酚10.5%，氨基酸4.5%，咖啡碱2.6%，水浸出物45.2%。适制绿茶和红茶。制"九华毛峰"，外形兰花形、挺直、略有毫、绿翠，汤色嫩绿、明亮，香气清高、有嫩香、微偏青，滋味醇和、甘鲜、微偏青，叶底较嫩匀、有芽、绿明；制工夫红茶，外形尚紧结、略卷曲、有金毫、乌褐，滋味醇和。第一生长周期亩产一芽二叶鲜叶158千克，比对照舒茶早增产4%；第二生长周期亩产一芽二叶鲜叶194千克，比对照舒茶早增产14%。中抗茶炭疽病，中抗茶小绿叶蝉，耐寒性中等，耐旱性强。

适宜种植区域及栽培技术要点

适宜在安徽茶区春、秋、冬季种植。幼龄期加强肥水管理，培养树冠。

安徽省

第二章 茶树登记品种图谱

'皖茶9号'

Camellia sinensis(L.) O. Kuntze 'Wancha 9'

申 请 者 安徽省农业科学院茶叶研究所　安徽兰香茶业有限公司
育 种 者 熊金平　王文杰　董永泓　方昊云　阮　旭　张祥云
品种编号 非主要农作物品种登记号：GPD茶树（2019）340006。
品种来源 安徽省农业科学院茶叶研究所等从泾县汀溪地方群体种中单株选育而成。
特征特性 灌木型，早生种，树姿半开张。叶片上斜着生，小叶，叶长7.5厘米，叶宽3.2厘米，叶形椭圆形，侧脉8对，叶色中绿色，叶面微隆起，叶身平，叶片质地中等，叶齿锐、深度中等，密度中等，叶基楔形，叶尖钝尖，叶缘微波。发芽密度中等，芽叶颜色黄绿色，茸毛较少，一芽三叶百芽重41.0克。春季一芽二叶生化样含茶多酚14.6%，氨基酸4.0%，咖啡碱3.3%，水浸出物42.4%。适制绿茶和红茶。制"汀溪兰香"，外形小兰花形、较挺直、略有毫、尚嫩绿带翠，汤色嫩绿、清澈明亮，香气清香、略生，滋味醇、较甘、微涩，叶底嫩、成朵、匀齐、绿亮；制工夫红茶，外形尚紧、略卷曲、微有金毫、稍带扁条、乌褐，滋味醇和。第一生长周期亩产一芽二叶鲜叶119千克，比对照'舒茶早'减产20%；第二生长周期亩产一芽二叶鲜叶369千克，比对照'舒茶早'增产7%。中抗茶炭疽病、茶小绿叶蝉，耐寒性强，耐旱性中等。

适宜种植区域及栽培技术要点

适宜在安徽茶区春、秋、冬季种植。栽种后的前3年，加强肥水管理，培养树冠。

'皖茶10号'

Camellia sinensis（L.）O. Kuntze 'Wancha 10'

申 请 者 安徽省农业科学院茶叶研究所　安徽恨水茶业有限公司
育 种 者 蒋泽艳　王文杰　鲍玉萍　吴　琼　刘丹丹　程中华
品种编号 非主要农作物品种登记号：GPD茶树（2020）340010。
品种来源 安徽省农业科学院茶叶研究所等从潜山市地方群体种中单株选育而成。
特征特性 灌木型，中生种，树姿半开张。叶片上斜着生，中叶，叶长11.0厘米，叶宽4.8厘米，叶形椭圆形，叶色浅绿色，叶面微隆起，叶身平，叶片质地中等，叶齿锐、深度中等，叶齿密，叶基钝形，叶尖渐尖，叶缘平。芽叶持嫩性强，芽叶颜色黄绿色，茸毛中等，一芽三叶百芽重58.3克。春季一芽二叶生化样含茶多酚19.2%，氨基酸3.2%，咖啡碱3.8%，水浸出物47.3%。适制绿茶和红茶。制烘青绿茶，外形尚壮结、稍松大、略卷曲、有毫、绿稍深，汤色浅绿、清澈明亮，香气清鲜、花香显；滋味清鲜、甘和、稍淡，叶底较嫩厚、有芽、绿明；制工夫红茶，较紧结、略卷曲、有金毫、较乌，滋味醇和。第一生长周期亩产一芽二叶鲜叶269千克，比对照'福鼎大白茶'增产68%；第二生长周期亩产一芽二叶鲜叶328千克，比对照'福鼎大白茶'增产40%。中抗茶炭疽病、茶小绿叶蝉，耐寒性较强，耐旱性中等。

适宜种植区域及栽培技术要点

适宜在安徽茶区春、秋季雨水充足的时间种植。按常规品种栽培管理。

'谷雨春'

Camellia sinensis（L.）O. Kuntze 'Guyuchun'

申 请 者 舒城县舒茶九一六茶场　安徽农业大学
育 种 者 吴福广　韦朝领　陈吉品　蒋正中　郑进国　李贤葆　袁先安　林世仓
品种编号 非主要农作物品种登记号：GPD茶树（2020）340040。
品种来源 舒城县舒茶九一六茶场等从'祁门种'中单株选育而成。
特征特性 灌木型，树姿半开张，生长势强，分枝部位低，分枝密度中。中叶类，叶片向上着生，叶片形状窄椭圆形，叶片长10厘米，叶片宽4厘米，叶色浅绿，叶片先端形状尖锐。开采期一般为4月上旬，一芽二叶盛期一般在4月上旬。发芽密度中，茸毛中，一芽三叶长6厘米，一芽三叶百芽重55克。盛花期为每年11月上旬至中旬。春季一芽二叶生化样含茶多酚20.4%，氨基酸2.6%，咖啡碱2.6%，水浸出物47.1%。适制绿茶。制绿茶，色泽翠，香气高，滋味醇。第一生长周期亩产一芽二、三叶和同等嫩度对夹叶鲜叶383千克，比对照'福鼎大白茶'增产15%；第二生长周期亩产412千克，比对照'福鼎大白茶'增产11%。抗病虫能力强，对冻害、热害和干旱等不良天气的适应能力强，特别是对早春晚霜的抵御能力强。

适宜种植区域及栽培技术要点

适宜在安徽和江苏主要产茶区深秋或早春时间种植。按常规品种栽培管理。

安徽省

第二章 茶树登记品种图谱

'舒茶早'

Camellia sinensis（L.）O. Kuntze 'Shuchazao'

申 请 者 舒城县农业农村局

育 种 者 袁先安　李贤葆　吴福广　夏熙华　戴　勇　陈吉品　郑进国　钟玉珍　熊渌祥　徐　勇　秦加能　戴凤明　席庆红

品种来源 舒城县农业农村局从舒城群体种中单株选育而成。

品种编号 非主要农作物品种登记号：GPD茶树（2020）340041。原全国农作物品种审定委员会审定编号：国审茶2002008。

特征特性 灌木型，早生种。树姿半开张，生长势强，分枝部位中，分枝密度中。中叶类，叶片向上着生，叶片长10.5厘米，叶片宽4.2厘米，叶形椭圆形，叶色深绿，富光泽，叶面隆起，叶身稍背卷，叶片先端形状尖锐，叶缘波状。开采期一般为3月中旬，一芽二叶盛期一般在3月下旬。发芽密度高，茸毛中等，一芽三叶长8.0厘米，一芽三叶百芽重58.2克。盛花期为每年10月中旬至11月中旬。春季一芽二叶生化样含茶多酚21.6%，氨基酸3.8%，咖啡碱4.1%，水浸出物44.0%。适制绿茶。制烘青绿茶，外形细嫩显芽绿润，汤色嫩绿明亮，栗香，滋味醇厚，叶底绿亮。第一生长周期亩产一芽二叶鲜叶353千克，比对照'福鼎大白茶'增产19%；第二生长周期亩产一芽二叶鲜叶776千克，比对照'福鼎大白茶'增产138%。高抗炭疽病、假眼小绿叶蝉，抗寒性、抗旱性强。

适宜种植区域及栽培技术要点

适宜在浙江、安徽、湖南、湖北、江西、江苏、河南茶区秋冬或早春时间种植。施肥量比一般品种适当增加；采用单行条栽，行距1.6米。

'漕溪1号'

Camellia sinensis（L.）O. Kuntze 'Caoxi 1'

申 请 者 谢裕大茶叶股份有限公司　安徽农业大学　黄山市徽州区农业农村局
育 种 者 吴卫国　李叶云　谢明之　桂利权　许文胜　沈周高　方泽基
品种编号 非主要农作物品种登记号：GPD茶树（2021）340007。原安徽省非主要农作物品种鉴定登记委员会审定编号：皖品鉴登字第1517005。
品种来源 谢裕大茶叶股份有限公司等从'黄山种'中单株选育而成。
特征特性 灌木型，早生种，树姿半开张，生长势强，分枝部位低，分枝密度中。大叶类，叶片向上着生，叶片形状中等椭圆形，叶片长12.4厘米，叶片宽5.2厘米，叶色深绿，叶片先端钝形。开采期一般为3月下旬，一芽二叶盛期一般在4月中旬。发芽密度低，茸毛多，一芽三叶长8.3厘米，一芽三叶百芽重73.6克。盛花期为每年11月下旬。春季一芽二叶生化样含茶多酚17.8%，氨基酸4.8%，咖啡碱3.2%，水浸出物46.6%。适制绿茶。制"黄山毛峰"，外形紧结、条索较壮结、略卷曲、略有毫、黄绿尚润，汤色浅嫩绿清澈明亮，香气清高，滋味甘醇较鲜，叶底较肥厚多芽、略有嫩茎、黄绿较亮。第一生长周期亩产一芽二叶鲜叶137千克，比对照'福鼎大白茶'减产12%；第二生长周期亩产一芽二叶鲜叶218千克，比对照'福鼎大白茶'增产15%。中抗茶小绿叶蝉、茶炭疽病，抗寒性较强，抗旱性中。扦插繁殖能力强，移栽成活率高。

适宜种植区域及栽培技术要点

适宜在河南、安徽、湖北茶区初春或秋季移栽种植。宜单行双株种植，行距1.6米；幼年期适时进行3~4次定型修剪，提高分枝密度，培养丰产树型结构。

'岚里香'

Camellia sinensis（L.）O. Kuntze 'Lanlixiang'

申 请 者 张常春

育 种 者 张常春

品种编号 非主要农作物品种登记号：GPD茶树（2022）340024。

品种来源 张常春从安徽岳西地方群体种中单株选育而成。

特征特性 灌木型，中生种。树姿开张，生长势强，分枝部位低，分枝密度密。中叶类，叶片向上着生，叶片形状窄椭圆形，叶片长10厘米，叶片宽4厘米，叶色黄绿色，叶片先端形状尖锐。开采期一般为3月下旬，一芽二叶盛期一般在4月上旬。发芽密度高，茸毛中，一芽三叶长12厘米，一芽三叶百芽重65克。盛花期为每年11月中旬至12月上旬。春季一芽二叶生化样含茶多酚21.4%，氨基酸5.0%，咖啡碱3.8%，水浸出物49.7%。适制绿茶。制烘青绿茶，外形较细紧、略卷曲、有毫、较绿，汤色嫩绿、清澈明亮，香气高爽，滋味醇爽、较甘鲜，叶底嫩、有芽、匀齐、较嫩绿。第一生长周期亩产鲜叶290千克，比对照'福鼎大白茶'增产12%；第二生长周期亩产鲜叶301千克，比对照'福鼎大白茶'增产45%。感茶炭疽病，中抗茶小绿叶蝉，耐寒性较强，耐旱性较强。

适宜种植区域及栽培技术要点

适宜在安徽茶区、湖北武汉、河南信阳地区春季种植。单行单株栽种，行距1.5~1.7米。

'金鸡1号'

Camellia sinensis（L.）O. Kuntze 'Jinji 1'

申 请 者 安徽省农业科学院茶叶研究所　霍山县农业产业发展中心

育 种 者 葛志友　王文杰　徐志明　阮　旭　刘丹丹　程仰元　王荣祥

品种编号 非主要农作物品种登记号：GPD茶树（2022）340032。

品种来源 安徽省农业科学院茶叶研究所等从'霍山金鸡种'中单株选育而成。

特征特性 灌木型，中生种，树姿半开张，生长势中等，分枝部位低，分枝密度中等。叶片向上着生，中等椭圆形，中叶，叶片长10.7厘米、宽4.5厘米，叶色中，叶尖渐尖，叶面隆起性较弱，稍内折。开采期一般为4月上旬，一芽二叶盛期一般在4月中旬。发芽密度中等，茸毛中等，一芽三叶长7.8厘米，一芽三叶百芽重65克。盛花期为每年10月中旬。春季一芽二叶生化样含茶多酚20.0%，氨基酸4.9%，咖啡碱3.1%，水浸出物48.0%。适制绿茶和红茶。制烘青绿茶，外形较紧结、略卷曲、显毫、较绿稍深，汤色尚嫩绿、明亮，香气高鲜、花香显，滋味甘醇、鲜爽、微涩，叶底嫩较匀、显芽、较绿；制工夫红茶，外形较细紧、略卷曲、显毫、棕褐，滋味甘醇。第一生长周期亩产一芽二叶鲜叶208千克，比对照'福鼎大白茶'增产14%；第二生长周期亩产一芽二叶鲜叶231千克，比对照'福鼎大白茶'增产1%。中抗茶炭疽病、茶小绿叶蝉，耐寒性较强，耐旱性中等偏低。

适宜种植区域及栽培技术要点

适宜在安徽茶区春、秋季雨水充足时种植。按常规品种栽培管理。

'霍黄1号'

Camellia sinensis（L.）O. Kuntze 'Huohuang 1'

申 请 者 安徽省农业科学院茶叶研究所　霍山县农业产业发展中心

育 种 者 程　禹　王文杰　储成恒　王雷刚　焦小雨　汪　梦　王少武

品种编号 非主要农作物品种登记号：GPD茶树（2022）340033。

品种来源 安徽省农业科学院茶叶研究所等从霍山县黑石渡地方群体种中单株选育而成。

特征特性 灌木型，中生种，树姿半开张，生长势较弱，分枝部位低，分枝密度中等。叶片向上着生，中等椭圆形，小叶，叶片长7.1厘米、宽3.3厘米，叶色中，叶尖急尖，叶面隆起性较弱，稍内折。开采期一般为4月上旬，一芽二叶盛期一般在4月中旬。发芽密度中等，茸毛中等，幼嫩芽叶玉黄色，一芽三叶长5.1厘米，一芽三叶百芽重27.1克。盛花期为每年10月下旬。春季一芽二叶生化样含茶多酚16.8%，氨基酸5.2%，咖啡碱4.2%，水浸出物48.2%。适制绿茶和红茶。制烘青绿茶，外形细紧、略卷曲、显毫、玉黄隐绿，汤色较嫩绿、明亮，香气高鲜、有嫩香，滋味尚甘醇、微涩，叶底细嫩、显芽、玉黄隐绿；制工夫红茶，外形细紧、略卷曲、显毫、稍碎、红褐，滋味尚甘醇。第一生长周期亩产一芽二叶鲜叶142千克，比对照'福鼎大白茶'减产23%；第二生长周期亩产一芽二叶鲜叶167千克，比对照'福鼎大白茶'减产27%。中抗茶炭疽病、茶小绿叶蝉，耐寒性较强，耐旱性中等。

适宜种植区域及栽培技术要点

适宜在安徽茶区春、秋季雨水充足时种植。栽种后的前3年，加强肥水管理，严防渍水，培养树冠。

'金裕1号'

Camellia sinensis（L.）O. Kuntze 'Jinyu 1'

申 请 者 安徽农业大学　金寨县灵家茶农家庭农场

育 种 者 韦朝领　王彦军　刘升锐　朱俊彦　庭玉杰　李叶云　沈周高

品种编号 非主要农作物品种登记：GPD茶树（2023）340028。

品种来源 安徽农业大学等从金寨地方群体种中单株选育而成。

特征特性 灌木型，早生种，树姿半开张，生长势强，分枝部位低，分枝密。小叶类，叶片向上着生，阔椭圆形，叶片长7.1厘米、宽3.6厘米，叶色中绿，先端钝。开采期一般为3月上旬，一芽二叶盛期一般在3月中旬。发芽密度高，茸毛中等。一芽三叶长9.2厘米，一芽三叶百芽重69.0克。盛花期为每年11月中旬。春季一芽二叶生化样含茶多酚21%，氨基酸5.8%，咖啡碱3.6%，水浸出物44.9%。适制绿茶。制"瓜片"，外形为片形，黄绿稍深，较匀净，汤色绿黄微青，有沉淀，滋味鲜浓，清香纯正，较平，叶质嫩软，绿黄，匀亮。第一生长周期亩产一芽三叶鲜叶693千克，比对照'福选9号'增产30%；第二生长周期亩产一芽三叶鲜叶707千克，比对照'福选9号'增产24%。中抗茶炭疽病，抗茶小绿叶蝉，抗寒性和抗旱性强。

适宜种植区域及栽培技术要点

适合在安徽主要产茶区早春或者深秋种植。按常规品种进行栽培管理。

安徽省

第二章 茶树登记品种图谱

229

'凫峰1号'

Camellia sinensis（L.）O. Kuntze 'Fufeng 1'

申 请 者 安徽农业大学　祁门县凫早苗木专业合作社
育 种 者 韦朝领　吴民强　刘升锐　朱俊彦　张 操　李叶云　张有泽
品种编号 非主要农作物品种登记号：GPD茶树（2023）340052。
品种来源 安徽农业大学等从'祁门种'中单株选育而成。
特征特性 灌木型，早生种，树姿半开张，生长势强，分枝部位低，分枝密。中叶类，叶片向上着生，窄椭圆形，叶片长9.6厘米、宽3.7厘米，叶色中，先端钝。开采期一般为3月上旬，一芽二叶盛期一般在3月中旬。发芽密度高，茸毛多，一芽三叶长9.7厘米，一芽三叶百芽重65.0克。盛花期为每年10月下旬。春季一芽二叶生化样含茶多酚18.9%，氨基酸5.9%，咖啡碱2.5%，水浸出物45.8%。适制绿茶。制烘青绿茶，外形呈朵形舒直，芽较壮、白毫显、黄绿、尚润、匀整，汤色浅黄绿、清亮，滋味尚鲜醇，香气为清香带花香，叶底黄绿、较匀亮、芽叶软嫩。第一生长周期亩产一芽二叶鲜叶457千克，比对照'凫早2号'增产33%；第二生长周期亩产一芽二叶鲜叶527千克，比对照'凫早2号'增产40%。抗茶炭疽病、茶小绿叶蝉，抗寒性较强，抗旱性强。

适宜种植区域与栽培技术要点

适宜在安徽主要产茶区早春或者深秋种植。按常规茶园要求进行栽培管理。

'卫民4号'

Camellia sinensis（L.）O. Kuntze 'Weimin 4'

申 请 者 安徽省农业科学院茶叶研究所　祁门县鑫农家庭农场

育 种 者 王文杰　金卫民　桂南阳　王雷刚　焦小雨　殷辰晨　李天明

品种编号 非主要农作物品种登记号：GPD茶树（2023）340057。

品种来源 安徽省农业科学院茶叶研究所等从'祁门种'中单株选育而成。

特征特性 灌木型，中生种，树姿半开张，生长势中等，分枝部位低，分枝密度中等。中叶类，叶片向上着生，窄椭圆形，叶片长11.0厘米、宽3.6厘米，叶色中绿，叶尖渐尖。开采期一般为4月上旬，一芽二叶盛期一般在4月中旬。发芽密度中等，茸毛中等。春茶顶芽与侧芽几乎同时萌发，发芽整齐。一芽三叶长9.1厘米，一芽三叶百芽重61.1克。盛花期为每年10月下旬。春季一芽二叶生化样含茶多酚21.4%，氨基酸3.5%，咖啡碱4.1%，水浸出物49.4%。适制绿茶和红茶。制烘青绿茶，外形较紧结、略卷曲、显毫、绿，汤色嫩绿、较明亮、微有沉淀，香气清鲜、花香显，滋味甘醇、鲜爽，叶底细嫩、显芽、较嫩绿。第一生长周期亩产一芽二叶鲜叶377千克，比对照'福鼎大白茶'增产4%；第二生长周期亩产一芽二叶鲜叶512千克，比对照'福鼎大白茶'增产1%。中抗茶炭疽病、茶小绿叶蝉，抗寒性较强，抗旱性中等。

适宜种植区域与栽培技术要点

适宜在安徽江南茶区秋、冬季或春季种植。按常规茶园要求进行栽培管理。

'横山1号'

Camellia sinensis（L.）O. Kuntze 'Hengshan 1'

申 请 者 安徽省农业科学院茶叶研究所　石台县茶产业发展中心
育 种 者 桂南阳　王文杰　朱小妹　阮　旭　刘丹丹　唐茂贵
品种编号 非主要农作物品种登记号：GPD茶树（2023）340058。
品种来源 安徽省农业科学院茶叶研究所等从石台大演地方群体种中单株选育而成。
特征特性 灌木型，早生种，树姿半开张，生长势强，分枝部位低，分枝密度中等。中叶类，叶片向上着生，窄椭圆形，叶片长10.4厘米、宽3.5厘米，叶色浅绿，叶尖渐尖。开采期一般为3月下旬，一芽二叶盛期一般在4月上旬。发芽密度中等，茸毛中等，一芽三叶长9.9厘米，一芽三叶百芽重62.5克。盛花期为每年10月下旬。春季一芽二叶生化样含茶多酚21.2%，氨基酸3.3%，咖啡碱4.1%，水浸出物48.5%。适制绿茶。制烘青绿茶，外形尚紧、略卷曲、略有毫、黄绿，汤色浅嫩绿、清澈明亮，香气高鲜、花香显、有栗香，滋味清鲜、甘和，叶底软匀、带茎、微有芽、嫩黄绿。第一生长周期亩产一芽二叶鲜叶437千克，比对照'福鼎大白茶'增产21%；第二生长周期亩产一芽二叶鲜叶579千克，比对照'福鼎大白茶'增产15%。中抗茶炭疽病、茶小绿叶蝉，抗寒性较低，抗旱性中等。

适宜种植区域及栽培技术要点

适宜在安徽茶区秋、冬季或春季雨水充足时种植。注意防范低温霜冻的危害。

'报春1号'

Camellia sinensis（L.）O. Kuntze 'Baochun 1'

申 请 者 安徽农业大学　舒城传山茶业有限公司　六安市农业科学研究院　舒城县南港农业综合服务中心　舒城县农业农村局

育 种 者 韦朝领　朱俊彦　刘升锐　徐礼柱　鲍邦武　陈习村　韩必新　林世仓　袁先安　李叶云　张有泽

品种编号 非主要农作物品种登记号：GPD茶树（2023）340059。

品种来源 安徽农业大学等从舒城群体种单株选育而成

特征特性 灌木型，早生种，树姿半开张，生长势强，分枝部位低，分枝密。中叶类，叶片向上着生，中等椭圆形，叶片长9.5厘米、宽3.6厘米，叶色中绿，先端尖锐。开采期一般为3月上旬，一芽二叶盛期一般在3月下旬。发芽密度高，茸毛中等，一芽三叶长6.9厘米，一芽三叶百芽重43.4克。盛花期为每年10月中旬。春季一芽二叶生化样含茶多酚19.5%，氨基酸5.7%，咖啡碱3.4%，水浸出物45.1%。适制绿茶。制烘青绿茶，外形呈朵形、较舒展、芽肥壮、白毫显、嫩黄绿、较润、较匀整，汤色黄绿浅淡、清亮，香气为嫩香，稍青气，滋味较纯和，叶底嫩黄绿、较匀亮、芽壮。第一生长周期亩产一芽二叶鲜叶380千克，比对照'舒茶早'增产14%；第二生长周期亩产一芽二叶鲜叶396千克，比对照'舒茶早'增产14%。抗茶炭疽病、茶小绿叶蝉，抗寒性和抗旱性强。

适宜种植区域与栽培技术要点

适合在安徽主要产茶区早春或者深秋雨水充足时种植。按常规茶园进行栽培管理。

安徽省

第二章 茶树登记品种图谱

237

福建省

'毛蟹'

Camellia sinensis（L.）O. Kuntze'Maoxie'

申 请 者 安溪县农业与茶果局

育 种 者 安溪县人民政府

品种编号 非主要农作物品种登记号：GPD茶树（2018）350001。原全国农作物品种审定委员会认定编号：GS 13006-1985。

品种来源 原产于福建省安溪县大坪乡福美村，有近百年栽培史。

特征特性 灌木型，中生种，生长势强，树姿半开张，中叶类，叶片长度8.6厘米、宽度3.8厘米，叶片椭圆形，叶片着生状态水平。在福建福安地区春茶一芽二叶初展期在3月下旬或4月上旬，新梢芽叶淡绿色，茸毛多，芽头肥壮，一芽三叶长9.5厘米、百芽重68.5克。春茶一芽二叶生化样含茶多酚14.7%，氨基酸4.2%，咖啡碱3.2%，水浸出物48.2%。适制乌龙茶、红茶和绿茶。制乌龙茶，香清高，味醇和；制红、绿茶，毫色显露，香高味厚。第一生长周期春季亩产一芽三叶鲜叶84千克，比对照'黄旦'增产22%；第二生长周期春季亩产一芽三叶鲜叶74千克，比对照'黄旦'增产29%。中抗茶小绿叶蝉，高抗茶橙瘿螨，抗旱性强，抗寒性较强。

适宜种植区域及栽培技术要点

适宜在福建、广东、江西、湖南、浙江、湖北、安徽冬末初春时间种植。建议以浅沟栽植为好，应及时采摘，适度留叶。耐肥性能好，多施肥结合勤采、合理采，更可获得高产。

福建省

第二章 茶树登记品种图谱

'本山'

Camellia sinensis（L.）O. Kuntze 'Benshan'

申 请 者 安溪县农业与茶果局

育 种 者 安溪县人民政府

品种编号 非主要农作物品种登记号：GPD茶树（2018）350002。原全国农作物品种审定委员会认定编号：GS 13010-1985。

品种来源 原产于福建省安溪县西坪镇尧阳南岩，是安溪县主栽品种之一。

特征特性 灌木型，中生种，生长势较强，树姿开张，中叶类，叶片长度8.0厘米、宽度3.6厘米，叶片椭圆形或长椭圆形，叶片着生状态水平。在福建福安地区春茶一芽二叶初展期在3月下旬，新梢芽叶淡绿带紫红色，茸毛少，一芽三叶长9.3厘米、百芽重44.0克。春茶一芽二叶生化样含茶多酚14.5%，氨基酸4.1%，咖啡碱3.4%，水浸出物48.7%。适制乌龙茶。制乌龙茶，条索紧结，枝骨细，色泽褐绿润，香气浓郁高长，似桂花香，滋味醇厚鲜爽，品质优者有"观音韵"，近似铁观音的香味特征。第一生长周期春季亩产一芽三叶鲜叶63千克，比对照'黄旦'减产9%；第二生长周期春季亩产一芽三叶鲜叶55千克，比对照'黄旦'减产3%。中抗茶小绿叶蝉，高抗茶橙瘿螨，抗旱性强，抗寒性较强。

适宜种植区域及栽培技术要点

适宜在福建冬末初春时间种植。建议缩减行株距，适度密植；嫩梢易粗老，应及时采摘。春季须控制磷、钾肥施用量。

福建省

第二章 茶树登记品种图谱

241

'黄旦'

Camellia sinensis（L.）O. Kuntze 'Huangdan'

申 请 者 安溪县农业与茶果局

育 种 者 安溪县人民政府

品种编号 非主要农作物品种登记号：GPD茶树（2018）350003。原全国农作物品种审定委员会认定编号：GS 13008-1985。

品种来源 原产于福建省安溪县虎邱镇罗岩美庄，已有100多年栽培史，又名'黄棪''黄金桂'。

特征特性 小乔木型，早生种，生长势强，树姿较直立，中叶类，叶片长度10.1厘米、宽度4.5厘米，叶片椭圆形或倒披针形，叶片着生状态稍上斜。在福建福安地区春茶一芽二叶期在3月中下旬，新梢芽叶黄绿色，茸毛较少，一芽三叶长8.3厘米、百芽重59.0克。春茶一芽二叶生化样含茶多酚16.2%，氨基酸3.5%，咖啡碱3.6%，水浸出物48.0%。适制乌龙茶、绿茶和红茶。制乌龙茶，香气馥郁芬芳，俗称"透天香"，滋味醇厚甘爽；制红茶、绿茶，条索紧细，香浓郁味醇厚。第一生长周期春季亩产一芽三叶鲜叶69千克，比对照'铁观音'增产27%；第二生长周期春季亩产一芽三叶鲜叶57千克，比对照'铁观音'增产19%。中高抗茶小绿叶蝉，高抗茶橙瘿螨，抗寒性和抗旱性较强。

适宜种植区域及栽培技术要点

适宜在福建、广东、江西、浙江、江苏、安徽、湖北、四川冬末初春时间种植。建议选择土层深厚的园地采用双行双株种植；注意适时进行3次定剪，加强肥水管理，增施有机肥，要分批留叶采摘，采养结合。

'铁观音'

Camellia sinensis（L.）O. Kuntze 'Tieguanyin'

申 请 者 安溪县农业与茶果局

育 种 者 安溪县人民政府

品种编号 非主要农作物品种登记号：GPD茶树（2018）350004。原全国农作物品种审定委员会认定编号：GS 13007-1985。

品种来源 原产于福建省安溪县西坪镇松尧，已有200多年栽培史。

特征特性 灌木型，晚生种，生长势较强，树姿开张，中叶类，叶片长度7.9厘米、宽度3.7厘米，叶片椭圆形，叶片着生状态水平。在福建福安地区春茶一芽二叶初展期在3月下旬或4月上旬，新梢芽叶绿带紫红色，茸毛较少，芽头肥壮，一芽三叶长8.9厘米、百芽重60.5克。春茶一芽二叶生化样含茶多酚17.4%，氨基酸4.7%，咖啡碱3.7%，水浸出物51.0%。适制乌龙茶。制乌龙茶，条索圆紧重实，色泽褐绿润，香气馥郁悠长，滋味醇厚回甘，具有独特香气，俗称"观音韵"。第一生长周期春季亩产一芽三叶鲜叶54千克，比对照'黄旦'减产21%；第二生长周期春季亩产一芽三叶鲜叶48千克，比对照'黄旦'减产16%。中抗茶小绿叶蝉，中高抗茶橙瘿螨，抗寒性和抗旱性较强。

适宜种植区域及栽培技术要点

适宜福建、广东以及相同生态区冬末初春种植。建议选择纯种健壮母树剪穗扦插，培育壮苗。选择土壤肥沃、土层深厚、红黄壤园地种植，增加种植株数与密度，重施有机肥，适时定剪，采养结合。

福建省

第二章 茶树登记品种图谱

'梅占'

Camellia sinensis（L.）O. Kuntze 'Meizhan'

申 请 者 安溪县农业与茶果局

育 种 者 安溪县人民政府

品种编号 非主要农作物品种登记号：GPD茶树（2018）350005。原全国农作物品种审定委员会认定编号：GS 13004-1985。

品种来源 原产于福建省安溪县芦田镇三洋村，已有100多年栽培史。

特征特性 小乔木型，中生种，生长势强，树姿直立，中叶类，叶片长度9.4厘米、宽度3.3厘米，叶片长椭圆形，叶片着生状态水平。在福建福安地区春茶一芽二叶初展期在3月下旬或4月上旬，新梢芽叶绿色，茸毛较少，一芽三叶长12.1厘米、百芽重103.0克。春茶一芽二叶生化样含茶多酚16.5%，氨基酸4.1%，咖啡碱3.9%，水浸出物51.7%。适制红茶、绿茶和乌龙茶。制红茶，香高似兰花香，味厚；制炒青绿茶，香气高锐，滋味浓厚；制乌龙茶，香味独特。第一生长周期春季亩产一芽三叶鲜叶80千克，比对照'黄旦'增产16%；第二生长周期春季亩产一芽三叶鲜叶70千克，比对照'黄旦'增产23%。中低抗茶小绿叶蝉，高抗茶橙瘿螨，抗寒性和抗旱性较强。

适宜种植区域及栽培技术要点

适宜福建、广东、江西、浙江、安徽、湖南、湖北、江苏、广西及相同生态区冬末初春种植。建议选择土层深厚的园地种植；增加种植密度，适时进行3~4次定剪，促进分枝，提高发芽密度；芽梢生长迅速且易粗老，应及时分批留叶采。

'大叶乌龙'

Camellia sinensis（L.）O. Kuntze 'Daye Wulong'

申 请 者 安溪县农业与茶果局

育 种 者 安溪县人民政府

品种编号 非主要农作物品种登记号：GPD茶树（2018）350006。原全国农作物品种审定委员会认定编号：GS 13011-1985。

品种来源 原产于福建省安溪县长坑乡珊屏田中，已有100多年栽培史。

特征特性 灌木型，中生种，生长势较强，树姿半开张，中叶类，叶片长度7.4厘米、宽度3.9厘米，叶片椭圆形，叶片着生状态稍上斜或水平。在福建福安地区春茶一芽二叶初展期在3月下旬或4月上旬，新梢芽叶绿色，茸毛少，一芽三叶长9.5厘米、百芽重75.0克。春茶一芽二叶生化样含茶多酚17.5%，氨基酸4.2%，咖啡碱3.4%，水浸出物48.3%。适制乌龙茶。制乌龙茶，色泽乌绿润，香气高，似栀子花香味，滋味清醇甘鲜。第一生长周期春季亩产一芽三叶鲜叶66千克，比对照'黄旦'减产4%；第二生长周期春季亩产一芽三叶鲜叶58千克，比对照'黄旦'增产2%。中抗茶小绿叶蝉，抗茶橙瘿螨，抗寒性较强，抗旱性强。

适宜种植区域及栽培技术要点

适宜在福建、广东、江西以及相同生态区冬末早春种植。建议选择土层深厚的园地，采用双行双株种植；幼龄茶树适时进行3次定型修剪，宜分批及时采摘；加强茶园肥水管理。

福建省

第二章 茶树登记品种图谱

'白牡丹'

Camellia sinensis(L.) O. Kuntze 'Baimudan'

申 请 者 武夷山市茶业局　福建农林大学　武夷星茶业有限公司
育 种 者 /
品种编号 非主要农作物品种登记号：GPD茶树（2019）350011。
品种来源 武夷山珍贵名枞之一，从'武夷山菜茶'中单株选育而成。
特征特性 灌木型，晚生种，生长势较强，树姿半开张，中叶类，叶片长度9.5厘米、宽度3.3厘米，叶片长椭圆形，叶片着生状态水平。在福建武夷山地区春茶一芽一叶期在4月上旬或中旬，新梢芽叶淡紫绿色，一芽三叶长4.6厘米、百芽重36.6克。春茶一芽二叶生化样含茶多酚13.6%，氨基酸3.6%，咖啡碱4.1%，水浸出物44.0%。适制乌龙茶。制乌龙茶，干茶外形条索紧结、青褐、匀整、洁净；冲泡后香气浓郁，花香显；滋味浓厚，水中带香；汤色橙红明亮，叶底黄绿匀亮、红边显。第一生长周期春季亩产一芽三叶鲜叶468千克，比对照'黄旦'增产7%；第二生长周期春季亩产一芽三叶鲜叶498千克，比对照'黄旦'增产6%。中抗茶小绿叶蝉，中抗茶橙瘿螨，抗茶云纹叶枯病，中抗炭疽病，抗寒性强，抗旱性较强。

适宜种植区域及栽培技术要点

适宜在福建乌龙茶区、红茶区早春深秋种植。建议单行种植，行距150厘米、株距25厘米左右，种植密度4 000~5 000株/亩。

'春闺'

Camellia sinensis（L.）O. Kuntze 'Chungui'

申 请 者 福建省农业科学院茶叶研究所

育 种 者 陈常颂　陈荣冰　游小妹　林郑和　钟秋生　陈志辉　黄福平　王秀萍

品种编号 非主要农作物品种登记号：GPD茶树（2021）350011。原福建省农作物品种审定委员会审定编号：闽审茶2015001。

品种来源 福建省农业科学院茶叶研究所从'黄旦'自然杂交后代中单株选育而成。

特征特性 灌木型，晚生种，生长势中，树姿半开张，小叶类，叶片长度6.6厘米、宽度2.9厘米，叶片中等椭圆形，叶片着生状态向上。在福建福安地区春茶一芽二叶盛期一般在4月中旬，新梢芽叶黄绿色，茸毛中，一芽三叶长10.3厘米、百芽重74.0克。春茶一芽二叶生化样含茶多酚17.8%，氨基酸4.2%，咖啡碱3.8%，水浸出物41.4%。适制绿茶和乌龙茶。制闽南乌龙茶，汤色蜜绿，香气花香显露，滋味清爽带花味；制绿茶汤色嫩绿，香气清高，滋味醇厚爽口。第一生长周期春季亩产一芽三叶鲜叶136千克，比对照'黄旦'减产4%；第二生长周期春季亩产一芽三叶鲜叶133千克，比对照'黄旦'增产10%。中抗茶炭疽病、茶小绿叶蝉，抗寒性和抗旱性中等。

适宜种植区域及栽培技术要点

适宜在福建乌龙茶、绿茶种植区春、秋季种植。建议培育壮苗，开深沟，施足底肥，沟状种植；及时定剪3~4次，加强树冠培养，采养结合，促进芽梢萌发，培养高产树冠。

'瑞香'

Camellia sinensis（L.）O. Kuntze 'Ruixiang'

申 请 者 福建省农业科学院茶叶研究所

育 种 者 陈荣冰　陈常颂　黄福平　游小妹　杨燕清　郑迺辉　陈广群　陶湘辉

品种编号 非主要农作物品种登记号：GPD茶树（2021）350012。原全国茶树品种鉴定委员会鉴定编号：国品鉴茶2010017，福建省农作物品种审定委员会审定编号：闽审茶2003004。

品种来源 福建省农业科学院茶叶研究所从'黄旦'自然杂交后代中单株选育而成。

特征特性 灌木型，晚生种，生长势强，树姿半开张，中叶类，叶片长度8.6厘米、宽度3.4厘米，叶片窄椭圆形，叶片着生状态向上。在福建福安地区春茶一芽二叶盛期在5月上旬，新梢芽叶黄绿色，茸毛少，一芽三叶长12.0厘米、百芽重94.0克。春茶一芽二叶生化样含茶多酚17.5%，氨基酸3.9%，咖啡碱3.7%，水浸出物51.3%。适制乌龙茶、绿茶和红茶。制乌龙茶，花香显，滋味醇厚有香；制绿茶，汤色翠绿清澈，清香带花香，滋味醇、汤中有香；制红茶，汤色红亮，甜香、花香明显，滋味醇厚。第一生长周期春季亩产一芽三叶鲜叶180千克，比对照'黄旦'增产15%；第二生长周期亩产172千克，比对照'黄旦'增产11%。中抗茶小绿叶蝉、茶橙瘿螨、茶炭疽病，抗寒性和抗旱性中等。

适宜种植区域及栽培技术要点

适宜在福建安溪、三明、武夷山茶区秋后、春季种植。幼年期年定剪1~2次，开采时注意留叶采，采养结合，促进芽梢萌发，可提早形成高产树冠。

福建省

第二章 茶树登记品种图谱

'九龙袍'

Camellia sinensis（L.）O. Kuntze 'Jiulongpao'

申 请 者 福建省农业科学院茶叶研究所

育 种 者 陈荣冰　陈常颂　黄福平　游小妹　杨燕清　张方舟　姚信恩　陈广群　钟秋生

品种编号 非主要农作物品种登记号：GPD茶树（2021）350013。原福建省农作物品种审定委员会审定编号：闽审茶2000002。

品种来源 福建省农业科学院茶叶研究所从'大红袍'自然杂交后代中单株选育而成。

特征特性 灌木型，晚生种，生长势强，树姿半开张，中叶类，叶片长度8.2厘米、宽度3.6厘米，叶片中等椭圆形，叶片着生状态向上。在福建闽东地区春茶一芽二叶盛期在4月中旬，新梢芽叶暗绿色，茸毛少，一芽三叶长9.9厘米、百芽重83.0克。春茶一芽二叶生化样含茶多酚35.5%，氨基酸4.3%，咖啡碱3.3%，水浸出物46.5%。适制乌龙茶。制乌龙茶，外形重实，色乌润，香气浓长，花香显，滋味醇爽滑口，耐冲泡。第一生长周期春季亩产一芽三叶鲜叶540千克，比对照'黄旦'增产125%；第二生长周期春季亩产一芽三叶鲜叶768千克，比对照'黄旦'增产62%。中抗茶小绿叶蝉、茶象甲、茶毒蛾，中抗茶炭疽病，抗寒性和抗旱性中等。

适宜种植区域及栽培技术要点

适宜在福建泉州、宁德茶区春、秋季种植。建议培育壮苗，施足底肥，双行双条列交叉定植，亩植苗4 000株左右，幼年期年定剪1~2次。开采时注意留叶采，采养结合，促进芽梢萌发，可提早形成高产树冠。成园后加强肥培管理，多施有机肥，可提高乌龙茶品质，充分发挥其高产特性。

'天福星1号'

Camellia sinensis（L.）O. Kuntze'Tianfuxing 1'

申 请 者 武夷星茶业有限公司　福建农林大学
育 种 者 曹士先　李　方　晁倩林　孙威江　商　虎　陈志丹　徐鹛鸲　冯卫虎
品种编号 非主要农作物品种登记号：GPD茶树（2022）350010。
品种来源 武夷星茶业有限公司等从'半天妖'自然杂交后代中单株选育而成。
特征特性 灌木型，晚生种，生长势中，树姿半开张，中叶类，叶片长度9.3厘米、宽度3.5厘米，叶片窄椭圆形，叶片着生状态向上。在福建武夷山地区春茶一芽二叶盛期在4月上中旬，新梢芽叶绿色，茸毛中，一芽三叶长4.9厘米、百芽重55.3克。春茶一芽二叶生化样含茶多酚21.7%，氨基酸1.9%，咖啡碱3.9%，水浸出物45.6%。适制乌龙茶。制乌龙茶，干茶外形条索紧结重实、匀整，冲泡后香气浓郁、花果香显，滋味浓醇较爽，汤色橙红明亮，叶底软亮、红边显。第一生长周期春季亩产一芽三叶鲜叶457千克，比对照'黄旦'增产4%；第二生长周期春季亩产一芽三叶鲜叶479千克，比对照'黄旦'增产2%。抗茶小绿叶蝉，抗茶云纹叶枯病，抗寒性和抗旱性强。

适宜种植区域及栽培技术要点

适宜在福建乌龙茶区种植。建议与不同芽期的品种搭配种植，注重茶园深翻与加培客土，培养树冠。

'金福星1号'

Camellia sinensis（L.）O. Kuntze 'Jinfuxing 1'

申 请 者 福建农林大学　武夷星茶业有限公司

育 种 者 孙威江　陈志丹　商　虎　曹士先　李　方　雷华美　薛志慧　徐　杰

品种编号 非主要农作物品种登记号：GPD茶树（2022）350011。

品种来源 福建农林大学等从'水金龟'自然杂交后代中单株选育而成。

特征特性 灌木型，晚生种，生长势中，树姿半开张，中叶类，叶片长度7.8厘米、宽度4.0厘米，叶片中等椭圆形，叶片着生状态向上。在福建武夷山地区春茶一芽二叶盛期在4月上旬，新梢芽叶绿色，茸毛少，一芽三叶长5.7厘米、百芽重53.1克。春茶一芽二叶生化样含茶多酚20.4%，氨基酸1.6%，咖啡碱4.7%，水浸出物46.3%。适制乌龙茶。制乌龙茶，干茶外形条索紧结、匀整、色润，冲泡后香气浓郁、花香显，滋味浓厚甘醇，汤色橙红明亮，叶底匀亮、红边显。第一生长周期春季亩产一芽三叶鲜叶441千克，比对照'黄旦'增产1%；第二生长周期春季亩产一芽三叶鲜叶460千克，比对照'黄旦'减产2%。抗茶小绿叶蝉，抗茶云纹叶枯病，抗寒性较强，抗旱性强。

适宜种植区域及栽培技术要点

适宜在福建乌龙茶区种植。建议不同萌芽期品种搭配种植，注重茶园深翻与加培客土，培养树冠。

'金福星2号'

Camellia sinensis（L.）O. Kuntze 'Jinfuxing 2'

申 请 者 福建农林大学　武夷星茶业有限公司
育 种 者 孙威江　商　虎　陈志丹　曹士先　徐鹍鸰　薛志慧　王莉莉　蔡小勇
品种编号 非主要农作物品种登记号：GPD茶树（2022）350012。
品种来源 福建农林大学等从'水金龟'自然杂交后代中单株选育而成。
特征特性 灌木型，晚生种，生长势中，树姿半开张，中叶类，叶片长度6.8厘米、宽度4.0厘米，叶片中等椭圆形，叶片着生状态向上。在福建武夷山地区春茶一芽二叶盛期在4月上旬，新梢芽叶绿色，茸毛少，一芽三叶长5.4厘米、百芽重51.5克。春茶一芽二叶生化样含茶多酚19.3%，氨基酸2.6%，咖啡碱4.9%，水浸出物47.3%。适制乌龙茶。制乌龙茶，干茶外形条索紧结、匀整、洁净，冲泡后香气清长、花香显，滋味浓厚甘醇，汤色橙红明亮，叶底软亮、红边显。第一生长周期春季亩产一芽三叶鲜叶448千克，比对照'黄旦'增产2%；第二生长周期春季亩产一芽三叶鲜叶471千克，与对照'黄旦'相当。抗茶小绿叶蝉，抗茶云纹叶枯病，抗寒性较强，抗旱性强。

适宜种植区域及栽培技术要点

适宜在福建乌龙茶区种植。建议不同萌芽期品种搭配种植，注重茶园深翻与加培客土，培养树冠。

'春萱'

Camellia sinensis（L.）O. Kuntze 'Chunxuan'

申 请 者 福建省农业科学院茶叶研究所

育 种 者 陈常颂　林郑和　钟秋生　单睿阳　阮其春　游小妹

品种编号 非主要农作物品种登记号：GPD茶树（2022）350029。

品种来源 福建省农业科学院茶叶研究所从'金萱'自然杂交后代中单株选育而成。

特征特性 灌木型，晚生种，生长势强，树姿开张，中叶类，叶片长度7.8厘米、宽度3.6厘米，叶片中等椭圆形，叶片着生状态向上。在福建福安地区春茶一芽二叶盛期在4月中旬，新梢芽叶绿色，茸毛多，一芽三叶长8.1厘米、百芽重56.0克。春茶一芽二叶生化样含茶多酚17.6%，氨基酸5.4%，咖啡碱3.4%，水浸出物43.6%。多茶类兼制品种，制茶品质优，制优率高，最适合制作乌龙茶和红茶。制乌龙茶，汤色蜜绿、明亮，香气清高、较馥郁，滋味醇、较鲜爽、微涩；制红茶，汤色橙红明亮，花香显，滋味鲜甜浓厚带花香。第一生长周期春季亩产一芽三叶鲜叶345千克，比对照'黄旦'增产36%；第二生长周期春季亩产一芽三叶鲜叶396千克，比对照'黄旦'增产6%。抗茶小绿叶蝉、茶炭疽病，抗寒性和抗旱性较强。

适宜种植区域及栽培技术要点

适宜在福建福安、广东、广西、云南种植。建议选择在3月或11月温度适宜的雨季期间进行移栽。

福建省

第二章 茶树登记品种图谱

'瑞茗'

Camellia sinensis（L.）O. Kuntze 'Ruiming'

申 请 者 福建省农业科学院茶叶研究所

育 种 者 陈常颂　陈志辉　余文权　单睿阳　阮其春　林郑和

品种编号 非主要农作物品种登记号：GPD茶树（2022）350030。

品种来源 福建省农业科学院茶叶研究所从'瑞香'自然杂交后代中单株选育而成。

特征特性 灌木型，中生种，生长势中，树姿半开张，中叶类，叶片长度6.3厘米、宽度3.2厘米，叶片窄椭圆形，叶片着生状态向上。在福建福安地区春茶一芽二叶盛期在4月上旬，新梢芽叶浅绿色，茸毛中，一芽三叶长6.8厘米、百芽重60.8克。春茶一芽二叶生化样含茶多酚25.5%，氨基酸3.9%，咖啡碱3.4%，水浸出物52.5%。多茶类兼制品种，制茶品质优，制优率高，最适合制作乌龙茶、红茶和绿茶。制乌龙茶，花香浓郁，汤中有香，滋味醇厚；制红茶，汤色橙红明亮，花香显，滋味鲜甜浓厚带花香；制绿茶，花香显，味鲜爽浓醇，汤中有香。第一生长周期春季亩产一芽三叶鲜叶297千克，比对照'黄旦'增产17%；第二生长周期春季亩产一芽三叶鲜叶367千克，比对照'黄旦'增产8%。抗茶炭疽病、茶小绿叶蝉，抗寒性和抗旱性强。

适宜种植区域及栽培技术要点

适宜在福建福安、云南普洱、广西桂林、广东英德地区种植。生长势与产量中等，要加强培肥管理；生育期中偏迟，要及时防治病虫害。

267

'福萱'

Camellia sinensis（L.）O. Kuntze 'Fuxuan'

申 请 者 福建省农业科学院茶叶研究所

育 种 者 陈常颂　游小妹　王秀萍　钟秋生　余文权　阮其春

品种编号 非主要农作物品种登记号：GPD茶树（2022）350031，植物新品种权号：CNA20172038.9。

品种来源 福建省农业科学院茶叶研究所从'金萱'自然杂交后代中单株选育而成。

特征特性 灌木型，早生种，生长势强，树姿半开张，中叶类，叶片长度9.5厘米、宽度4.1厘米，叶片中等椭圆形，叶片着生状态向上。在福建福安地区春茶一芽二叶盛期在4月上旬，新梢芽叶绿色，茸毛中，一芽三叶长5.5厘米、百芽重38.2克。春茶一芽二叶生化样含茶多酚15.4%，氨基酸5.4%，咖啡碱3.4%，水浸出物44.7%。多茶类兼制品种，适制绿茶、红茶和乌龙茶。制绿茶，毫显绿润，汤色黄绿明亮，毫香显，味醇爽；制红茶，汤色橙红明亮，花香显，滋味鲜甜；制乌龙茶，汤色浅橙黄明亮，香清细幽，味醇爽。第一生长周期春季亩产一芽三叶鲜叶323千克，比对照'福鼎大白茶'增产33%；第二生长周期春季亩产一芽三叶鲜叶48千克，比对照'福鼎大白茶'增产58%。抗茶小绿叶蝉、茶炭疽病，抗寒性和抗旱性强。

适宜种植区域及栽培技术要点

适宜在福建福安、云南普洱、广西桂林、广东英德茶区种植。生长势旺盛，幼龄茶园要及时定型修剪，以培养壮宽密齐的树冠。

'韩冠茶'

Camellia sinensis（L.）O. Kuntze'Hanguancha'

申 请 者 福建省农业科学院茶叶研究所

育 种 者 陈常颂　单睿阳　王秀萍　钟秋生　游小妹　张恋芳　张雯婧

品种编号 非主要农作物品种登记号：GPD茶树（2023）350033，植物新品种权号：CNA20150215.0。

品种来源 福建省农业科学院茶叶研究所从'白鸡冠'自然杂交后代中单株选育而成。

特征特性 灌木型，中生种，生长势中，树姿半开张，中叶类，叶片长度8.6厘米、宽度3.3厘米，叶片窄椭圆形，叶片着生状态向上。在福建福安地区，春茶一芽二叶盛期在4月中旬，新梢芽叶白色，茸毛中，芽头较肥壮，一芽三叶长5.8厘米、百芽重45.8克。春茶一芽二叶生化样含茶多酚20.1%，氨基酸4.3%，咖啡碱3.4%，水浸出物40.2%。适制绿茶。制绿茶，色泽翠绿隐黄；汤中带花香；滋味醇爽。第一生长周期春季亩产一芽二叶鲜叶124千克，比对照'福鼎大白茶'减产30%；第二生长周期春季亩产一芽二叶鲜叶148千克，比对照'福鼎大白茶'减产29%。感茶小绿叶蝉，感茶炭疽病，抗寒性和抗旱性中等。

适宜种植区域及栽培技术要点

适宜在福建福安、寿宁、武平春季种植。建议加强培肥管理，及时防治病虫害。

'茗桂'

Camellia sinensis（L.）O. Kuntze 'Minggui'

申 请 者 福建省农业科学院茶叶研究所

育 种 者 陈常颂　孔祥瑞　余文权　陈芝芝　王秀萍　陈　键　于学领

品种编号 非主要农作物品种登记号：GPD茶树（2023）350034。

品种来源 福建省农业科学院茶叶研究所以'丹桂'为母本、'瑞香'为父本人工杂交后代中单株选育而成。

特征特性 灌木型，晚生种，生长势强，树姿半开张，小叶类，叶片长度7.5厘米、宽度2.8厘米，叶片中等椭圆形，叶片着生状态向上。在福建福安地区春茶一芽二叶盛期在4月上旬，新梢芽叶淡绿色，茸毛少，芽头较肥壮，一芽三叶长6.8厘米、百芽重45.6克。春茶一芽二叶生化样含茶多酚20.9%，氨基酸4.3%，咖啡碱3.9%，水浸出物49.4%。适制乌龙茶。制乌龙茶，花香较显、味醇爽，或有桂花香、味较浓清爽。第一生长周期春季亩产一芽三叶鲜叶297千克，比对照'黄旦'增产17%；第二生长周期春季亩产一芽三叶鲜叶367千克，比对照'黄旦'增产8%。感茶小绿叶蝉，抗茶炭疽病，抗寒性和抗旱性强。

适宜种植区域及栽培技术要点

适宜在福建冬、春季种植。结合当地气候、土壤等实际情况，高海拔地区预防倒春寒等的不利影响；生育期中偏迟，要及时防治病虫害。

'紫玫瑰'

Camellia sinensis（L.）O. Kuntze 'Zimeigui'

申 请 者 福建省农业科学院茶叶研究所

育 种 者 郭吉春　杨如兴　郭　专　王让剑　杨　军　陈志辉

品种编号 非主要农作物品种登记号：GPD茶树（2023）350035。原福建省农作物品种审定委员会审定编号：闽审茶2005003。

品种来源 福建省农业科学院茶叶研究所以'铁观音'为母本、'黄旦'为父本人工杂交后代中单株选育而成。

特征特性 灌木型，中生种，生长势中，树姿直立，中叶类，叶片长度8.8厘米、宽度3.6厘米，叶片中等椭圆形，叶片着生状态水平。在福建福安地区春茶一芽二叶盛期在4月上旬，新梢芽叶紫绿色，茸毛少，芽头肥壮，一芽三叶长6.5厘米、百芽重62.0克。春茶一芽二叶生化样含茶多酚21.1%，氨基酸4.0%，咖啡碱3.9%，水浸出物49.3%。适制性广。制乌龙茶，条索重实，香馥郁幽长，味醇厚回甘，"韵味"显；制红、白、绿茶，香高爽，花香显，味醇厚，耐冲泡。第一生长周期春季亩产一芽三叶鲜叶451千克，比对照'黄旦'增产58%；第二生长周期春季亩产一芽三叶鲜叶413千克，比对照'黄旦'增产30%。中抗茶小绿叶蝉，中抗茶橙瘿螨，中抗茶炭疽病，抗寒性和抗旱性较强。

适宜种植区域及栽培技术要点

适宜在福建春季、秋末与冬初季种植。建议与早生品种搭配种植。采摘茶园施足有机肥，乌龙茶鲜叶标准"小至中开面"，分批采摘，采、剪、养结合。

'早春毫'

Camellia sinensis（L.）O. Kuntze 'Zaochunhao'

申 请 者 福建省农业科学院茶叶研究所

育 种 者 郭吉春 何孝延 杨如兴 杨 军 王让剑 陈志辉

品种编号 非主要农作物品种登记号：GPD茶树（2023）350036。原福建省农作物品种审定委员会审定编号：闽审茶2003001。

品种来源 福建省农业科学院茶叶研究所从'迎春'自然杂交后代中单株选育而成。

特征特性 小乔木型，特早生种，生长势强，树姿直立，大叶类，叶片长度13.3厘米、宽度5.4厘米，叶片中等椭圆形，叶片着生状态向上。在福建福安地区春茶一芽二叶盛期在3月上旬，新梢芽叶淡绿色，茸毛较多，芽头肥壮，一芽三叶长8.8厘米、百芽重51.9克。春茶一芽二叶生化样含茶多酚19.4%，氨基酸5.2%，咖啡碱2.8%，水浸出物48.5%。适制绿茶。制烘青绿茶，条壮实、色翠绿、白毫多，香高长，"板栗香"显，味醇厚、鲜爽、回甘。第一生长周期春季亩产一芽三叶鲜叶417千克，比对照'福鼎大白茶'增产39%；第二生长周期春季亩产一芽三叶鲜叶735千克，比对照'福鼎大白茶'增产39%。中抗茶小绿叶蝉，中抗茶橙瘿螨，中抗茶炭疽病，抗寒性和抗旱性较强。

适宜种植区域及栽培技术要点

适宜在福建中低海拔茶区春季、秋末与冬初种植。建议选择土壤通透性良好的苗地扦插，宜用坡地建园种植；早春嫩梢预防晚霜冻害。

福建省

第二章 茶树登记品种图谱

277

'茗铁0319'

Camellia sinensis（L.）O. Kuntze 'Mingtie 0319'

申 请 者 福建省农业科学院茶叶研究所
育 种 者 陈常颂　钟秋生　王秀萍　单睿阳　游小妹　林文明　吴学荣
品种编号 非主要农作物品种登记号：GPD茶树（2023）350037，植物新品种权号：CNA20151734.0。
品种来源 福建省农业科学院茶叶研究所从'铁观音'自然杂交后代中单株选育而成。
特征特性 灌木型，中生种，生长势中，树姿半开张，中叶类，叶片长度7.6厘米、宽度3.1厘米，叶片中等椭圆形，叶片着生状态向上。在福建福安地区春茶一芽二叶盛期在4月中旬，新梢芽叶浅绿色，茸毛中，芽头较肥壮，一芽三叶长4.7厘米、百芽重65.7克。春茶一芽二叶生化样含茶多酚18.0%，氨基酸4.6%，咖啡碱3.9%，水浸出物45.9%。适制乌龙茶和绿茶。制乌龙茶，香气清幽高长，滋味醇厚，具有铁观音品质特征；制绿茶，汤色嫩黄稍浅，香气嫩香、板栗香，滋味鲜醇爽。第一生长周期春季亩产一芽三叶鲜叶138千克，比对照'黄旦'增产7%；第二生长周期春季亩产一芽三叶鲜叶279千克，比对照'黄旦'增产18%。感茶小绿叶蝉，感茶炭疽病，抗寒性和抗旱性较强。

适宜种植区域及栽培技术要点

适宜在福建乌龙茶区春季种植。幼龄茶园适时进行定型修剪3~4次；生产茶园分批留叶采摘新梢，连续采摘后，蓬面须进行轻修剪。

福建省

'皇冠茶'

Camellia sinensis（L.）O. Kuntze 'Huangguancha'

申 请 者 福建省农业科学院茶叶研究所
育 种 者 陈常颂　张亚真　林郑和　游小妹　钟秋生　王秀萍　林清菊
品种编号 非主要农作物品种登记号：GPD茶树（2023）350038，植物新品种权号：CNA20150216.9。
品种来源 福建省农业科学院茶叶研究所从'白鸡冠'自然杂交后代中单株选育而成。
特征特性 灌木型，中生种，生长势中，树姿半开张，中叶类，叶片长度7.9厘米、宽度3.2厘米，叶片窄椭圆形，叶片着生状态向上。在福建福安地区春茶一芽二叶盛期在4月上旬，新梢芽叶黄绿色，茸毛中，芽头较肥壮，一芽三叶长6.8厘米、百芽重54.0克。春茶一芽二叶生化样含茶多酚17.0%，氨基酸5.0%，咖啡碱3.8%，水浸出物42.4%。适制绿茶。制绿茶，清香显、汤中有香，滋味较醇爽。第一生长周期春季亩产一芽二叶鲜叶125千克，比对照'福鼎大白茶'减产30%；第二生长周期春季亩产一芽二叶鲜叶167千克，比对照'福鼎大白茶'减产19%。抗小绿叶蝉，抗茶炭疽病，抗寒性弱，抗旱性较强。

适宜种植区域及栽培技术要点

适宜在福建绿茶茶区春季种植。建议幼苗期高温时间适当遮阳，以防芽叶灼伤；冬季应注意防寒。

'茗冠茶'

Camellia sinensis（L.）O. Kuntze 'Mingguancha'

申 请 者 福建省农业科学院茶叶研究所

育 种 者 陈常颂　李鑫磊　王秀萍　林郑和　钟秋生　单睿阳　刘　钊

品种编号 非主要农作物品种登记号：GPD茶树（2023）350039，植物新品种权号：CNA20172037.0。

品种来源 福建省农业科学院茶叶研究所从'白鸡冠'自然杂交后代中单株选育而成。

特征特性 小乔木型，早生种，生长势强，树姿半开张，中叶类，叶片长度8.7厘米、宽度3.3厘米，叶片窄椭圆形，叶片着生状态向上。在福建福安地区春茶一芽二叶盛期一般在3月下旬，新梢芽叶白色，茸毛中，芽头较肥壮，一芽三叶长5.6厘米、百芽重81.0克。春茶一芽二叶生化样含茶多酚17.4%，氨基酸5.2%，咖啡碱4.0%，水浸出物38.4%。适制绿茶。制绿茶，干茶浅黄，汤色黄绿明亮，嫩香带花香，滋味醇爽。第一生长周期春季亩产一芽二叶鲜叶115千克，比对照'福鼎大白茶'减产35%；第二生长周期春季亩产一芽二叶鲜叶147千克，比对照'福鼎大白茶'减产29%。抗茶小绿叶蝉，抗茶炭疽病，抗寒性中等，抗旱性强。

适宜种植区域及栽培技术要点

适宜在福建绿茶茶区春季种植。种植时施足底肥，重施有机肥，以后每年施一次基肥和二次追肥。幼苗期高温时间应适当遮阳，以防芽叶灼伤；幼龄茶园适当加强防寒管理。

'矮脚乌龙'

Camellia sinensis（L.）O. Kuntze 'Aijiao Wulong'

申 请 者 建瓯市茶叶发展中心

育 种 者 建瓯市茶叶发展中心

品种编号 非主要农作物品种登记号：GPD茶树（2023）350040。

品种来源 建瓯市茶叶发展中心从建瓯当地群体种中经单株选育而成。

特征特性 灌木型，中生种，生长势强，树姿开张，小叶类，叶片长度7.5厘米、宽度2.8厘米，叶片长椭圆形，叶片着生状态水平。在福建福安地区春茶一芽二叶初展期在4月上旬，新梢芽叶紫绿色，茸毛少，芽头较肥壮，一芽三叶长7.0厘米、百芽重28.0克。春茶一芽二叶生化样含茶多酚20.4%，氨基酸4.1%，咖啡碱4.1%，水浸出物53.5%。适制乌龙茶。制乌龙茶，色泽褐绿润，香气清高幽长，似蜜桃香，滋味醇厚。第一生长周期春季亩产一芽三叶鲜叶365千克，比对照'福建水仙'减产9%；第二生长周期春季亩产一芽三叶鲜叶401千克，比对照'福建水仙'减产12%。抗茶小绿叶蝉，抗茶炭疽病，抗寒性和抗旱性强。

适宜种植区域及栽培技术要点

适宜在福建乌龙茶区种植。因生长势旺盛，幼龄茶园要及时定型修剪，以培养壮宽密齐的树冠。

'福茗8号'

Camellia sinensis（L.）O. Kuntze 'Fuming 8'

申 请 者 福建省农业科学院茶叶研究所

育 种 者 游小妹　单睿阳　陈志辉　陈　键

品种编号 非主要农作物品种登记号：GPD茶树（2023）350047。

品种来源 福建省农业科学院茶叶研究所从'金牡丹'自然杂交后代中单株选育而成。

特征特性 灌木型，中生种，生长势强，树姿半开张，小叶类，叶片长度6.6厘米、宽度3.6厘米，叶片中等椭圆形，叶片着生状态向上。在福建福安地区春茶一芽二叶盛期一般在4月中下旬，新梢芽叶紫红色，茸毛中等，一芽三叶长6.6厘米、百芽重72.0克。春茶一芽二叶生化样含茶多酚15.6%，氨基酸5.8%，咖啡碱3.3%，水浸出物46.8%。适制绿茶和乌龙茶。制绿茶，外形绿润，汤色黄绿明亮，带花香，味鲜爽；制乌龙茶，汤色浅橙黄明亮，花香浓郁，味醇厚带鲜、水中有香。第一生长周期春季亩产一芽三叶鲜叶339千克，比对照'黄旦'增产9%；第二生长周期春季亩产一芽三叶鲜叶390千克，比对照'黄旦'增产11%。抗茶小绿叶蝉，抗茶炭疽病，抗寒性和抗旱性强。

适宜种植区域及栽培技术要点

适宜在福建乌龙茶区春季种植。因生长势旺盛，幼龄茶园要及时定型修剪，以培养壮宽密齐的树冠；增施有机肥可提高其产量和品质。

'福茗1号'

Camellia sinensis（L.）O. Kuntze 'Fuming 1'

申 请 者 福建省农业科学院茶叶研究所

育 种 者 游小妹　孔祥瑞　单睿阳　张亚真　陈常颂　林郑和

品种编号 非主要农作物品种登记号：GPD茶树（2023）350048。

品种来源 福建省农业科学院茶叶研究所从'茗科1号'自然杂交后代中单株选育而成。

特征特性 灌木型，早生种，生长势强，树姿半开张，中叶类，叶片长度7.8厘米、宽度3.4厘米，叶片中等椭圆形，叶片着生状态向上。在福建福安地区春茶一芽二叶盛期一般在4月上旬，新梢芽叶紫绿色，茸毛少，一芽三叶长7.2厘米、百芽重100.0克。春茶一芽二叶生化样含茶多酚21.9%，氨基酸4.4%，咖啡碱4.4%，水浸出物42.1%。适制绿茶、红茶和乌龙茶。制绿茶，外形绿润，汤色黄绿明亮，牛奶香显，味鲜爽；制红茶，汤色橙红，花香显，滋味鲜甜；制乌龙茶，汤色浅橙黄明亮，花香浓郁，味醇爽。第一生长周期春季亩产一芽三叶鲜叶341千克，比对照'黄旦'增产10%；第二生长周期春季亩产一芽三叶鲜叶391千克，比对照'黄旦'增产11%。抗茶小绿叶蝉，抗茶炭疽病，抗寒性和抗旱性强。

适宜种植区域及栽培技术要点

适宜在福建乌龙茶区春季种植。因生长势旺盛，幼龄茶园要及时定型修剪，以培养壮宽密齐的树冠；增施有机肥可提高其产量和品质。

'福茗2号'

Camellia sinensis（L.）O. Kuntze 'Fuming 2'

申 请 者 福建省农业科学院茶叶研究所

育 种 者 游小妹　陈志辉　李鑫磊　钟秋生　陈常颂　郑士琴

品种编号 非主要农作物品种登记号：GPD茶树（2023）350049。

品种来源 福建省农业科学院茶叶研究所从'悦茗香'自然杂交后代中单株选育而成。

特征特性 灌木型，早生种，生长势强，树姿半开张，中叶类，叶片长度8.0厘米、宽度3.2厘米，叶片中等椭圆形，叶片着生状态向上。在福建福安地区春茶一芽二叶盛期一般在4月上旬，新梢芽叶紫绿色，茸毛少，一芽三叶长5.2厘米、百芽重80.0克。春茶一芽二叶生化样含茶多酚21.2%，氨基酸4.7%，咖啡碱4.1%，水浸出物40.0%。适制绿茶、红茶和乌龙茶。制绿茶，外形绿润，汤色黄绿明亮，花香显，味鲜爽；制红茶，汤色橙红明亮，带花香，滋味鲜甜；制乌龙茶，汤色橙黄明亮，花香浓郁，水中有香。第一生长周期春季亩产一芽三叶鲜叶335千克，比对照'黄旦'增产8%；第二生长周期春季亩产一芽三叶鲜叶364千克，比对照'黄旦'增产4%。抗茶小绿叶蝉，抗茶炭疽病，抗寒性和抗旱性强。

适宜种植区域及栽培技术要点

适宜在福建乌龙茶区春季种植。因生长势旺盛，幼龄茶园要及时定型修剪，以培养壮宽密齐的树冠；增施有机肥可提高其产量和品质。

福建省

第二章 茶树登记品种图谱

291

'白云0492'

Camellia sinensis（L.）O. Kuntze'Baiyun 0492'

申 请 者 福建省农业科学院茶叶研究所
育 种 者 张 磊 陈芝芝 杨如兴 吴志丹 俞 滢
登记编号 非主要农作物品种登记号：GPD茶树（2024）350045。
品种来源 福建省农业科学院茶叶研究所从福建省寿宁县武曲镇地方菜茶中单株选育而成。
特征特性 小乔木型，中叶类，早生种。树姿直立，生长势强，分枝部位中，分枝密。叶片向上着生，窄椭圆形，叶片长10.1厘米、宽3.9厘米，叶色深绿，先端尖锐。开采期一般为3月上中旬，一芽二叶盛期一般在3月上中旬，发芽密度高，茸毛多，一芽三叶长9.7厘米、百芽重97.1克。盛花期为每年10月上旬。春季一芽二叶生化样含茶多酚19.1%，氨基酸4.7%，咖啡碱3.3%，水浸出物47.6%。适制白茶，红茶。制白茶，外形兰花型灰绿多毫，具清香或毫香，滋味醇爽，叶底黄绿亮、匀整。制红茶，外形乌润肥嫩显毫，花香明显，味鲜醇浓，汤色红艳，叶底肥嫩软亮、匀。第一生长周期亩产一芽二叶鲜叶221千克，比对照'福鼎大白茶'增产14%；第二生长周期春季亩产一芽二叶鲜叶229千克，比对照'福鼎大白茶'增产10%。中抗小绿叶蝉，抗茶炭疽病，抗旱性和抗寒性强。

适宜种植区域及栽培技术要点

适宜在福建茶区秋季或春季种植。双行双条列交叉定植，亩植4 000~5 000株。幼年期年定剪1~2次，开采时注意留叶采，采养结合，促进芽梢萌发，可提早形成高产树冠。成园后加强培肥管理，可充分发挥其早产高产特性。因新梢生育期较早，需防范早春"倒春寒"。

福建省

第二章 茶树登记品种图谱

293

江西省

'庐云1号'

Camellia sinensis（L.）O. Kuntze 'Luyun 1'

申 请 者 九江市农业农村局　中国农业科学院茶叶研究所　濂溪区山北茶场

育 种 者 张玲芳　金基强　陈建华　黄纪刚　陈　亮　朱顺友　刘　爽　陈　艳　韦红飞

品种编号 非主要农作物品种登记号：GPD茶树（2019）360036。

品种来源 九江市农业农村局等从江西省九江市'庐山种'中单株选育而成。

特征特性 灌木型，早生种，树姿半开张，中叶类，叶片长度7.3厘米、宽度2.6厘米，叶片窄椭圆形。2018年在九江地区春茶一芽一叶期在3月中旬，新梢芽叶黄绿色，茸毛中，发芽密度密，芽头肥壮，一芽三叶长8.3厘米。2018年在九江地区测试春茶一芽二叶生化样含茶多酚17.2%，氨基酸3.7%，咖啡碱3.5%，水浸出物47.4%。适制绿茶。制"庐山云雾茶"，外形兰花形、嫩黄润，汤色浅黄、明，香气清高，滋味鲜醇、甘爽。第一生长周期亩产一芽二叶鲜叶117千克，比对照'龙井长叶'增产55%；第二生长周期亩产一芽二叶鲜叶194千克，比对照'龙井长叶'增产35%。感茶小绿叶蝉，抗茶炭疽病，抗寒性中等，抗旱性强。

适宜种植区域及栽培技术要点

适宜在江南茶区江西九江秋季或春季雨水较充沛的时间种植。感茶小绿叶蝉，生产中须注意及早防治。抗寒性中等，幼龄期要注意防寒，避免倒春寒的影响。

江西省

第二章 茶树登记品种图谱

'庐云2号'

Camellia sinensis（L.）O. Kuntze 'Luyun 2'

申 请 者 濂溪区山北茶场　九江市农业农村局　中国农业科学院茶叶研究所

育 种 者 朱顺友　黄纪刚　江和源　韦红飞　刘　爽　陈　亮　沈　健　张玲芳　吕凤琴

品种编号 非主要农作物品种登记号：GPD茶树（2019）360037。

品种来源 濂溪区山北茶场等从江西省九江市'庐山种'中单株选育而成。

特征特性 灌木型，早生种，树姿半开张，中叶类，叶片长度8.0厘米、宽度2.9厘米，叶片窄椭圆形。2018年在九江地区春茶一芽一叶期在3月上旬，新梢芽叶黄绿色，茸毛中，发芽密度密，芽头肥壮，一芽三叶长8.6厘米。2018年在九江地区测试春茶一芽二叶生化样含茶多酚20.8%，氨基酸3.6%，咖啡碱3.3%，水浸出物48.7%。适制绿茶。制"庐山云雾茶"，外形兰花形、较挺直、显毫、较嫩绿润，汤色黄、尚明，香气清香，滋味尚浓醇。第一生长周期亩产一芽二叶鲜叶114千克，比对照'龙井长叶'增产51%；第二生长周期亩产230千克，比对照'龙井长叶'增产52%。感茶小绿叶蝉，抗茶炭疽病，抗寒性和抗旱性强。

适宜种植区域及栽培技术要点

适宜在江南茶区江西九江秋季或春季雨水较充沛的时间种植。感茶小绿叶蝉，生产中须注意及早防治。

'浮梁楮叶1号'

Camellia sinensis（L.）O. Kuntze 'Fuliang Zhuye 1'

申 请 者 江西省蚕桑茶叶研究所

育 种 者 杨普香　王治会　李文金　彭　华　王胜利　江新凤　潘长发　鲍润元　蔡海兰

品种编号 非主要农作物品种登记号：GPD茶树（2021）360008。

品种来源 江西省蚕桑茶叶研究所从江西省浮梁县'浮梁楮叶种'中单株选育而成。

特征特性 灌木型，早生种，生长势中，树姿半开张，中叶类，叶片长度10.4厘米、宽度4.1厘米，叶片窄椭圆形，叶片前端形状尖锐，叶片着生状态水平。2020年在南昌地区春茶一芽一叶期在3月中下旬，新梢芽叶黄绿色，茸毛中，芽头中等，一芽三叶长6.7厘米、百芽重38.9克。2020年在南昌地区测试春茶一芽二叶生化样含茶多酚22.8%，氨基酸3.7%，咖啡碱4.2%，水浸出物51.8%。适制绿茶。制烘青绿茶，外形条索挺直、披毫、嫩黄绿，汤色浅嫩绿、清澈明亮，香气清鲜、有花香或栗香，滋味鲜爽甘和。第一生长周期亩产一芽二叶鲜叶144千克，比对照'楮叶齐'减产3%；第二生长周期亩产153千克，比对照'楮叶齐'减产2%。抗茶小绿叶蝉，抗茶炭疽病，抗寒性和抗旱性强。

适宜种植区域及栽培技术要点

适宜在江西区域偏酸性土壤秋季或春季雨水较充沛的时间种植。建议与特早生、中生品种搭配种植。

'赣茶4号'

Camellia sinensis（L.）O. Kuntze 'Gancha 4'

申 请 者 江西省蚕桑茶叶研究所

育 种 者 杨普香　王治会　彭　华　李文金　陈年生　李延升　江新凤　蔡海兰　岳翠男

品种编号 非主要农作物品种登记号：GPD茶树（2021）360009。

品种来源 江西省蚕桑茶叶研究所以'福鼎大白茶'为母本、'黄叶早'为父本杂交选育而成。

特征特性 灌木型，早生种，生长势中，树姿半开张，中叶类，叶片长度7.8厘米、宽度3.1厘米，叶片窄椭圆形，叶片前端形状尖锐，叶片着生状态向上。2020年在南昌地区春茶一芽一叶期在3月中旬，新梢芽叶浅绿色，茸毛中，芽头中等，一芽三叶长6.4厘米、百芽重39.3克。2020年在南昌地区测试春茶一芽二叶生化样含茶多酚20.8%，氨基酸4.7%，咖啡碱3.7%，水浸出物48.1%。适制绿茶。制烘青绿茶，外形紧细显毫，汤色嫩绿明亮，香气清高、有嫩香，滋味鲜爽甘醇。第一生长周期亩产一芽二叶鲜叶168千克，比对照'福鼎大白茶'增产8%；第二生长周期亩产198千克，比对照'福鼎大白茶'增产9%。中抗茶小绿叶蝉，抗茶炭疽病，抗寒性和抗旱性强。

适宜种植区域及栽培技术要点

适宜在江西区域偏酸性土壤秋季或春季雨水较充沛的时间种植。建议与特早生、中生品种搭配种植。

'婺绿1号'

Camellia sinensis（L.）O. Kuntze 'Wulv 1'

申 请 者 江西省蚕桑茶叶研究所

育 种 者 杨普香　李文金　彭　华　王治会　李延升　程根明　卢新松　李　琛　岳翠男

品种编号 非主要农作物品种登记号：GPD茶树（2021）360010。

品种来源 江西省蚕桑茶叶研究所从江西省婺源县本地群体种中单株选育而成。

特征特性 灌木型，早生种，生长势中，树姿半开张，中叶类，叶片长度10.0厘米、宽度3.5厘米，叶片窄椭圆形，叶片前端形状尖锐，叶片着生状态水平。2020年在南昌地区春茶一芽一叶期在3月中旬，新梢芽叶黄绿色，茸毛中，芽头中等，一芽三叶长4.6厘米、百芽重33.6克。2020年在南昌地区测试春茶一芽二叶生化样含茶多酚18.0%，氨基酸4.2%，咖啡碱4.7%，水浸出物47.8%。适制绿茶。制烘青绿茶，外形紧细挺直、披毫、嫩绿，汤色嫩绿明亮，香气清高鲜爽、有花香或嫩香，滋味甘醇鲜爽。第一生长周期亩产一芽二叶鲜叶150千克，与对照'赣茶2号'相当；第二生长周期亩产154千克，比对照'赣茶2号'减产2%。中抗茶小绿叶蝉，抗茶炭疽病，抗寒性强，抗旱性较强。

适宜种植区域及栽培技术要点

适宜在江西区域偏酸性土壤秋季或春季雨水较充沛的时间种植。建议与中生品种搭配种植。

'宁州早1号'

Camellia sinensis（L.）O. Kuntze 'Ningzhouzao 1'

申 请 者 江西省蚕桑茶叶研究所

育 种 者 杨普香　王治会　周汉中　彭　华　李文金　岳翠男　陈罗军

品种编号 非主要农作物品种登记号：GPD茶树（2022）360020。

品种来源 江西省蚕桑茶叶研究所从江西省修水县'宁州种'中单株选育而成。

特征特性 灌木型，早生种，生长势中，树姿半开张，中叶类，叶片长度11.6厘米、宽度4.2厘米，叶片窄椭圆形，叶片前端形状尖锐，叶片着生状态向上。2021年在南昌地区春茶一芽一叶期在3月中下旬，一芽二叶第二叶紫绿色，茸毛中，芽头中等，一芽三叶长6.8厘米、百芽重54.3克。2021年在南昌地区测试春茶一芽二叶生化样含茶多酚23.6%，氨基酸3.2%，咖啡碱4.6%，水浸出物51.5%。适制红茶。制工夫红茶，外形紧实卷曲乌褐，汤色深橙红、明亮，香气清甜、花香馥郁，滋味甘鲜。第一生长周期亩产一芽二叶鲜叶169千克，比对照'宁州2号'增产9%；第二生长周期亩产161千克，比对照'宁州2号'增产8%。抗茶小绿叶蝉，抗茶炭疽病，抗寒性和抗旱性强。

适宜种植区域及栽培技术要点

适宜在江西区域偏酸性土壤秋季或春季雨水较充沛的时间种植。建议与特早生、中生品种搭配种植。

'赣茶5号'

Camellia sinensis（L.）O. Kuntze 'Gancha 5'

申 请 者 江西省蚕桑茶叶研究所

育 种 者 李文金　杨普香　王治会　彭　华　江新凤　岳翠男　王新民　李　琛

品种编号 非主要农作物品种登记号：GPD茶树（2022）360021。

品种来源 江西省蚕桑茶叶研究所从'福鼎大白茶'有性后代中单株选育而成。

特征特性 灌木型，早生种，生长势中，树姿半开张，中叶类，叶片长度11.9厘米、宽度4.5厘米，叶片中等椭圆形，叶片先端尖锐，叶片着生状态向上。2021年在南昌地区测试春茶一芽一叶期在3月中旬，新梢芽叶黄绿色，茸毛少，芽头较肥壮，一芽三叶长5.4厘米、百芽重45.0克。2021年在南昌地区测试春茶一芽二叶生化样含茶多酚20.6%，氨基酸3.7%，咖啡碱3.4%，水浸出物48.6%。适制绿茶。制烘青绿茶，外形嫩黄绿油润，汤色嫩黄明亮，香气高爽、有栗香或嫩香，滋味鲜爽甘和。第一生长周期亩产一芽二叶鲜叶174千克，比对照'福鼎大白茶'增产3%；第二生长周期亩产175千克，比对照'福鼎大白茶'增产2%。中抗茶小绿叶蝉，抗茶炭疽病，抗寒性和抗旱性强。

适宜种植区域及栽培技术要点

适宜在江西区域偏酸性土壤秋季或春季雨水较充沛的时间种植。建议与中生品种搭配种植。

'赣茶6号'

Camellia sinensis（L.）O. Kuntze 'Gancha 6'

申 请 者 江西省经济作物研究所

育 种 者 李文金　王治会　杨普香　彭　华　岳翠男　童忠飞　郭　金　李延升　蔡海兰　李　琛

品种编号 非主要农作物品种登记号：GPD茶树（2023）360041。

品种来源 江西省经济作物研究所从'福鼎大白茶'有性后代中单株选育而成。

特征特性 灌木型，早生种，生长势强，树姿半开张，中叶类，叶片长度11.7厘米、宽度4.4厘米，叶片窄椭圆形，叶片先端尖锐，叶片着生状态向上。2021年在南昌地区测试春茶一芽一叶期在3月中旬，新梢芽叶中等绿色，发芽密度高，茸毛多，芽头中等，一芽三叶长6.5厘米、百芽重41.0克。2022年在南昌地区测试春茶一芽二叶生化样含茶多酚20.8%，氨基酸5.2%，咖啡碱3.6%，水浸出物49.6%。适制绿茶。制烘青绿茶，外形紧结、显毫、深绿，汤色浅嫩黄、明亮，香气高鲜、嫩栗香显、有花香，滋味甘醇、鲜爽、滑。第一生长周期亩产一芽二叶鲜叶173千克，比对照'福鼎大白茶'增产1%；第二生长周期亩产171千克，比对照'福鼎大白茶'增产1%。中抗茶小绿叶蝉，抗茶炭疽病，抗寒性和抗旱性强。

适宜种植区域及栽培技术要点

适宜在江西区域偏酸性土壤秋季或春季雨水较充沛的时间种植。建议与中生品种搭配种植。

江西省

第二章 茶树登记品种图谱

'赣茶7号'

Camellia sinensis（L.）O. Kuntze 'Gancha 7'

申 请 者 江西省经济作物研究所

育 种 者 杨普香　李文金　彭　华　王治会　叶　川　岳翠男　江新凤　李延升
　　　　　　郭　金　贺望兴

品种编号 非主要农作物品种登记号：GPD茶树（2023）360042。

品种来源 江西省经济作物研究所从江西省广昌县东华山'龙凤岩种'中单株选育而成。

特征特性 灌木型，早生种，生长势中，树姿半开张，中叶类，叶片长度9.8厘米、宽度4.4厘米，叶片中等椭圆形，叶片先端钝，叶片着生状态向上。2021年在南昌地区测试春茶一芽一叶期在3月中下旬，新梢芽叶浅绿色，发芽密度高，茸毛中等，芽头中等，一芽三叶长4.6厘米、百芽重27.0克。2022年在南昌地区测试春茶一芽二叶生化样含茶多酚25.1%，氨基酸3.9%，咖啡碱4.5%，水浸出物50.0%。适制绿茶。制烘青绿茶，外形细秀、显毫、嫩黄，汤色浅嫩黄、明亮，香气高鲜、嫩香显，滋味较甘醇鲜爽。第一生长周期亩产一芽二叶鲜叶162千克，比对照'福鼎大白茶'减产5%；第二生长周期亩产160千克，比对照'福鼎大白茶'减产5%。抗茶小绿叶蝉，抗茶炭疽病，抗寒性和抗旱性强。

适宜种植区域及栽培技术要点

适宜在江西区域偏酸性土壤秋季或春季雨水较充沛的时间种植。建议与中生品种搭配种植。

'狗牯脑茶2号'

Camellia sinensis（L.）O. Kuntze 'Gougunaocha 2'

申 请 者 江西省经济作物研究所　遂川县茶产业发展中心

育 种 者 杨普香　陈盛畅　彭　华　王治会　曾　斌　李文金　郭路生　张成才
　　　　　岳翠男　谢小群

品种编号 非主要农作物品种登记号：GPD茶树（2023）360043。

品种来源 江西省经济作物研究所等从江西省遂川县戴家埔乡'狗牯脑种'中单株选育而成。

特征特性 灌木型，早生种，生长势中，树姿开张，中叶类，叶片长度9.1厘米、宽度3.4厘米，叶片中等椭圆形，叶片先端尖锐，叶片着生状态水平。2021年在南昌地区测试春茶一芽一叶期在3月下旬，新梢芽叶中等绿色，茸毛少，发芽密度高，芽头中等，一芽三叶长5.3厘米、百芽重35克。2022年在南昌地区测试春茶一芽二叶生化样含茶多酚23.6%，氨基酸5.1%，咖啡碱4.3%，水浸出物52.2%。适制绿茶。制烘青绿茶，外形紧结、勾曲、深绿，汤色嫩黄明，香气清甜、有花果香，滋味醇、甘爽。第一生长周期亩产一芽二叶鲜叶167千克，比对照'福鼎大白茶'减产2%；第二生长周期亩产163千克，比对照'福鼎大白茶'减产3%。抗茶小绿叶蝉，抗茶炭疽病，抗寒性和抗旱性强。

适宜种植区域及栽培技术要点

适宜在江西区域偏酸性土壤秋季或春季雨水较充沛的时间种植。建议与中生品种搭配种植。

山东省

'青农3号'

Camellia sinensis（L.）O. Kuntze 'Qingnong 3'

申 请 者 青岛农业大学

育 种 者 丁兆堂　王　玉　孙海艳　丁仕波　李玉胜　盖中帅

品种编号 非主要农作物品种登记号：GPD茶树（2019）370012。

品种来源 青岛农业大学茶叶研究所从'黄山种'自然杂交后代经单株选育而成。

特征特性 灌木型，中生（偏早）种，生长势较旺盛，树姿半开张，小叶种，叶片长度7.7厘米，叶片宽度2.6厘米，叶片长椭圆形，叶片着生状态上斜。在山东地区春茶一芽一叶期在4月下旬或5月上旬，新梢芽叶绿色，茸毛较多，芽头较肥壮，一芽三叶长3.8厘米、百芽重42.0克。春茶一芽二叶生化样含茶多酚26.5%，氨基酸含量3.2%，咖啡碱含量1.8%，水浸出物42.3%。适制绿茶。制绿茶，干茶绿润显毫，汤色嫩绿明亮，滋味鲜醇，香气嫩栗香，叶底明亮匀整。第一生长周期亩产一芽二叶鲜叶160千克，比对照'瑞雪'增产10%；第二生长周期亩产240千克，比对照'瑞雪'增产20%。高抗茶炭疽病、云纹叶枯病，中抗茶小绿叶蝉，抗寒性和抗旱性较强。

适宜种植区域及栽培技术要点

适宜在北方生态区山东省鲁中、鲁南及沿海地区种植。双行双株，两行呈交叉栽植。移栽当年做好越冬防护，主要以蓬面覆草、行间铺草为主，有条件地区可进行大棚覆盖，加强生态林建设，提高茶园越冬防护性能。其余按北方常规茶园栽培管理。

'寒梅'

Camellia sinensis（L.）O. Kuntze 'Hanmei'

申 请 者 青岛农业大学

育 种 者 丁兆堂　王　玉　孙海艳　丁仕波　李玉胜　盖中帅　于建平

品种编号 非主要农作物品种登记号：GPD茶树（2019）370013。

品种来源 青岛农业大学茶叶研究所从'黄山种'自然杂交后代经单株选育而成。

特征特性 灌木型，中生（偏早）种，生长势较旺盛，树姿半开张，小叶种，叶片长度6.2厘米，叶片宽度3.1厘米，叶片椭圆形，叶片着生状态上斜。在山东地区春茶一芽一叶期在4月下旬或5月上旬，新梢芽叶绿色，茸毛较多，芽头较肥壮，一芽三叶长3.2厘米、百芽重38.0克。春茶一芽二叶生化样含茶多酚22.4%，氨基酸含量4.1%，咖啡碱含量1.8%，水浸出物45.3%。适制绿茶。制绿茶，干茶绿润显毫，汤色黄绿明亮，滋味鲜爽醇厚，香气嫩香，叶底明亮匀整。第一生长周期亩产一芽二叶鲜叶156千克，比对照'瑞雪'增产8%；第二生长周期亩产236千克，比对照'瑞雪'增产18%。高抗茶炭疽病、云纹叶枯病，中抗茶小绿叶蝉，抗寒性和抗旱性较强。

适宜种植区域及栽培技术要点

适宜在北方生态区山东省鲁中、鲁南及沿海地区种植。起垄双行双株栽培，每亩用苗量6 000株。移栽当年做好越冬防护，主要以蓬面覆草、行间铺草为主，有条件地区可进行大棚覆盖，加强防护林与生态林建设，提高茶园越冬防护性能。其余按北方常规茶园栽培管理。

'青农38号'

Camellia sinensis（L.）O. Kuntze 'Qingnong 38'

申 请 者 青岛农业大学

育 种 者 丁兆堂　王　玉　孙海艳　丁仕波　李玉胜　盖中帅

品种编号 非主要农作物品种登记号：GPD茶树（2019）370014。

品种来源 青岛农业大学茶叶研究所从'黄山种'自然杂交后代经单株选育而成。

特征特性 灌木型，中生（偏早）种，生长势较旺盛，树姿半开张，中小叶种，叶片长度8.8厘米，叶片宽度3.4厘米，叶片长椭圆形，叶片着生状态上斜。在山东地区春茶一芽一叶期在4月下旬或5月上旬，新梢芽叶绿色，茸毛较多，芽头较肥壮，一芽三叶长3.9厘米、百芽重55.0克。春茶一芽二叶生化样含茶多酚20.5%，氨基酸含量3.4%，咖啡碱含量1.5%，水浸出物42.5%。适制绿茶。制绿茶，干茶绿润显毫，茶汤黄绿明亮，滋味鲜纯爽口，香气清香持久，叶底明亮匀整。第一生长周期亩产一芽二叶鲜叶167千克，比对照'瑞雪'增产15%；第二生长周期亩产250千克，比对照'瑞雪'增产25%。高抗茶炭疽病、云纹叶枯病，中抗茶小绿叶蝉，抗寒性和抗旱性较强。

适宜种植区域及栽培技术要点

适宜在北方生态区山东省鲁中、鲁南及沿海地区种植。双行双株，两行呈交叉栽植。移栽当年做好越冬防护，主要以蓬面覆草、行间铺草为主，有条件地区可进行大棚覆盖，加强防护林与生态林建设，提高茶园越冬防护性能。其余按北方常规茶园栽培管理。

山东省

第二章 茶树登记品种图谱

319

'北茶36'

Camellia sinensis（L.）O. Kuntze 'Beicha 36'

申 请 者 青岛职业技术学院

育 种 者 张续周　李玉胜　张云伟　高志绪　张晶晶　辛颖秀

品种编号 非主要农作物品种登记号：GPD茶树（2019）370035，植物新品种权号：CNA20150859.1。

品种来源 青岛职业技术学院从'黄山种'中单株选育而成。

特征特性 灌木型，中生（偏晚）种，生长势中，树姿半开张到开张，植株分枝较密，中叶类，叶片长度7.7~8.6厘米、宽度2.7~3.4厘米，叶片中等椭圆形，叶片呈向上到水平着生。叶身稍背卷，叶肉厚、叶质柔软，叶尖渐尖并平展，叶缘微波，具短锯齿。花萼外部花青苷无显色，花瓣5瓣，花冠直径中等，花柱3裂，雌蕊相对于雄蕊高度等高。在青岛地区春茶一芽一叶期在4月中下旬，育芽力强、芽叶肥硕，新梢芽茸毛密度中，新梢叶柄基部花青甙显色无，一芽三叶长6.8厘米、百芽重64.2克。春季一芽二叶生化样含茶多酚19.1%，氨基酸3.9%，咖啡碱3.3%，水浸出物43.0%。适制绿茶。制绿茶，外形肥嫩绿润显毫，汤色浅亮，花香，滋味清鲜花味，叶底嫩黄。第一生长周期亩产一芽一叶鲜叶89千克，比对照'福鼎大白茶'减产3%；第二生长周期亩产一芽一叶鲜叶136千克，比对照'福鼎大白茶'减产1%。中抗茶炭疽病，抗茶小绿叶蝉，抗旱性和抗寒性强。

适宜种植区域及栽培技术要点

适宜山东及高寒茶区春季或秋季栽培。双行双株栽培，加强茶园肥水管理和病害防治。适时进行3次定型修剪，注重分批留叶采摘，采养结合。

'北茶1号'

Camellia sinensis（L.）O. Kuntze 'Beicha 1'

申 请 者 烟台市步鹤山农业科技有限公司

育 种 者 张志刚

品种编号 非主要农作物品种登记号：GPD茶树（2019）370038，植物新品种权号：CNA20191005014。

品种来源 烟台市步鹤山农业科技有限公司从'福鼎大白茶'与龙井系列品种混合花粉杂交后代中单株选育而成。

特征特性 灌木型，树姿开张，分枝能力较强，叶片上斜状着生，叶片伸张型，呈长椭圆形，边缘具有明显的锯齿状，且鲜叶的上表面光润，下表面纹理清晰曲折有致，平均叶长5.6厘米，叶宽2.3厘米，小叶类，叶色黄绿，叶面较平，叶质软。在烟台地区，一芽一叶期在4月10日左右，茸毛多，平均一芽一叶百芽重18.5克，休眠期在10月中旬。春季一芽二叶生化样含茶多酚17.3%，氨基酸4.7%，咖啡碱3%，水浸出物52.5%。适制绿茶。制绿茶，外形一芽一叶，芽头粗壮显毫，汤色明亮，滋味鲜醇回甘，香气焙豆香，叶底肥厚嫩黄。第一生长周期亩产干茶80千克，比对照'福鼎大白茶'增产10%；第二生长周期亩产干茶110千克，比对照'福鼎大白茶'增产30%。对冻害、热害和干旱等不良天气的适应能力强。

适宜种植区域及栽培技术要点

适宜在山东、河南、江苏北部、安徽北部春、秋季种植。一般采用双行双株密植建园，选择背风向阳、土层深厚的地块，深翻、施足底肥，采用健壮苗木，移栽后加强肥水管理和病虫害防治。搭建小拱棚和大拱棚进行幼苗期越冬保护。

'东方紫婵'

Camellia sinensis（L.）O. Kuntze 'Dongfang Zichan'

申 请 者 青岛东方紫婵茶叶研究所　青岛山立言茶文化传播有限公司

育 种 者 张续周　房婉萍　李玉胜　孙晓燕　浦绍柳

品种编号 非主要农作物品种登记号：GPD茶树（2020）370001。

品种来源 青岛东方紫婵茶叶研究所等从'黄山种'中单株选育而成。

特征特性 灌木型，早生种（偏中），生长势较强，树姿半开张，分枝部位低，分枝密，中叶类。叶片长度11.0~13.0厘米，叶片宽度3.4~3.6厘米，叶片长椭圆形，叶身内折，叶面平滑，叶尖渐尖，叶缘平整，叶片边缘锯齿短、密、钝，叶基形状钝，叶质肉厚而柔软，叶片呈斜向上着生。在青岛地区春茶一芽一叶始期在4月上旬，新梢芽茸毛密、叶柄基部花青苷显色，芽叶肥硕、持嫩性强、育芽力强，紫芽、紫叶、紫茎。一芽三叶长度10.3厘米、百芽重46.3克，一芽四、五叶期内芽、叶、茎的颜色均为紫色。盛花期早，花萼外部少茸毛，子房茸毛少，花瓣4~5瓣，花冠直径中等，花柱3裂，雌蕊和雄蕊相对高度等高。春季一芽二叶生化样含茶多酚28.3%，氨基酸3.5%，咖啡碱2.6%，水浸出物40.5%。适制红茶和白茶。春制红茶，条索紧结壮硕、乌黑油润，汤色黄红明亮，花香显玫瑰香型，滋味甜醇，叶底棕红有光泽；春制白茶，毫心肥壮，暗绿油润；汤色浅黄明亮，香气好。第一生长周期亩产一芽二叶鲜叶90千克，比对照'紫娟'减产18%；第二生长周期亩产一芽二叶鲜叶96千克，比对照'紫娟'减产16%。中抗茶炭疽病、抗茶小绿叶蝉，抗旱性强，抗寒性中等。

适宜种植区域及栽培技术要点

适宜山东、江苏、浙江、安徽、河南、湖北、贵州茶区春、秋季移栽种植。采取双行双株栽培；加强茶园肥水管理，适时进行3次定剪；要分批留叶采摘，采养结合。

'崂茶1号'

Camellia sinensis（L.）O. Kuntze 'Laocha 1'

申 请 者 青岛万里江茶业有限公司　青岛万里江茶业专业合作社
育 种 者 姜　星　刘　彬　江崇焕　张俊鹏
品种编号 非主要农作物品种登记编号：GPD茶树（2022）370007。
品种来源 青岛万里江茶业有限公司等从'黄山种'中单株选育而成。
特征特性 灌木型，小叶类，早生种。树姿半开张，生长势中等，分枝部位低，分枝密度中等。叶片向上着生，中等椭圆形，叶片长7.9厘米、宽2.9厘米；叶黄绿色；叶片先端钝。青岛地区开采期一般为4月中旬，一芽三叶盛期一般在4月下旬；发芽密度中，茸毛多；一芽三叶长7.9厘米，一芽三叶百芽重51.6克。盛花期为每年9月上旬。春季一芽二叶生化样含茶多酚23.4%，氨基酸4.4%，咖啡碱2.6%，水浸出物42.3%。适制绿茶。制绿茶，外形绿润显毫，汤色绿明亮，栗香，滋味鲜醇，叶底黄绿明亮。第一生长周期亩产一芽二叶鲜叶87千克，比对照'福鼎大白茶'减产3%；第二生长周期亩产一芽二叶鲜叶132千克，比对照'福鼎大白茶'减产2%。抗茶炭疽病、茶小绿叶蝉，抗旱性和抗寒性强。

适宜种植区域及栽培技术要点

适宜在山东高寒地区春、秋季种植。宜采用大棚设施栽培。采用双行双株，以春季或秋季温度18～25℃移栽为宜。加强茶园肥水管理，适时进行3次定型修剪，要分批留叶采摘，采养结合。

'烟茶7号'

Camellia sinensis（L.）O. Kuntze'Yancha 7'

申 请 者 烟台市和心意茶叶专业合作社　福鼎市三民茶业专业合作社　勐海和心意茶业有限公司

育 种 者 于超亮

品种编号 非主要农作物品种登记号：GPD茶树（2022）370040。

品种来源 烟台市和心意茶叶专业合作社等从'祁门种'בe'黄山种'杂交后代中选育而成。

特征特性 灌木型，小叶类，中生种。树姿开张，生长势强，分枝部位低，分枝密度中。叶片向上着生，叶形椭圆形，叶片长6.5厘米，叶片宽3.2厘米；叶色深绿；叶面微隆起，叶身平；叶质柔软，叶质中；叶齿锐，叶齿密度中，叶齿深；叶基楔形；叶尖渐尖；叶缘平。烟台地区开采期一般为4月下旬，一芽二叶盛期一般在5月上旬；发芽密度中，茸毛少；一芽三叶长8.0厘米，一芽三叶百芽重38.8克。盛花期为每年11月。春茶一芽二叶生化样含茶多酚17.9%，氨基酸5.5%，咖啡碱3.3%，水浸出物49.7%。适制绿茶和黄茶。制炒青绿茶，外形细紧嫩绿，茶汤黄绿，嫩香带板栗香，香气纯和，滋味鲜爽柔和，叶底鲜亮柔软；制黄茶，外形条索紧卷完整，有锋苗，叶质柔软。第一生长周期亩产干茶90千克，比对照'祁门种'增产10%；第二生长周期亩产干茶110千克，比对照'祁门种'增产20%。抗茶炭疽病、茶小绿叶蝉、茶跗线螨，中抗茶云纹叶枯病、轮斑病，抗旱、寒能力强。扦插繁殖力强，成活率高。

适宜种植区域及栽培技术要点

适宜在山东晚春、秋季雨水丰沛时种植。茶园要选在背风向阳处，有排灌水条件，土层深厚的弱酸性土壤，深翻后施足底肥，留好排水沟。一般采用双行密植建园，选用健壮苗木，定植后加强肥水管理和病虫害防治，适当增加定剪次数，幼苗期需搭建拱棚进行越冬保护。树冠培养采大养小，采高留低，打顶护侧；成龄茶园重施和适当早施基肥，注重茶园深翻；茶园在入冬前应建立好防风墙，以烟台为例，在10月下旬至11月上旬，茶树停止生长后施足有机肥，浇足浇透越冬水。

山东省

第二章 茶树登记品种图谱

'烟茶9号'

Camellia sinensis（L.）O. Kuntze'Yancha 9'

申 请 者 烟台市和心意茶叶专业合作社　勐海和心意茶业有限公司　福鼎市三民茶业专业合作社

育 种 者 于超亮

品种编号 非主要农作物品种登记号：GPD茶树（2022）370041。

品种来源 烟台市和心意茶叶专业合作社等从'鸠坑种'דい中黄1号'杂交后代中选育而成。

特征特性 灌木型，小叶类，中生种。树姿半开张，生长势中，分枝部位高，分枝密度密。叶片稍上斜着生，发芽密度稀；芽叶色泽玉白色；叶形长椭圆形，叶片长5.0厘米，叶片宽3.0厘米；叶色黄绿色；叶面微隆起；叶身平；叶质中；叶齿锐度中；叶齿密；叶齿深度中；叶基近圆形；叶尖钝尖；叶缘微波。烟台地区开采期一般为4月下旬，一芽二叶盛期一般在5月上旬；发芽密度中，茸毛少；一芽三叶长6.0厘米，一芽三叶百芽重58.0克。盛花期为每年10月下旬。春茶一芽二叶生化样含茶多酚18.9%，氨基酸5.1%，咖啡碱2.3%，水浸出物42.6%。适制黄茶。制黄茶，外形条索紧卷完整，有锋苗，叶质柔软，色浅黄、光泽好，汤色黄较浅、明亮，香气清纯熟板栗香，滋味鲜醇，叶底嫩黄。第一生长周期亩产干茶89千克，比对照'鸠坑种'增产10%；第二生长周期亩产干茶105千克，比对照'中黄1号'增产15%。中抗茶炭疽病、茶小绿叶蝉，抗茶云纹叶枯病、轮斑病、茶跗线螨，抗寒，中等抗旱。扦插与定植成活率高。

适宜种植区域及栽培技术要点

适宜在山东晚春、秋季雨水充沛时种植。茶园要选在背风向阳处，有排灌水条件，土层深厚的弱酸性土壤，深翻后施足底肥，留好排水沟。一般采用双行密植建园，选用健壮苗木，定植后加强肥水管理和病虫害防治，适当增加定剪次数，幼苗期需搭建拱棚进行越冬保护。树冠培养采大养小，采高留低，打顶护侧；成龄茶园重施和适当早施基肥，注重茶园深翻；茶园在入冬前应建立好防风墙，以烟台为例，在10月下旬至11月上旬，茶树停止生长后施足有机肥，浇足浇透越冬水。

'崂茶2号'

Camellia sinensis（L.）O. Kuntze 'Laocha 2'

申 请 者 青岛万里江茶业有限公司　青岛万里江茶业专业合作社

育 种 者 刘　彬　姜　星　刘　蕾　张俊鹏　江崇焕

品种编号 非主要农作物品种登记编号：GPD茶树（2023）370002

品种来源 青岛万里江茶业有限公司等从'黄山种'中单株选育而成。

特征特性 灌木型，小叶类，早生种。树姿半开张，生长势中等，分枝部位中，分枝密度中等。叶片向上着生，中等椭圆形，叶片长8.9厘米、宽2.9厘米，叶色黄绿，先端钝。青岛地区开采期一般为4月中旬，一芽二叶盛期一般在4月下旬；发芽密度中等，茸毛多。盛花期为每年9月上旬。一芽三叶长8.9厘米，一芽三叶百芽重53.2克。春季一芽二叶生化样含茶多酚23.2%，氨基酸4.5%，咖啡碱2.7%，水浸出物含量44.5%。适制绿茶。制绿茶，外形细紧、略卷曲、有毫、绿翠，汤色嫩黄、清澈明亮，清高、馥郁、花香显，滋味较醇和、较鲜爽，叶底嫩、有芽、匀齐、嫩绿较明亮。第一生长周期亩产一芽二叶鲜叶88千克，比对照'福鼎大白茶'减产2%；第二生长周期亩产一芽二叶鲜叶130千克，比对照'福鼎大白茶'减产3%。抗茶炭疽病、茶小绿叶蝉，抗旱性、抗寒性强。

适宜种植区域及栽培技术要点

适宜在山东高寒地区春、秋季种植。宜采用大棚设施栽培。采用双行双株，以春季或秋季温度18~25℃移栽为宜。加强茶园肥水管理，适时进行3次定型修剪，要分批留叶采摘，采养结合。

山东省

第二章 茶树登记品种图谱

'崂茶3号'

Camellia sinensis（L.）O. Kuntze 'Laocha 3'

申 请 者 青岛万里江茶业有限公司　青岛万里江茶业专业合作社　青岛市茶叶协会
育 种 者 刘蕾　刘彬　姜星　江崇焕　张俊鹏
品种编号 非主要农作物品种登记编号：GPD茶树（2023）370003。
品种来源 青岛万里江茶业有限公司等从'黄山种'中单株选育而成。
特征特性 灌木型，小叶类，早生种。树姿半开张，生长势中等，分枝部位低，分枝密。叶片向上着生，中等椭圆形，叶片长8.5厘米、宽3.0厘米，叶深绿色，先端钝。开采期一般为4月中旬，一芽二叶盛期一般在4月下旬。发芽密度中等，茸毛中等。一芽三叶长8.5厘米，一芽三叶百芽重52.9克。盛花期为每年9月上旬。一芽二叶生化样含茶多酚25.3%，氨基酸4.5%，咖啡碱3.0%，水浸出物43.2%。适制绿茶。制绿茶，外形壮结、卷曲、多毫、深绿色，汤色嫩绿、清澈明亮，香气板栗香明显、较清高，滋味清醇、较鲜爽，叶底嫩、显芽、匀齐、青绿较明亮。第一生长周期亩产一芽二叶鲜叶90千克，与对照'福鼎大白茶'相同；第二生长周期亩产一芽二叶鲜叶132千克，比对照'福鼎大白茶'减产2%。抗茶炭疽病、茶小绿叶蝉，抗旱性和抗寒性强。

适宜种植区域及栽培技术要点

适宜在山东高寒地区春、秋季种植。采用双行双株，以春季或秋季温度18~25℃移栽为宜。加强茶园肥水管理，适时进行3次定型修剪，要分批留叶采摘，采养结合。宜采用大棚设施栽培。

'鲁茶1号'

Camellia sinensis（L.）O. Kuntze 'Lucha 1'

申 请 者 日照市农业科学研究院

育 种 者 丁仕波　丁德恩　郑海涛　段永春　王鲲鹏　宋大鹏　王　会　来玉宾

品种编号 非主要农作物品种登记号：GPD茶树（2023）370050。原山东省林木良种审定委员会林木良种审定编号：鲁S-SV-CS-026-2012。

品种来源 日照市农业科学研究院从'黄山种'自然杂交后代中单株选育而成。

特征特性 灌木型，中生种，生长势强，树姿半开张，中叶类，叶片长度11.5厘米，宽度5.7厘米，叶片中等椭圆形，叶片着生状态向上。在山东地区春茶一芽一叶期在4月中旬，新梢芽叶浅绿色，茸毛少，芽头较肥壮，一芽三叶长6.9厘米、百芽重67.0克。春茶一芽二叶生化样含茶多酚26.0%，氨基酸4.1%，咖啡碱3.5%，水浸出物49.5%。适制绿茶。制绿茶，干茶深绿色润、显毫，茶汤黄绿尚亮，滋味清爽、醇厚，香气栗香，叶底绿亮较匀。第一生长周期亩产一芽二叶鲜叶233千克，比对照'福鼎大白茶'增产4%；第二生长周期亩产252千克，比对照'福鼎大白茶'增产5%。高抗茶炭疽病、轮斑病、云纹叶枯病，中抗茶小绿叶蝉、绿盲蝽，抗寒性和抗旱性特强。

适宜种植区域及栽培技术要点

适宜在山东茶主产区种植。起垄双行双株，两行呈交叉栽植，每亩用苗量6 000株。幼龄期需注意越冬防护，主要以蓬面覆草、行间铺草为主，有条件地区可进行大棚覆盖，加强防护林与生态林建设，提高茶园越冬防护性能。其余按北方常规茶园栽培管理。

'鲁茶2号'

Camellia sinensis（L.）O. Kuntze 'Lucha 2'

申 请 者 日照市农业科学研究院

育 种 者 丁仕波　丁德恩　郑海涛　段永春　王鲲鹏　房峰祥　李纪艳　来玉宾

品种编号 非主要农作物品种登记号：GPD茶树（2023）370051。原山东省林木良种审定委员会林木良种审定编号：鲁S-SV-CS-027-2012。

品种来源 日照市农业科学研究院从'黄山种'自然杂交后代中单株选育而成。

特征特性 灌木型，中生种，生长势强，树姿半开张，中叶类，叶片长度8.0厘米、宽度3.7厘米，叶片中等椭圆形，叶片着生状态向上。在山东地区春茶一芽一叶期在4月下旬，新梢芽叶浅绿色，茸毛中，芽头较肥壮，一芽三叶长7.2厘米、百芽重65.0克。春茶一芽二叶生化样含茶多酚27.3%，氨基酸3.8%，咖啡碱3.6%，水浸出物49.1%。适制绿茶。制绿茶，干茶深绿色润，茶汤黄绿明亮，滋味醇爽，香气栗香，叶底明亮较匀。第一生长周期亩产一芽二叶鲜叶237千克，比对照'福鼎大白茶'增产6%；第二生长周期亩产253千克，比对照'福鼎大白茶'增产5%。高抗茶炭疽病、轮斑病、云纹叶枯病，中抗茶小绿叶蝉、绿盲蝽，抗寒性和抗旱性强。

适宜种植区域及栽培技术要点

适宜在山东茶主产区种植。起垄双行双株交叉栽植，每亩用苗量6 000株；幼龄期需注意越冬防护，主要以蓬面覆草、行间铺草为主，有条件地区可进行大棚覆盖，加强防护林与生态林建设，提高茶园越冬防护性能。其余按北方常规茶园栽培管理。

'鲁茶6号'

Camellia sinensis（L.）O. Kuntze'Lucha 6'

申 请 者 山东省农业科学院　青岛农业大学

育 种 者 丁兆堂　申加枝　黄庆富　孙立涛　王　玉　丁仕波　王　会　范　凯　钱文俊

品种编号 非主要农作物品种登记号：GPD茶树（2023）370069。

品种来源 山东省农业科学院等从'黄山种'自然杂交后代中单株选育而成。

特征特性 灌木型，早生种，生长势中等，树姿半开张，中叶类，叶片长度8.7厘米、宽度3.5厘米，叶片中等椭圆形，叶片着生状态水平。在山东地区春茶一芽一叶期在4月中旬，新梢芽叶中等绿色，茸毛较多，芽头较肥壮，一芽三叶长9.8厘米、百芽重55.0克。春茶一芽二叶生化样含茶多酚14.1%，氨基酸6.2%，咖啡碱3.0%，水浸出物47.9%。适制绿茶。制绿茶，干茶卷曲、绿润、显毫，茶汤嫩绿明亮，滋味鲜爽醇厚，香气清香持久，叶底嫩绿明亮匀整。第一生长周期亩产一芽二叶鲜叶219千克，比对照'福鼎大白茶'增产14%；第二生长周期亩产293千克，比对照'福鼎大白茶'增产15%。高抗茶炭疽病、云纹叶枯病，中抗茶小绿叶蝉，抗寒性和抗旱性强。

适宜种植区域及栽培技术要点

适宜在山东茶主产区种植。起垄双行双株交叉栽植，每亩用苗量6 000株；幼龄期需注意越冬防护，主要以蓬面覆草、行间铺草为主，有条件地区可进行大棚覆盖，加强防护林与生态林建设，提高茶园越冬防护性能。其余按北方常规茶园栽培管理。

'鲁茶17号'

Camellia sinensis（L.）O. Kuntze'Lucha 17'

申 请 者 青岛农业大学　山东省农业科学院

育 种 者 范　凯　王　玉　丁兆堂　钱文俊　申加枝　王　会　黄庆富　丁仕波　孙立涛

品种编号 非主要农作物品种登记号：GPD茶树（2023）370070。

品种来源 青岛农业大学等从'黄山种'自然杂交后代中单株选育而成。

特征特性 灌木型，中生种，生长势中等，树姿半开张，中叶类，叶片长度8.8厘米、宽度3.5厘米，叶片窄椭圆形，叶片着生状态向上。在山东地区春茶一芽一叶期在4月下旬，新梢芽叶中等绿色，茸毛较多，芽头较肥壮，一芽三叶长10.2厘米、百芽重65.0克。春茶一芽二叶生化样含茶多酚18.0%，氨基酸3.7%，咖啡碱3.4%，水浸出物45.6%。适制绿茶。制绿茶，干茶卷曲、绿润、显毫，茶汤浅绿尚亮，滋味鲜爽醇厚，香气兰花香，叶底嫩绿明亮匀整。第一生长周期亩产一芽二叶鲜叶212千克，比对照'福鼎大白茶'增产10%；第二生长周期亩产281千克，比对照'福鼎大白茶'增产11%。高抗茶炭疽病、云纹叶枯病，中抗茶小绿叶蝉，抗寒性和抗旱性强。

适宜种植区域及栽培技术要点

适宜在山东茶主产区种植。起垄双行双株交叉栽植，每亩用苗量6 000株；幼龄期需注意越冬防护，主要以蓬面覆草、行间铺草为主，有条件地区可进行大棚覆盖，加强防护林与生态林建设，提高茶园越冬防护性能。其余按北方常规茶园栽培管理。

山东省

第二章 茶树登记品种图谱

'鲁茶7号'

Camellia sinensis（L.）O. Kuntze 'Lucha 7'

申 请 者 青岛农业大学　山东省农业科学院

育 种 者 王　玉　钱文俊　王　会　丁兆堂　申加枝　范　凯　丁仕波　孙立涛　黄庆富

品种编号 非主要农作物品种登记号：GPD茶树（2023）370071。

品种来源 青岛农业大学等从'黄山种'自然杂交后代中单株选育而成。

特征特性 灌木型，早生种，生长势中等，树姿半开张，中叶类，叶片长度9.0厘米、宽度3.8厘米，叶片中等椭圆形，叶片着生状态向上。在山东地区春茶一芽一叶期在4月中旬，新梢芽叶中等绿色，茸毛较多，芽头较肥壮，一芽三叶长9.8厘米、百芽重60.0克。春茶一芽二叶生化样含茶多酚12.9%，氨基酸6.1%，咖啡碱3.2%，水浸出物47.4%。适制绿茶。制绿茶，干茶卷曲、绿润、显毫，茶汤嫩绿明亮，滋味鲜爽醇厚，香气清香，叶底嫩绿明亮匀整。第一生长周期亩产一芽二叶鲜叶214千克，比对照'福鼎大白茶'增产11%；第二生长周期亩产285千克，比对照'福鼎大白茶'增产12%。高抗茶炭疽病、云纹叶枯病，中抗茶小绿叶蝉，抗寒性和抗旱性强。

适宜种植区域及栽培技术要点

适宜在山东茶主产区种植。起垄双行双株呈交叉栽植，每亩用苗量6 000株；幼龄期需注意越冬防护，主要以蓬面覆草、行间铺草为主，有条件地区可进行大棚覆盖，加强防护林与生态林建设，提高茶园越冬防护性能。其余按北方常规茶园栽培管理。

'鲁茶3号'

Camellia sinensis（L.）O. Kuntze 'Lucha 3'

申 请 者 日照市农业科学研究院

育 种 者 丁仕波　宋大鹏　房峰祥　王　会　李纪艳　庞　旭　来玉宾　刘廷航

品种编号 非主要农作物品种登记号：GPD茶树（2023）370073。

品种来源 日照市农业科学研究院从'黄山种'自然杂交后代中单株选育而成。

特征特性 灌木型，晚生种，生长势中，树姿半开张，中叶类，叶片长度7.0厘米、宽度3.0厘米，叶片窄椭圆形，叶片着生状态向上。在山东地区春茶一芽一叶期在4月下旬，新梢芽叶中等绿色，茸毛较少，芽头较肥壮，一芽三叶长6.3厘米、百芽重70.9克。春茶一芽二叶生化样含茶多酚20.1%，氨基酸4.0%，咖啡碱4.0%，水浸出物50.6%。适制绿茶。制绿茶，干茶深绿色润，茶汤黄绿明亮，滋味醇厚，香气栗香，叶底明亮匀整。第一生长周期亩产一芽二叶鲜叶203千克，比对照'福鼎大白茶'减产2%；第二生长周期亩产310千克，比对照'福鼎大白茶'减产3%。高抗茶炭疽病、轮斑病、云纹叶枯病，抗茶小绿叶蝉、绿盲蝽，抗寒性和抗旱性强。

适宜种植区域及栽培技术要点

适宜在山东茶主产区种植。起垄双行双株呈交叉栽植，每亩用苗量6 000株；幼龄期需注意越冬防护，主要以蓬面覆草、行间铺草为主，有条件地区可进行大棚覆盖，加强防护林与生态林建设，提高茶园越冬防护性能。其余按北方常规茶园栽培管理。

'鲁茶4号'

Camellia sinensis（L.）O. Kuntze'Lucha 4'

申 请 者 日照市农业科学研究院

育 种 者 丁仕波　宋大鹏　来玉宾　房峰祥　王　会　李纪艳　王鲲鹏　韩顺英

品种编号 非主要农作物品种登记号：GPD茶树（2023）370074。

品种来源 日照市农业科学研究院从'黄山种'自然杂交后代中单株选育而成。

特征特性 灌木型，中生种，生长势强，树姿半开张，中叶类，叶片长度8.5厘米、宽度4.0厘米，叶片窄椭圆形，叶片着生状态向上。在山东地区春茶一芽一叶期在4月中旬，新梢芽叶中等绿色，茸毛较少，芽头较肥壮，一芽三叶长5.6厘米、百芽重77.4克。春茶一芽二叶生化样含茶多酚19.9%，氨基酸3.9%，咖啡碱4.1%，水浸出物50.8%。适制绿茶、红茶。制绿茶，干茶绿润显毫，茶汤黄绿明亮，滋味鲜纯爽口，香气清高，叶底嫩绿明亮匀整。第一生长周期亩产一芽二叶鲜叶212千克，比对照'福鼎大白茶'增产2%；第二生长周期亩产331千克，比对照'福鼎大白茶'增产3%。高抗茶炭疽病、轮斑病、云纹叶枯病，抗茶小绿叶蝉、绿盲蝽，抗寒性和抗旱性强。

适宜种植区域及栽培技术要点

适宜在山东茶主产区种植。起垄双行双株呈交叉栽植，每亩用苗量6 000株，幼龄期需注意越冬防护，主要以蓬面覆草、行间铺草为主，有条件地区可进行大棚覆盖，加强防护林与生态林建设，提高茶园越冬防护性能。其余按北方常规茶园栽培管理。

349

'莲山1号'

Camellia sinensis（L.）O. Kuntze 'Lianshan 1'

申 请 者 五莲县北方茶叶研究所　日照市五莲山茶业有限公司

育 种 者 徐君　王超　王恒　徐经表　侯剑　王慧　孔晓君　田洪良　张芬　阎明升　王文彬

品种编号 非主要农作物品种登记号：GPD茶树（2024）370001。

品种来源 五莲县北方茶叶研究所等从'黄山种'变异单株中选育而成。

特征特性 灌木型，中叶类，中生种。树姿半开张，分枝部位低，叶片向上着生，叶片中等椭圆形，叶片长12.5厘米、宽3.7厘米，叶色中绿，先端尖锐。开采期一般为4月下旬，一芽二叶盛期一般在4月下旬。发芽密度中等，茸毛中等。一芽三叶长8.1厘米、百芽重48.5克。生化样含茶多酚20.4%、氨基酸4.9%、咖啡碱3.1%、水浸出物50.1%。适制绿茶。制烘青绿茶，外形条索尚紧直、深绿，汤色较嫩绿明亮，香气清高，略有花香、略有栗香，滋味醇厚、干鲜；叶底软匀、绿亮。第一生长周期亩产干茶87千克，比对照'福鼎大白茶'增产10%；第二生长周期亩产干茶125千克，比对照'福鼎大白茶'增产10%。高抗小绿叶蝉，抗绿盲蝽，高抗炭疽病和云纹叶枯病，抗轮斑病。抗寒性和抗旱性强。

适宜种植区域及栽培技术要点

适宜在黄淮海生态区、山东省春、秋季种植。按北方常规茶园栽培管理。背风向阳山坡地，种植防护林，幼龄茶园搭小拱棚防护越冬；防护林网完善防风措施下耐寒-18℃左右，成龄茶园可自然越冬。

'崂茶4号'

Camellia sinensis（L.）O. Kuntze 'Laocha 4'

申请者 青岛万里江茶业有限公司　青岛万里江茶业专业合作社　青岛市茶叶协会

育种者 张俊鹏　刘彬　姜星　刘蕾　彭正云　张文巨　江崇焕

品种编号 非主要农作物品种登记号：GPD茶树（2024）370004。

品种来源 青岛万里江茶业有限公司等从'黄山种'中单株选育而成。

特征特性 灌木型，小叶类，早生种。树姿半开张，生长势中等，分枝部位中，分枝密度中等。叶片向上着生，窄椭圆形，叶片长8.2厘米、宽3.2厘米，叶色浅黄绿，先端尖锐。开采期一般为4月上旬，一芽二叶盛期一般在4月下旬。发芽密度中等，茸毛少。一芽三叶长8.2厘米，一芽三叶百芽重53.5克。盛花期为每年8月下旬。春季一芽二叶生化样含茶多酚23.4%，氨基酸4.4%，咖啡碱2.6%，水浸出物42.3%。适制绿茶。制绿茶，外形肥嫩绿润显锋苗，汤色嫩绿亮，板栗香，滋味鲜醇，叶底细嫩、显芽、匀齐、嫩绿明亮。第一生长周期亩产一芽二叶鲜叶90千克，与对照'福鼎大白茶'产量相同；第二生长周期亩产136千克，比对照'福鼎大白茶'增产2%。该品种抗茶炭疽病，抗茶小绿叶蝉，抗旱性和抗寒性强。

适宜种植区域及栽培技术要点

适宜在山东高寒茶区春、秋季种植，宜大棚设施栽培。采用双行双株条栽，移栽时间以18~25℃为适宜温度。每亩保苗3 500~4 000株，适时进行3次定型修剪；要分批留叶采摘，采养结合；加强茶园肥水管理。

'崂茶8号'

Camellia sinensis（L.）O. Kuntze 'Laocha 8'

申 请 者 青岛万里江茶业有限公司　青岛万里江茶业专业合作社　日照市御园春茶业股份有限公司　山东省农业技术推广中心

育 种 者 江崇焕　姜星　刘彬　袁奇军　李玉胜　张文巨　张俊鹏

品种编号 非主要农作物品种登记号：GPD茶树（2024）370005。

品种来源 青岛万里江茶业有限公司等从'黄山种'中单株选育而成。

特征特性 灌木型，中叶类，早生种。树姿半开张，生长势中等，分枝部位中，分枝密度中等。叶片向上着生，中等椭圆形，叶片长8.2厘米、宽2.8厘米，叶色黄绿，先端尖锐。开采期一般为4月上旬，一芽二叶盛期一般在4月下旬。发芽密度中等，茸毛中等。一芽三叶长8.2厘米，一芽三叶百芽重52.1克。盛花期为每年9月下旬。春季一芽二叶含茶多酚23.1%，氨基酸3.9%，咖啡碱2.6%，水浸出物42.8%。适制绿茶。制绿茶，外形较紧细、略卷曲、有毫、嫩黄较润，汤色嫩绿、清澈明亮，香气高爽、有嫩香，滋味醇厚、甘鲜，叶底细嫩、有芽、匀齐、嫩绿明亮。第一生长周期亩产一芽二叶鲜叶92千克，比对照'福鼎大白茶'增产2%；第二生长周期亩产140千克，比对照'福鼎大白茶'增产4%。该品种高抗茶炭疽病，抗茶小绿叶蝉，抗旱性和抗寒性强。

适宜种植区域及栽培技术要点

适宜在山东高寒地区春、秋季种植，宜大棚设施栽培。采用双行双株条栽，移栽时间以18～25℃为适宜温度。每亩保苗3 500～4 000株，适时进行3次定型修剪；要分批留叶采摘，采养结合；加强茶园肥水管理。

'崂茶5号'

Camellia sinensis（L.）O. Kuntze'Laocha 5'

申 请 者 青岛万里江茶业有限公司　青岛万里江茶业专业合作社　日照市御园春茶业股份有限公司　山东省农业技术推广中心

育 种 者 刘 彬　姜 星　袁奇军　李玉胜　张文巨　张俊鹏　江崇焕　彭正云

品种编号 非主要农作物品种登记号：GPD茶树（2024）370006。

品种来源 青岛万里江茶业有限公司等从'黄山种'中单株选育而成。

特征特性 灌木型，小叶类，早生种。树姿半开张，生长势中等，分枝部位中，分枝密度中等。叶片向上着生，中等椭圆形，叶片长8.0厘米、宽2.7厘米，叶色黄绿，先端尖锐。开采期一般为4月上旬，一芽二叶盛期一般在4月下旬。发芽密度中等，茸毛中等。一芽三叶长8.0厘米，一芽三叶百芽重52.8克。盛花期为每年9月下旬。春季一芽二叶生化样含茶多酚22.8%，氨基酸3.9%，咖啡碱2.5%，水浸出物42.5%。适制绿茶。制绿茶，外形细紧、略卷曲、有毫、翠绿，汤色嫩黄、清澈明亮，香气清高、馥郁、花香显，滋味较醇和、较鲜爽，叶底嫩、有芽、匀齐、嫩绿较明亮。第一生长周期亩产一芽二叶鲜叶89千克，比对照'福鼎大白茶'减产1%；第二生长周期亩产132千克，比对照'福鼎大白茶'减产1%。该品种抗茶炭疽病，中抗茶小绿叶蝉，抗旱性和抗寒性强。

适宜种植区域及栽培技术要点

适宜在山东高寒地区春、秋季种植，宜大棚设施栽培。采用双行双株条栽，移栽时间以18~25℃为适宜温度。每亩保苗3 500~4 000株，适时进行3次定型修剪；要分批留叶采摘，采养结合；加强茶园肥水管理。

'崂茶6号'

Camellia sinensis（L.）O. Kuntze'Laocha 6'

申 请 者 青岛万里江茶业有限公司 青岛万里江茶业专业合作社 日照市御园春茶业股份有限公司 山东省农业技术推广中心

育 种 者 姜 星 刘 彬 袁奇军 李玉胜 张俊鹏 张文巨 江崇焕 彭正云

品种编号 非主要农作物品种登记号：GPD茶树（2024）370007。

品种来源 青岛万里江茶业有限公司等从'黄山种'中单株选育而成。

特征特性 灌木型，小叶类，早生种。树姿半开张，生长势中等，分枝部位低，分枝密度中等。叶片向上着生，窄椭圆形，叶片长8.5厘米、宽2.9厘米，叶色黄绿，先端尖锐。开采期一般为4月上旬，一芽二叶盛期一般在4月下旬。发芽密度中等，茸毛中等。一芽三叶长8.5厘米，一芽三叶百芽重53.8克。盛花期为每年9月下旬。春季一芽二叶生化样含茶多酚22.9%，氨基酸3.8%，咖啡碱2.4%，水浸出物42.6%。适制绿茶。制绿茶，外形壮结、卷曲、多毫、深绿，汤色嫩绿、清澈明亮，香气较清高，滋味清醇、较鲜爽，叶底嫩、显芽、匀齐、青绿较明亮。第一生长周期亩产一芽二叶鲜叶91千克，比对照'福鼎大白茶'增产1%；第二生长周期亩产133千克，比对照'福鼎大白茶'减产1%。该品种高抗茶炭疽病，抗茶小绿叶蝉，抗旱性和抗寒性强。

适宜种植区域及栽培技术要点

适宜在山东高寒地区春、秋季种植，宜大棚设施栽培。采用双行双株条栽，移栽时间以18~25℃为适宜温度。每亩保苗3 500~4 000株，适时进行3次定型修剪；要分批留叶采摘，采养结合；加强茶园肥水管理。

山东省

第二章 茶树登记品种图谱

'北茶寒春'

Camellia sinensis（L.）O. Kuntze'Beicha Hanchun'

申 请 者 青岛职业技术学院 南京农业大学园艺学院

育 种 者 张续周　房婉萍　李玉胜　张晶晶　张新富　周艳华　胡建辉　辛颖秀　纪丹凤　于海军　刘爱玲　张新现

品种编号 非主要农作物品种登记号：GPD茶树（2024）370040。

品种来源 青岛职业技术学院等从'祁门种'中单株选育而成。

特征特性 灌木型，中叶类，中生种。树姿半开张，生长势强，分枝部位低，分枝密度中等。叶片向上着生，中等椭圆形，叶片长9.0厘米、宽3.5厘米，叶色深绿，先端尖锐。叶片厚、富光泽、叶质硬。在青岛地区开采期一般为4月中下旬，一芽二叶盛期一般在4月下旬；发芽密度中等，茸毛多；一芽三叶长7.6厘米，一芽三叶百芽重76.9克。盛花期为每年11月中旬。春茶一芽二叶生化样含茶多酚19.9%，氨基酸3.2%，咖啡碱3.2%，水浸出物44.1%。适制绿茶和红茶。制烘青绿茶，外形绿显毫，汤色黄绿明亮，清香，滋味鲜醇，叶底嫩绿明亮；制工夫红茶，外形乌润、细嫩多毫，汤色橙红明亮，香气甜香，滋味鲜甜醇爽，叶底红亮。第一生长周期亩产一芽二叶鲜叶209千克，比对照'福鼎大白茶'减产10%；第二生长周期亩产330千克，比对照'福鼎大白茶'减产8%。该品种抗茶炭疽病，抗茶小绿叶蝉；抗旱性和抗寒性强。

适宜种植区域及栽培技术要点

适宜在江北茶区山东青岛春、秋季种植。选择土层深厚、土壤透气性好的土壤；单行双株栽培，加强茶园肥水管理，适时进行3次定剪；要分批留叶采摘，采养结合。在山东及以北茶区需配套大棚设施栽培。

'北茶红蕊'

Camellia sinensis（L.）O. Kuntze 'Beicha Hongrui'

申 请 者 青岛职业技术学院

育 种 者 张续周　李玉胜　许苗苗　周艳华　王　鹏　袁奇军

品种编号 非主要农作物品种登记号：GPD茶树（2024）370041。

品种来源 青岛职业技术学院从'祁门种'中单株选育而成。

特征特性 灌木型，中小叶类，早生种。树姿半开张，生长势中等，分枝部位中，分枝密度中等。叶片向上着生，窄椭圆形，叶片长8.5厘米、宽3.3厘米，叶绿色，先端尖锐。在青岛地区开采期一般为4月上旬，一芽二叶盛期一般在4月中旬；发芽密度高，茸毛多；新梢芽叶黄绿、持嫩性好，育芽力强；一芽三叶长7.6厘米，一芽三叶百芽重66.9克。盛花期为每年11月上旬。春茶一芽二叶生化样含茶多酚19.9%，氨基酸3.9%，咖啡碱3.3%，水浸出物45.5%。适制绿茶和红茶。制烘青绿茶，外形绿润显毫，汤色黄绿明亮，花香悠长，滋味鲜醇，叶底嫩绿明亮；制工夫红茶，外形乌黑油润、条索细嫩显金毫，汤色橙红明亮，花香幽长，滋味鲜甜醇爽，叶底细嫩红亮。第一生长周期亩产一芽二叶鲜叶227千克，比对照'福鼎大白茶'减产13%；第二生长周期亩产250千克，比对照'福鼎大白'茶减产9%。该品种抗茶炭疽病，抗茶小绿叶蝉；抗旱性和抗寒性强。

适宜种植区域及栽培技术要点

适宜在山东青岛春、秋季种植。要求土层深厚、土壤透气性好；单行双株栽培，加强茶园肥水管理，适时进行3次定剪；要分批留叶采摘，采养结合。在山东及以北茶区需配套大棚设施栽培。

山东省

第二章 茶树登记品种图谱

湖北省

'鄂茶一号'

Camellia sinensis（L.）O. Kuntze 'Echa 1'

申 请 者 湖北省农业科学院果树茶叶研究所

育 种 者 湖北省农业科学院果树茶叶研究所

品种编号 非主要农作物品种登记号：GPD茶树（2019）420015。原全国农作物品种审定委员会审定编号：国审茶2002013，湖北省农作物品种审定委员会审定编号：鄂审茶001-1993。

品种来源 湖北省农业科学院果树茶叶研究所以'梅占'为父本、'福鼎大白茶'为母本，采用"剥花授粉"杂交育种技术选育而成。

特征特性 灌木型，中生种，生长势强，树姿半开张，中叶类，叶片长度10.0厘米、宽度4.0厘米，叶片长椭圆形，叶片着生状态向上。在武汉地区春茶一芽一叶期在4月上旬，新梢芽叶绿色，茸毛中等，节间较长，持嫩性强，一芽三叶长6.0厘米、百芽重91.5克。春茶一芽二叶生化样含茶多酚29.8%，氨基酸3.0%，咖啡碱3.4%，水浸出物45.7%。适制绿茶。制烘青绿茶，外形紧结细，色泽深绿，汤色嫩绿明亮，香气清香独特，滋味清爽，叶底绿明亮。第一生长周期亩产一芽二叶鲜叶616千克，比对照'福鼎大白茶'增产86%；第二生长周期亩产一芽二叶鲜叶752千克，比对照'福鼎大白茶'增产112%。抗茶小绿叶蝉、茶橙瘿螨和茶云纹叶枯病，抗寒性和抗旱性强。

适宜种植区域及栽培技术要点

适宜在湖北、湖南、河南、浙江、安徽、山东、四川、重庆等茶区种植。建议与早生品种搭配种植。

'鄂茶5号'

Camellia sinensis（L.）O. Kuntze 'Echa 5'

申 请 者 湖北省农业科学院果树茶叶研究所

育 种 者 湖北省农业科学院果树茶叶研究所

品种编号 非主要农作物品种登记号：GPD茶树（2019）420016。原全国茶树品种鉴定委员会鉴定编号：国品鉴茶2010018，湖北省农作物品种审定委员会审定编号：鄂审茶001-2002。

品种来源 湖北省农业科学院果树茶叶研究所从'劲峰'杂交后代中单株选育而成。

特征特性 灌木型，特早生种，生长势强，树姿较直立，中叶类，叶片长度9.0厘米、宽度4.0厘米，叶片椭圆形，叶片着生状态向上。在武汉地区春茶一芽一叶期在3月上旬，新梢芽叶黄绿，茸毛多，发芽密度大，持嫩性强，年生长期达8个月，一芽三叶长5.0厘米、百芽重60.0克。春茶一芽二叶生化样含茶多酚28.3%，氨基酸2.4%，咖啡碱4.2%，水浸出物47.5%。适制绿茶。制烘青绿茶，外形细嫩绿润显芽，汤色嫩绿清澈，香气清香，滋味清爽，叶底嫩绿显芽。第一生长周期亩产一芽二叶鲜叶628千克，比对照'福鼎大白茶'增产107%；第二生长周期亩产一芽二叶鲜叶881千克，比对照'福鼎大白茶'增产54%。中抗茶小绿叶蝉和黑刺粉虱，抗云纹叶枯病，抗寒性和抗旱性强。

适宜种植区域及栽培技术要点

适宜在湖北、浙江、安徽、河南、贵州等茶区种植。建议与中生品种搭配种植。

'鄂茶6号'

Camellia sinensis（L.）O. Kuntze 'Echa 6'

申 请 者 湖北省农业科学院果树茶叶研究所

育 种 者 湖北省农业科学院果树茶叶研究所

品种编号 非主要农作物品种登记号：GPD茶树（2020）420013。原湖北省农作物品种审定委员会审定编号：鄂审茶002-2002。

品种来源 湖北省农业科学院果树茶叶研究所从'福安2号'杂交后代中单株选育而成。

特征特性 灌木型，早生种，生长势强，树姿半开张，中叶类，叶片长度8.0厘米、宽度4.0厘米，叶片椭圆形，叶片着生状态向上。在武汉地区春茶一芽一叶期在3月中旬，新梢芽叶淡绿，茸毛特多，芽头肥壮，持嫩性强，一芽三叶长6.0厘米、百芽重86.0克。春茶一芽二叶生化样含茶多酚26.0%，氨基酸2.8%，咖啡碱4.4%，水浸出物43.9%。适制绿茶。制烘青绿茶，外形肥嫩翠绿多毫，汤色嫩绿明亮，香气清香，滋味浓醇清爽，叶底嫩绿明亮。第一生长周期亩产一芽二叶鲜叶166千克，比对照'福鼎大白茶'增产44%；第二生长周期亩产228千克，比对照'福鼎大白茶'增产6%。中抗茶小绿叶蝉，中抗茶炭疽病，抗寒性较强，抗旱性强。

适宜种植区域及栽培技术要点

适宜在湖北茶区种植。建议与中生品种搭配种植。

'鄂茶11'

Camellia sinensis（L.）O. Kuntze 'Echa 11'

申 请 者 湖北省农业科学院果树茶叶研究所

育 种 者 湖北省农业科学院果树茶叶研究所

品种编号 非主要农作物品种登记号：GPD茶树（2020）420014，植物新品种权号：CNA20191000889。原湖北省农作物品种审定委员会审定编号：鄂审茶2011001。

品种来源 湖北省农业科学院果树茶叶研究所从'龙井43'自然杂交后代中单株选育而成。

特征特性 灌木型，早生种，生长势强，树姿半开张，中叶类，叶片长度8.0厘米、宽度4.0厘米，叶片椭圆形，叶片着生状态向上。在武汉地区春茶一芽一叶期在3月中下旬，新梢芽叶淡绿色，茸毛中等，节间较长，持嫩性强，一芽三叶长6.0厘米、百芽重63.0克。春茶一芽二叶生化样含茶多酚12.7%，氨基酸4.1%，咖啡碱2.7%，水浸出物47.5%。适制绿茶。制烘青绿茶，外形细嫩绿润有毫，汤色绿明亮，香气清香尚持久，滋味醇尚鲜，叶底嫩绿明亮有芽。第一生长周期亩产一芽二叶鲜叶189千克，比对照'福鼎大白茶'增产29%；第二生长周期亩产一芽二叶鲜叶279千克，比对照'福鼎大白茶'增产44%。中抗茶小绿叶蝉，中抗茶炭疽病，抗寒性和抗旱性强。

适宜种植区域及栽培技术要点

适宜在湖北茶区种植。建议与中生品种搭配种植。

'鄂茶12'

Camellia sinensis（L.）O. Kuntze 'Echa 12'

申 请 者 湖北省农业科学院果树茶叶研究所

育 种 者 湖北省农业科学院果树茶叶研究所

品种编号 非主要农作物品种登记号：GPD茶树（2020）420015，植物新品种权号：CNA20191000890。原湖北省农作物品种审定委员会审定编号：鄂审茶2011002。

品种来源 湖北省农业科学院果树茶叶研究所从'福鼎大白茶'自然杂交后代中单株选育而成。

特征特性 灌木型，中生种，生长势中等，树姿直立，小叶类，叶片长度7.0厘米、宽度3.0厘米，叶片椭圆形，叶片着生状态向上。在武汉地区春茶一芽一叶期在3月下旬，新梢芽叶浅绿色，茸毛中等，芽叶紧凑，发芽整齐且密度大，持嫩性强，一芽三叶长4.0厘米、百芽重43.0克。春茶一芽二叶生化样含茶多酚13.1%，氨基酸3.5%，咖啡碱2.6%，水浸出物44.6%。适制绿茶。制烘青绿茶，外形细嫩绿润显毫，汤色嫩绿明亮，香气嫩香尚持久，滋味鲜醇，叶底嫩绿明亮。第一生长周期亩产一芽二叶鲜叶158千克，比对照'福鼎大白茶'增产11%；第二生长周期亩产一芽二叶鲜叶211千克，比对照'福鼎大白茶'增产14%。中抗茶小绿叶蝉，中抗茶炭疽病，抗寒性和抗旱性强。

适宜种植区域及栽培技术要点

适宜在湖北茶区种植。建议与早生品种搭配种植。

'金茗1号'

Camellia sinensis（L.）O. Kuntze 'Jinming 1'

申 请 者 湖北省农业科学院果树茶叶研究所
育 种 者 湖北省农业科学院果树茶叶研究所
品种编号 非主要农作物品种登记号：GPD茶树（2020）420020，植物新品种权号：CNA20110657.9。原湖北省农作物品种审定委员会审定编号：鄂审茶2013001。
品种来源 湖北省农业科学院果树茶叶研究所从本地群体种实生苗后代中单株选育而成。
特征特性 灌木型，中生种，生长势中等，树姿直立，中叶类，叶片长度7.4厘米、宽度4.0厘米，叶片椭圆形，叶片着生状态向上。在武汉地区春茶一芽一叶期在3月下旬，新梢芽叶绿色，茸毛多，芽型紧凑，节间较短，发芽整齐，持嫩性强，一芽三叶长5.0厘米、百芽重55.0克。春茶一芽二叶生化样含茶多酚10.2%，氨基酸4.1%，咖啡碱2.9%，水浸出物48.6%。适制绿茶。制烘青绿茶，外形紧细墨绿润有毫，汤色绿明亮，香气清香持久，滋味醇厚，叶底绿尚亮。第一生长周期亩产一芽二叶鲜叶270千克，比对照'福鼎大白茶'增产13%；第二生长周期亩产一芽二叶鲜叶300千克，比对照'福鼎大白茶'增产20%。中抗茶小绿叶蝉，中抗茶炭疽病，抗寒性和抗旱性强。

适宜种植区域及栽培技术要点

适宜在湖北茶区种植。建议与早生品种搭配种植。

'鄂茶201'

Camellia sinensis（L.）O. Kuntze 'Echa 201'

申 请 者 湖北省农业科学院果树茶叶研究所
育 种 者 湖北省农业科学院果树茶叶研究所　金孝芳　马林龙　曹　丹　刘艳丽
品种编号 非主要农作物品种登记号：GPD茶树（2021）420032。
品种来源 湖北省农业科学院果树茶叶研究所从'福鼎大白茶'杂交后代中单株选育而成。
特征特性 灌木型，早生种，生长势强，树姿半开张，分枝密，中叶类，叶片长度7.4厘米、宽度3.9厘米，叶片窄椭圆形，叶片着生状态水平。在武汉地区春茶一芽一叶期在3月中旬，新梢芽叶淡绿色，茸毛中等，节间较长，发芽整齐且密度大，持嫩性强，适宜机采，一芽三叶长6.0厘米、百芽重84.5克。盛花期每年10月中旬至11月上旬。春茶一芽二叶生化样含茶多酚28.0%，氨基酸5.2%，咖啡碱3.9%，水浸出物44.7%。适制绿茶。制烘青绿茶，外形翠绿紧细稍显毫，汤色嫩绿明亮，香气嫩香尚持久，滋味鲜醇，叶底嫩绿明亮尚匀。第一生长周期亩产一芽二叶鲜叶561千克，比对照'福鼎大白茶'增产33%；第二生长周期亩产529千克，比对照'福鼎大白茶'增产33%。中抗茶小绿叶蝉，抗茶炭疽病，抗寒性和抗旱性强。

适宜种植区域及栽培技术要点

适宜在湖北茶区种植。建议与中生品种搭配种植。

'玉露1号'

Camellia sinensis（L.）O. Kuntze 'Yulu 1'

申 请 者 恩施州农业科学院　恩施州茶叶工程技术研究中心

育 种 者 恩施州茶叶工程技术研究中心　恩施州经济作物技术推广站　张　强　胡兴明　崔清梅　吕宗浩　梁金波　冉茂权　戴居会　张雅娟　罗　鸿

品种编号 非主要农作物品种登记号：GPD茶树（2022）420008。原湖北省农作物品种审定委员会审定编号：鄂审茶2012002。

品种来源 恩施州茶叶工程技术研究中心等从恩施群体种中单株选育而成。

特征特性 灌木型，早生种，生长势中等，树姿半开张，分枝密度中等，中叶类，叶片长度9.3厘米、宽度4.2厘米，叶片窄椭圆形，叶片着生状态向上。在武汉地区春茶一芽一叶期在3月中旬，新梢芽叶绿色，茸毛少，发芽密度中，一芽三叶长4.0厘米、百芽重85.0克。盛花期每年10月下旬至11月上旬。春茶一芽二叶生化样含茶多酚26.9%，氨基酸4.6%，咖啡碱3.4%，水浸出物51.2%。适制绿茶。制烘青绿茶，外形壮结、卷曲、多毫、深绿、汤色嫩绿、清澈明亮，香气较清高，滋味清醇、较鲜爽，叶底嫩、显芽、匀齐、青绿较明亮。第一生长周期亩产一芽二叶鲜叶758千克，比对照'福鼎大白茶'增产155%；第二生长周期亩产一芽二叶鲜叶821千克，比对照'福鼎大白茶'增产159%。抗茶小绿叶蝉，抗茶炭疽病，抗寒性和抗旱性中等。

适宜种植区域及栽培技术要点

适宜在浙江杭州、湖北武汉和安徽茶区种植。建议与中生品种搭配种植。

'利川红1号'

Camellia sinensis（L.）O. Kuntze 'Lichuanhong 1'

申 请 者 利川市毛坝镇人民政府

育 种 者 利川市毛坝镇人民政府　黎志炎

品种编号 非主要农作物品种登记号：GPD茶树（2022）420027。

品种来源 利川市毛坝镇人民政府从恩施苔子茶中单株选育而成。

特征特性 小乔木型，早生种，生长势强，树姿开张，分枝密，中叶类，叶片长度10.0厘米、宽度4.1厘米，叶片阔椭圆形，叶片着生状态水平。在恩施地区春茶一芽一叶期在3月中下旬，新梢芽叶绿色，茸毛多，发芽密度高，一芽三叶长4.7厘米、百芽重58.4克。春茶一芽二叶生化样含茶多酚28.8%，氨基酸1.8%，咖啡碱3.8%，水浸出物51.3%。适制红茶。制红茶，外形细紧、弯曲、色润、显毫，汤色红亮，香气高鲜甜、带毫香，滋味醇厚爽口，叶底红艳。第一生长周期亩产一芽二叶鲜叶97千克，比对照'福鼎大白茶'减产22%；第二生长周期亩产一芽二叶鲜叶429千克，比对照'福鼎大白茶'减产6%。抗茶小绿叶蝉，抗茶炭疽病，抗寒性和抗旱性强。

适宜种植区域及栽培技术要点

适宜在湖北恩施茶区种植。

'五峰212'

Camellia sinensis（L.）O. Kuntze 'Wufeng 212'

申 请 者 五峰土家族自治县茶叶发展中心　五峰土家族自治县茶叶科学研究所

育 种 者 覃士才　刘成栋　黄少奇　张书芹　邬运辉　付本鑫　胡　斌　郑睿捷　胡庆琼　覃文波

品种编号 非主要农作物品种登记号：GPD茶树（2023）420012。原湖北省农作物品种审定委员会审定编号：鄂审茶2009002。

品种来源 五峰土家族自治县茶叶发展中心等从五峰本地群体种中单株选育而成。

特征特性 灌木型，早生种，生长势强，树姿半开张，分枝密度中等，大叶类，叶片长度11.1厘米、宽度5.3厘米，叶片中等椭圆形，叶片着生状态向上。在武汉地区春茶一芽一叶期在3月中旬，新梢芽叶淡绿色，茸毛中等，发芽密度中等，一芽三叶长6.6厘米、百芽重91.0克。盛花期每年10月上旬至中旬。春茶一芽二叶生化样含茶多酚34.3%，氨基酸4.1%，咖啡碱3.2%，水浸出物47.5%。适制绿茶。制烘青绿茶，外形深绿显毫，汤色清澈明亮，香气栗香持久，滋味鲜醇，叶底嫩绿明亮。第一生长周期亩产一芽二叶鲜叶194千克，比对照'福鼎大白茶'增产70%；第二生长周期亩产一芽二叶鲜叶134千克，比对照'福鼎大白茶'增产76%。抗茶小绿叶蝉，抗茶炭疽病，抗寒性和抗旱性较强。

适宜种植区域及栽培技术要点

适宜在湖北茶区种植。建议与中生品种搭配种植。

'五峰310'

Camellia sinensis（L.）O. Kuntze 'Wufeng 310'

申 请 者 五峰土家族自治县茶叶发展中心 五峰土家族自治县茶叶科学研究所

育 种 者 覃士才 刘成栋 黄少奇 张书芹 邬运辉 付本鑫 胡 斌 郑睿捷 胡庆琼 覃文波

品种编号 非主要农作物品种登记号：GPD茶树（2023）420027。原湖北省农作物品种审定委员会审定编号：鄂审茶2009001。

品种来源 五峰土家族自治县茶叶发展中心等从五峰本地群体种中单株选育而成。

特征特性 灌木型，早生种，生长势强，树姿半开张，分枝密度中等，中叶类，叶片长度9.3厘米、宽度3.5厘米，叶片窄椭圆形，叶片着生状态向上。在宜昌地区春茶一芽一叶期在3月下旬，新梢芽叶黄绿色，茸毛中等，发芽密度中等，一芽三叶长5.7厘米、百芽重47.0克。盛花期每年10月上旬至中旬。春茶一芽二叶生化样含茶多酚26.6%，氨基酸5.2%，咖啡碱3.1%，水浸出物44.9%。适制绿茶。制烘青绿茶，外形翠绿细紧，汤色清澈明亮，香高持久，滋味鲜醇，叶底嫩绿。第一生长周期亩产一芽二叶鲜叶161千克，比对照'福鼎大白茶'增产114%；第二生长周期亩产一芽二叶鲜叶131千克，比对照'福鼎大白茶'增产76%。抗茶小绿叶蝉，抗茶炭疽病，抗寒性和抗旱性较强。

适宜种植区域及栽培技术要点

适宜在湖北茶区种植。建议与中生品种搭配种植。

'宜茶1号'

Camellia sinensis（L.）O. Kuntze'Yicha 1'

申 请 者 宜昌市夷陵区农业技术服务中心　宜昌市夷陵区农业技术推广中心太平溪镇分中心　夷陵区太平溪镇园林茶叶专业合作社

育 种 者 覃元胜　张春蓓　肖秀丹　黄有成　汤　星　郑伟燕　席祖勇　卢洪波　望开生　黄延政

品种编号 非主要农作物品种登记号：GPD茶树（2023）420044。

品种来源 宜昌市夷陵区农业技术服务中心等从'宜昌大叶茶'中单株选育而成。

特征特性 灌木型，特早生种，生长势强，树姿半开张，分枝密度中等，中叶类，叶片长度12.1厘米、宽度3.7厘米，叶片披针形，叶片着生状态向上。在宜昌地区春茶一芽一叶期在3月上旬，新梢芽叶绿色，茸毛中等，发芽密度高，一芽三叶长7.3厘米、百芽重35.1克。春茶一芽二叶生化样含茶多酚20.7%，氨基酸4.3%，咖啡碱4.2%，水浸出物49.6%。适制绿茶。制烘青绿茶，外形细紧、较直、有毫、绿稍深，汤色嫩黄、清澈明亮，香气高爽、有嫩栗香、有花香，滋味鲜醇、甘爽、滑，叶底细嫩、显芽、嫩绿明亮。第一生长周期亩产一芽二三叶鲜叶259千克，比对照'福鼎大白茶'增产41%；第二生长周期亩产一芽二三叶鲜叶292千克，比对照'福鼎大白茶'增产129%。感茶小绿叶蝉，高感茶炭疽病，抗寒性较强，抗旱性强。

适宜种植区域及栽培技术要点

适宜在湖北宜昌茶区种植。按常规茶园进行栽培管理，注意病虫害防治。

'宜茶2号'

Camellia sinensis（L.）O. Kuntze'Yicha 2'

申 请 者 宜昌市夷陵区农业技术服务中心　宜昌市夷陵区农业技术推广中心太平溪镇分中心　夷陵区太平溪镇园林茶叶专业合作社

育 种 者 肖秀丹　覃元胜　张春蕾　黄有成　汤　星　席祖勇　郑伟燕　高　强　望开生　黄延政

品种编号 非主要农作物品种登记号：GPD茶树（2023）420045。

品种来源 宜昌市夷陵区农业技术服务中心等从'宜昌大叶茶'中单株选育而成。

特征特性 灌木型，特早生种，生长势强，树姿半开张，分枝密度中等，中叶类，叶片长度11.2厘米、宽度3.5厘米，叶片披针形，叶片着生状态向上。在宜昌地区春茶一芽一叶期在3月上旬，新梢芽叶绿色，茸毛中等，发芽密度高，一芽三叶长8.1厘米、百芽重41.8克。春茶一芽二叶生化样含茶多酚20.4%，氨基酸4.6%，咖啡碱4.0%，水浸出物48.5%。适制绿茶。制烘青绿茶，外形紧结、较直、有毫、绿稍深，汤色嫩绿、明亮，香气较清高、有嫩香，滋味鲜醇、甘爽、较滑，叶底细嫩、显芽、嫩绿明亮。第一生长周期亩产一芽二三叶鲜叶280千克，比对照'福鼎大白茶'增产53%；第二生长周期亩产一芽二三叶鲜叶218千克，比对照'福鼎大白茶'增产71%。感茶小绿叶蝉，感茶炭疽病，抗寒性较强，抗旱性强。

适宜种植区域及栽培技术要点

适宜在湖北宜昌茶区种植。按常规茶园进行栽培管理，注意病虫害防治。

湖北省

第二章 茶树登记品种图谱

'宜茶3号'

Camellia sinensis（L.）O. Kuntze 'Yicha 3'

申 请 者 宜昌市夷陵区农业技术服务中心　宜昌市夷陵区农业技术推广中心太平溪镇分中心

育 种 者 张春蕾　肖秀丹　覃元胜　黄有成　汤　星　郑伟燕　席祖勇　刘小芳　黄延政　付先松

品种编号 非主要农作物品种登记号：GPD茶树（2023）420046。

品种来源 宜昌市夷陵区农业技术服务中心等从'宜昌大叶茶'中单株选育而成。

特征特性 灌木型，早生种，生长势强，树姿半开张，分枝密度中等，大叶类，叶片长度13.4厘米、宽度5.7厘米，叶片中等椭圆形，叶片着生状态向上。在宜昌地区春茶一芽一叶期在3月中下旬，新梢芽叶绿色，茸毛中等，发芽密度高，一芽三叶长10.8厘米、百芽重90.1克。春茶一芽二叶生化样含茶多酚20.3%，氨基酸4.5%，咖啡碱4.9%，水浸出物50.4%。适制绿茶。制烘青绿茶，外形较紧结、较直、略有毫、深绿暗，汤色嫩绿、明亮，香气清高、有花香，滋味鲜醇、甘爽、较滑、微涩，叶底软匀、绿明亮。第一生长周期亩产一芽二三叶鲜叶249千克，比对照'福鼎大白茶'增产36%；第二生长周期亩产383千克，比对照'福鼎大白茶'增产201%。高感茶小绿叶蝉，感茶炭疽病，抗寒性中，抗旱性较强。

适宜种植区域及栽培技术要点

适宜在湖北宜昌茶区种植。按常规茶园进行栽培管理，注意病虫害防治。

'鄂茶7号'

Camellia sinensis（L.）O. Kuntze 'Echa 7'

申 请 者 五峰土家族自治县茶叶发展中心　五峰土家族自治县茶叶科学研究所

育 种 者 刘成栋　黄少奇　邬运辉　付本鑫　杨文治

品种编号 非主要农作物品种登记号：GPD茶树（2023）420063。原湖北省农作物品种审定委员会审定编号：鄂审茶2004001。

品种来源 五峰土家族自治县茶叶发展中心等从五峰本地群体种中单株选育而成。

特征特性 灌木型，早生种，生长势强，树姿半开张，分枝密度中等，中叶类，叶片长度11.4厘米、宽度3.6厘米，叶片披针形，叶片着生状态向上。春茶开采期一般为3月中旬，一芽二叶盛期一般在3月下旬至4月上旬，新梢芽叶中等绿色，茸毛多，发芽密度中等，一芽三叶长6.8厘米、一芽三叶百芽重58.0克。盛花期每年10月上旬至中旬。春茶一芽二叶生化样含茶多酚25.9%，氨基酸6.3%，咖啡碱3.6%，水浸出物42.7%。适制绿茶和红茶。制烘青绿茶，外形条索紧结有毫，汤色清澈黄绿明亮，香气栗香尚持久，滋味鲜醇，叶底嫩绿匀整；制红碎茶，汤色红尚艳，香气甜尚持久，滋味尚浓。第一生长周期亩产一芽二叶鲜叶162千克，比对照'福鼎大白茶'增产42%；第二生长周期亩产105千克，比对照'福鼎大白茶'增产38%。抗茶小绿叶蝉，抗茶炭疽病，抗寒性和抗旱性较强。

适宜种植区域及栽培技术要点

适宜在湖北海拔800米以下的低山及半高山茶区种植。在生产中要加强幼龄茶园培肥管理。

'襄茶1号'

Camellia sinensis（L.）O. Kuntze 'Xiangcha 1'

申 请 者 襄阳市农业科学院［襄阳市农产品质量安全检验检测中心 农业部植物新品种测试（襄阳）分中心］

育 种 者 唐前勇 程一方 舒庆宁 杨晓娟 杨 伟 赵 广 许 辉 孙成名 曹惠祥 冯 鹏

品种编号 非主要农作物品种登记号：GPD茶树（2024）420037。

品种来源 襄阳市农业科学院从'福鼎大白茶'为母本开放授粉后代中单株选育而成。

特征特性 小乔木型，中叶类，早生种。树姿半开张，生长势中等，分枝部位中，分枝密度中等。叶片向上着生，披针形，叶片长12.6厘米、叶宽3.5厘米，叶色中等绿色，先端尖锐。在襄阳地区开采期一般为3月中旬，一芽二叶盛期一般在3月下旬。发芽密度中等，茸毛中等。一芽三叶长6.3厘米，一芽三叶百芽重66.3克。盛花期为每年10月中旬。春茶一芽二叶生化样含茶多酚20.4%，氨基酸4.3%，咖啡碱3.5%，水浸出物50.2%。适制绿茶和红茶。制绿茶，外形绿匀整，汤色黄绿明亮，香气栗香高长，滋味鲜爽回甘，叶底绿匀整。制红茶，外形乌褐油润，汤色红艳明亮，香气甜香高长，滋味醇厚鲜爽，叶底红匀。第一生长周期春季亩产一芽二叶鲜叶74千克，比对照'福鼎大白茶'增产40%；第二生长周期亩产75千克，比对照'福鼎大白茶'增产65%。抗茶炭疽病，中抗小绿叶蝉，抗寒性较强，抗旱性中等。

适宜种植区域及栽培技术要点

适宜在江北茶区湖北襄阳春季雨水较充沛的时间种植。按常规密度定植，通过3次定型修剪后在树高达60~80厘米，树幅达1米以上即可正式投产，投产后按成龄茶树修剪管理。注意夏季高温防控。

湖南省

'楮叶齐'

Camellia sinensis（L.）O. Kuntze 'Zhuyeqi'

申 请 者 湖南省茶叶研究所

育 种 者 湖南省茶叶研究所

品种编号 非主要农作物品种登记号：GPD茶树（2019）430017。原全国农作物品种审定委员会认定编号：GS13036-1987。

品种来源 湖南省农业科学院茶叶研究所从'安化群体'中单株选育而成。

特征特性 灌木型，中生种，树姿半开张，生长势强，中叶类，叶片长度9.2厘米、宽度3.3厘米，叶片椭圆形，叶片着生状态上斜，富光泽，叶片平或微隆，叶身平或稍内折，叶尖渐尖，叶齿细浅。花冠直径3.1厘米，花瓣7瓣，子房茸毛中等，花柱3裂。在长沙地区春茶一芽一叶期在4月上旬，新梢芽叶绿色或黄绿色，茸毛中等，芽头较肥壮，一芽三叶长8.6厘米、百芽重61.3克。春茶一芽二叶生化样含茶多酚17.8%，氨基酸4.4%，咖啡碱4.1%，水浸出物40.4%。适制红茶和绿茶，品质优良。制绿茶，外形绿润，汤色绿明，叶底嫩绿，香味高醇，尤其适合制作高桥银峰；制红碎茶，可达到二套样标准。第一生长周期亩产一芽二叶鲜叶1 164千克，比对照'福鼎大白茶'增产22%；第二生长周期亩产一芽二叶鲜叶1 288千克，比对照'福鼎大白茶'增产17%。中抗茶云纹叶枯病，中抗茶炭疽病，中抗茶饼病，中抗假眼小绿叶蝉，中抗茶橙瘿螨，中抗咖啡小爪螨，抗寒性强，抗旱性较强。扦插繁殖力强。

适宜种植区域及栽培技术要点

适宜在湖南茶区冬、春两季种植。发芽稍晚，注意与早生品种搭配种植。

'湘波绿2号'

Camellia sinensis（L.）O. Kuntze 'Xiangbolv 2'

申 请 者 湖南省茶叶研究所

育 种 者 湖南省茶叶研究所 杨 阳 赵 洋 刘 振 杨培迪 王 旭 张贻礼

品种编号 非主要农作物品种登记号：GPD茶树（2019）430018。原湖南省农作物品种审定委员会非主要农作物品种登记编号：XPD028-2011。

品种来源 湖南省农业科学院茶叶研究所从'福鼎大白茶'自然杂交后代中单株选育而成。

特征特性 灌木型，早生种，生长势较强，树姿半开张，分枝较密，中叶类，叶长10.0厘米、叶宽3.4厘米，叶片呈长椭圆形，叶色深绿，叶面平展，叶身内折，叶脉10对，叶片着生状态上斜，叶质柔软，叶尖渐尖。在长沙地区春茶一芽一叶在3月下旬，新梢芽叶黄绿色，茸毛多，持嫩性强。一芽三叶长8.6厘米，百芽重61.7克。春茶一芽二叶生化样茶多酚21.9%，氨基酸4.9%，咖啡碱4.9%，水浸出物40.6%。适制绿茶，品质优良。尤宜制毛尖、高档名优绿茶，外形色泽绿翠有毫，汤色黄绿亮，香气清香高长，滋味鲜嫩醇爽，叶底嫩匀绿亮。第一生长周期亩产一芽二叶鲜叶1 077千克，比对照'福鼎大白茶'增产18%；第二生长周期亩产一芽二叶鲜叶1 162千克，比对照'福鼎大白茶'增产22%。中抗茶炭疽病、茶饼病，中抗假眼小绿叶蝉，抗寒性和抗旱性较强。

适宜种植区域及栽培技术要点

适宜在湖南茶区冬、春两季种植。建议与中生品种搭配。冬季成熟叶片容易脱落，高海拔地区需做好防寒准备。

'西莲1号'

Camellia sinensis（L.）O. Kuntze 'Xilian 1'

申 请 者 湖南省茶叶研究所　张家界西莲茶业有限责任公司

育 种 者 张家界西莲茶业有限责任公司　唐怀廷　刘　振　杨　阳　赵　洋　杨培迪　梁国强　严重君　成　杨　唐　鹏

品种编号 非主要农作物品种登记号：GPD茶树（2019）430019。

品种来源 湖南省农业科学院茶叶研究所等从'福鼎大白茶'自然杂交后代中单株选育而成。

特征特性 灌木型，中生种，生长势强，树姿半开张，大叶类，叶片长度13.0厘米、宽度6.0厘米，叶片呈椭圆形，叶片着生状态半上斜叶质柔软。在长沙地区春茶一芽一叶期在4月上旬，新梢芽叶黄绿色，茸毛较多，芽头较肥壮，持嫩性强。一芽三叶长7.0厘米、百芽重112.6克。春茶一芽二叶生化样含茶多酚26.9%，氨基酸3.5%，咖啡碱4.1%，水浸出物38.3%。适制红茶和白茶。制红茶，外形紧细匀整，色泽乌润，嫩香高，滋味鲜醇，汤色红亮，叶底嫩匀；制白茶，外形茶芽肥壮，满披白毫，滋味回甘，略带花果香。第一生长周期亩产一芽二叶鲜叶324千克，比对照'福鼎大白茶'增产3%；第二生长周期亩产一芽二叶鲜叶425千克，比对照'福鼎大白茶'增产2%。中抗茶云纹叶枯病，中抗茶炭疽病、茶饼病，中抗假眼小绿叶蝉、茶橙瘿螨、咖啡小爪螨，抗寒性和抗旱性较强。

适宜种植区域及栽培技术要点

适宜在湖南茶区冬、春两季种植。建议与早生品种搭配种植；侧枝分生能力弱，宜适当增加种植密度，及时进行定型修剪。

'白毫早'

Camellia sinensis（L.）O. Kuntze 'Baihaozao'

申 请 者 湖南省茶叶研究所

育 种 者 湖南省茶叶研究所

品种编号 非主要农作物品种登记号：GPD茶树（2019）430020。原全国农作物品种审定委员会审定编号：GS13017-1994。

品种来源 湖南省农业科学院茶叶研究所从'安化群体'中单株选育而成。

特征特性 灌木型，特早生种，生长势强，树姿半开张，中叶类，叶片长度8.9厘米、宽度3.4厘米，叶片呈长椭圆形，叶片着生状态上斜，叶身微内折。在长沙地区春茶一芽一叶期在3月上旬或3月中旬，新梢芽叶绿色，茸毛特多，一芽三叶长7.9厘米、百芽重68.1克。春茶一芽二叶含茶多酚18.6%、氨基酸5.2%、咖啡碱3.6%、水浸出物49.6%。适制绿茶，尤宜制高桥银峰等。制绿茶，条索紧细，茸毛满披，滋味醇厚，香气嫩爽持久，叶底黄嫩。第一生长周期亩产一芽二叶鲜叶672千克，比对照'福鼎大白茶'增产7%；第二生长周期亩产一芽二叶鲜叶749千克，比对照'福鼎大白茶'增产6%。中抗茶云纹叶枯病、茶炭疽病、茶饼病，中抗假眼小绿叶蝉、茶橙瘿螨、咖啡小爪螨，抗寒性较强，抗旱性强。

适宜种植区域及栽培技术要点

适宜在湖南茶区冬、春两季种植。建议与中生品种搭配种植，持嫩性相对较差，建议在土壤肥沃的区域种植，同时加强肥水管理。

'黄金茶2号'

Camellia sinensis（L.）O. Kuntze 'Huangjincha 2'

申 请 者 湖南省茶叶研究所

育 种 者 湖南省茶叶研究所 保靖县农业局 杨 阳 向天颂 刘 振 张湘生 赵 洋 彭利萍 杨培迪 梁 武 彭继光 张家清

品种编号 非主要农作物品种登记号：GPD茶树（2019）430021。原湖南省农作物品种审定委员会非主要农作物品种登记编号：XPD019-2013。

品种来源 湖南省农业科学院茶叶研究所从'保靖黄金茶'中单株选育而成。

特征特性 灌木型，特早生种，生长势强，树姿半开张，中叶类，叶片长度9.5厘米、宽度3.2厘米，叶片长椭圆形，叶片着生状态上斜。在湘西土家族苗族自治州地区春茶一芽一叶期在3月上旬或3月中旬，新梢芽叶黄绿色，茸毛中等，持嫩性强，芽头较肥壮，一芽三叶长9.8厘米、百芽重110.1克。春茶一芽二叶生化样含茶多酚17.5%，氨基酸5.4%，咖啡碱3.9%，水浸出物38.6%。适制绿茶。制名优绿茶，外形色泽绿翠带毫，汤色绿亮，香气嫩香清鲜持久，味醇爽较鲜，叶底嫩匀绿亮。第一生长周期亩产一芽二叶鲜叶1 001千克，比对照'福鼎大白茶'增产5%；第二生长周期亩产一芽二叶鲜叶1 164千克，比对照'福鼎大白茶'增产3%。中抗茶炭疽病、茶饼病，中抗假眼小绿叶蝉、茶橙瘿螨；抗寒性和抗旱性较强。

适宜种植区域及栽培技术要点

适宜在湖南茶区冬、春两季种植。部分地区移栽成活率相对较低，茶苗定植前尽量在根部沾泥浆移栽，定植后及时定型修剪，适当增加种植密度。

湖南省

第二章 茶树登记品种图谱

'玉笋'

Camellia sinensis（L.）O. Kuntze 'Yusun'

申 请 者 湖南省茶叶研究所

育 种 者 湖南省茶叶研究所

品种编号 非主要农作物品种登记号：GPD茶树（2019）430023。原湖南省农作物品种审定委员会非主要农作物品种登记编号：XPD029-2009。

品种来源 湖南省农业科学院茶叶研究所以日本'薮北'种为母本，以'福鼎大白茶''楮叶齐''湘波绿'和'龙井43'等优良品种的混合花粉做父本采用杂交育种法育成。

特征特性 灌木型，早生种，生长势强，树姿半开张，中叶类，叶片长度7.8厘米、宽度2.7厘米，叶片椭圆形，叶片着生状态上斜，成熟叶片叶面平展有光泽，叶尖渐尖，叶脉11对，锯齿37对；新梢持嫩性强，顶端优势强。在长沙地区春茶一芽一叶期在3月下旬，新梢芽叶浅绿色，茸毛较多，芽头较密，一芽三叶长9.3厘米、百芽重77.0克。春茶一芽二叶生化样含茶多酚30.4%，氨基酸4.2%，咖啡碱4.2%，水浸出物44.2%。适制绿茶。制绿茶，外形色泽绿翠、有毫，汤色黄绿亮，香气清香高长，滋味鲜嫩醇爽，叶底嫩匀绿亮。第一生长周期亩产一芽二叶鲜叶1 218千克，比对照'福鼎大白茶'增产50%；第二生长周期亩产一芽二叶鲜叶1 141千克，比对照'福鼎大白茶'增产39%。中抗茶炭疽病、茶饼病，中抗假眼小绿叶蝉、茶橙瘿螨，抗寒性和抗旱性较强。

适宜种植区域及栽培技术要点

适宜在湖南茶区冬、春两季种植。双行双株，移栽前施足底肥，移栽后进行3次定型修剪；生长势强，注意加强肥水管理；每年春、夏、秋三季茶萌发前施尿素作追肥。

'碧香早'

Camellia sinensis（L.）O. Kuntze 'Bixiangzao'

申 请 者 湖南省茶叶研究所

育 种 者 湖南省茶叶研究所

品种编号 非主要农作物品种登记号：GPD茶树（2019）430024。原湖南省农作物品种审定委员会审定编号：（1993年）品审证字第131号。

品种来源 湖南省农业科学院茶叶研究所以'福鼎大白茶'为母本、'云南大叶种'为父本采用杂交育种法育成。

特征特性 灌木型，早生种，生长势强，树姿半开张，中叶类，叶长12.1厘米、叶宽4.6厘米，叶面微波，叶尖渐尖，叶脉10对，锯齿35对，叶片半上斜着生；花冠直径3.5厘米，花瓣5~7瓣，子房茸毛中等，花柱3裂。芽叶浅绿色，茸毛多，芽数型。在长沙地区春茶一芽一叶期在4月上旬，一芽三叶长7.8厘米、百芽重57.4克。春茶一芽二叶生化样含茶多酚25.5%，氨基酸3.8%，咖啡碱4.7%，水浸出物40.6%。适制绿茶和红茶。制绿茶，外形条索紧细，显毫，锋苗好，色翠绿，板栗香高长，滋味鲜爽；制红碎茶，汤色红浓，带花香，内质达三套样以上水平。第一生长周期亩产一芽二叶鲜叶1 145千克，比对照'福鼎大白茶'增产119%；第二生长周期亩产一芽二叶鲜叶1 280千克，比对照'福鼎大白茶'增产87%。中抗茶云纹叶枯病、茶炭疽病、茶饼病，中抗假眼小绿叶蝉、茶橙瘿螨、咖啡小爪螨，抗寒性强，抗旱性较强。

适宜种植区域及栽培技术要点

适宜在湖南、湖北、江西和广西茶区冬、春两季种植。发芽密度大，注意及时采摘，并加强肥水管理。

'茗丰'

Camellia sinensis（L.）O. Kuntze 'Mingfeng'

申 请 者 湖南省茶叶研究所

育 种 者 湖南省茶叶研究所

品种编号 非主要农作物品种登记号：GPD茶树（2019）430025。原湖南省农作物品种审定委员会审定编号：（1993年）品审证字第132号。

品种来源 湖南省农业科学院茶叶研究所以'福鼎大白茶'为母本、'云南大叶种'为父本采用杂交育种法育成。

特征特性 灌木型，中生种，生长势强，树姿半开张，中叶类，叶片长度10.9厘米、宽度5.1厘米，叶片长椭圆形，叶片着生状态稍上斜或水平，富有光泽，叶片平或微隆，叶身平或稍内折，叶尖渐尖，叶齿细浅。花冠直径3.8厘米左右，花瓣6~8瓣，子房茸毛中等，花柱3裂。在长沙地区春茶一芽一叶期在4月上旬，新梢芽叶绿色或黄绿色，茸毛较多，芽头肥壮，一芽三叶长6.4厘米、百芽重47.8克。春茶一芽二叶生化样含茶多酚17.9%、氨基酸6.8%、咖啡碱4.6%、水浸出物47.4%。适制绿茶和红茶。制绿茶，色翠绿有毫，清香持久；制红碎茶，可达三套样水平。第一生长周期亩产一芽二叶鲜叶1 221千克，比对照'福鼎大白茶'增产133%；第二生长周期亩产一芽二叶鲜叶1 253千克，比对照'福鼎大白茶'增产83%。中抗茶云纹叶枯病、茶炭疽病、茶饼病，中抗假眼小绿叶蝉、茶橙瘿螨、咖啡小爪螨，抗寒性和抗旱性强。扦插繁殖力强。

适宜种植区域及栽培技术要点

适宜在湖南、湖北、江西和广西茶区冬、春两季种植。发芽密度大，注意及时采摘，并增加施肥量。

'尖波黄13号'

Camellia sinensis（L.）O. Kuntze 'Jianbohuang 13'

申 请 者 湖南省茶叶研究所

育 种 者 湖南省茶叶研究所

品种编号 非主要农作物品种登记号：GPD茶树（2019）430026。原全国农作物品种审定委员会审定编号：GS13018-1994。

品种来源 湖南省农业科学院茶叶研究所从'尖波黄'自然杂交后代中采用单株选育而成。

特征特性 灌木型，早生种，生长势强，树姿半开张，中叶类，叶片长度10.1厘米、宽度3.8厘米，叶片长椭圆形，叶面隆起，叶尖渐尖，叶片着生状态近水平。在长沙地区春茶一芽一叶期在3月下旬，新梢芽叶生育力和持嫩性强，绿色或黄绿色，茸毛较多，芽头较肥壮，一芽三叶长9.7厘米、百芽重72.6克。春茶一芽二叶生化样含茶多酚18.6%、氨基酸3.9%、咖啡碱3.1%、水浸出物48.0%。适制绿茶，红茶。制绿茶，条索肥壮紧结，色泽尚翠绿，香气清香持久，滋味浓尚爽，汤色黄绿，叶底嫩黄肥厚明亮；制红碎茶，香高味浓，达二套样水平。第一生长周期亩产一芽二叶鲜叶1 504千克，比对照'福鼎大白茶'增产39%；第二生长周期亩产一芽二叶鲜叶1 604千克，比对照'福鼎大白茶'增产39%。中抗茶云纹叶枯病、茶炭疽病、茶饼病，中抗假眼小绿叶蝉、茶橙瘿螨、咖啡小爪螨，抗寒性强，抗旱性较强。扦插繁殖力强。

适宜种植区域及栽培技术要点

适宜在湖南茶区冬、春两季种植。建议与中生品种搭配种植。

'潇湘1号'

Camellia sinensis（L.）O. Kuntze 'Xiaoxiang 1'

申 请 者 湖南省茶叶研究所

育 种 者 湖南省茶叶研究所　李赛君　段继华　雷　雨　黄飞毅　王　旭　罗　意　康彦凯　郭嘉懿　董丽娟

品种编号 非主要农作物品种登记号：GPD茶树（2019）430027。原湖南省农作物品种审定委员会非主要农作物品种登记编号：XPD007-2016。

品种来源 湖南省农业科学院茶叶研究所以'湘波绿'为母本、'古蔺牛皮茶'为父本，采用杂交育种法育成。

特征特性 灌木型，中生种，生长势强，树姿开张，大叶类，分枝较稀，叶片长度13.1厘米、宽度6.4厘米，叶片椭圆形，叶片着生状态稍上斜。在长沙地区春茶一芽一叶期在3月下旬，新梢芽叶黄绿色，茸毛少，芽头肥壮，持嫩性强，一芽三叶长8.9厘米、百芽重79.6克。春茶一芽二叶生化样含茶多酚28.0%、氨基酸3.7%、咖啡碱4.6%、水浸出物42.6%。适制绿茶和红茶。制绿茶，色泽绿润，汤色黄绿明亮，嫩香持久，有花香，味鲜醇，叶底嫩匀绿亮；制红茶，色泽黑褐油润，汤色红亮，花果香持久，滋味浓厚、有花果香，叶底红匀亮。第一生长周期亩产一芽二叶鲜叶1 420千克，比对照'福鼎大白茶'增产16%；第二生长周期亩产一芽二叶鲜叶1 642千克，比对照'福鼎大白茶'增产24%。中抗茶云纹叶枯病、茶炭疽病、茶饼病，中抗假眼小绿叶蝉、茶橙瘿螨、咖啡小爪螨，抗寒性和抗旱性较强。

适宜种植区域及栽培技术要点

适宜在湖南、湖北、江西及广西茶区冬、春两季种植。中生种，注意搭配早生品种。

'湘红3号'

Camellia sinensis（L.）O. Kuntze 'Xianghong 3'

申 请 者 湖南省茶叶研究所　湖南省茶研所实验茶场

育 种 者 湖南省茶叶研究所　李赛君　段继华　黄飞毅　雷　雨　罗　意　康彦凯　王　旭　陈宇宏　丁　玎

品种编号 非主要农作物品种登记号：GPD茶树（2019）430028。

品种来源 湖南省农业科学院茶叶研究所从'江华苦茶'中单株选育而成。

特征特性 小乔木型，中生种，生长势强，树姿半开张，中叶类，叶片长度8.6厘米、宽度3.5厘米，叶片椭圆形，叶片着生状态稍上斜，平展富光泽。在长沙地区春茶一芽一叶期在3月下旬或4月上旬，新梢芽叶黄绿色，茸毛较少，一芽三叶长7.3厘米、百芽重54.7克。春茶一芽二叶生化样含茶多酚19.4%，氨基酸5.0%，咖啡碱5.1%，水浸出物38.3%。适制绿茶和红茶。制绿茶，外形条索弯曲尚紧细、色泽绿润，汤色黄绿明亮，果香浓郁，滋味鲜爽；制红茶，外形乌黑油润，汤色红艳明亮，香气甜香醇正，滋味甜醇。第一生长周期亩产一芽二叶鲜叶468千克，比对照'云南大叶种'增产151%；第二生长周期亩产一芽二叶鲜叶497千克，比对照'云南大叶种'增产118%。中抗茶云纹叶枯病、茶炭疽病、茶饼病，中抗假眼小绿叶蝉、中抗茶橙瘿螨、咖啡小爪螨，抗寒性和抗旱性较强。

适宜种植区域及栽培技术要点

适宜在湖南、湖北、安徽和广西茶区冬、春季两季种植。建议与早生品种搭配种植。

'湘茶研4号'

Camellia sinensis（L.）O. Kuntze 'Xiangchayan 4'

申 请 者 湖南省茶叶研究所　湖南省茶研所实验茶场

育 种 者 湖南省茶叶研究所　黄飞毅　李赛君　雷　雨　段继华　康彦凯　罗　意　丁　玎　陈宇宏　张曙光

品种编号 非主要农作物品种登记号：GPD茶树（2019）430029。

品种来源 湖南省农业科学院茶叶研究所从'江华苦茶'中单株选育而成。

特征特性 小乔木型，中生（偏晚）种，生长势强，树姿半开张，中叶类，叶片长度12.0厘米、宽度4.4厘米，叶片椭圆形，叶片着生状态水平，叶色黄绿发亮，平展富有光泽，叶质柔软。在长沙地区春茶一芽一叶期在3月下旬或4月上旬，新梢芽叶黄绿色，茸毛较少，芽头较肥壮。春茶一芽二叶生化样含茶多酚33.5%，氨基酸3.0%，咖啡碱3.5%，水浸出物47.2%。适制红茶。制红茶，外形色泽乌黑油润、显金毫，香气高长，汤色红浓明亮，叶底红亮。第一生长周期（三年生）春茶和夏茶亩产一芽二叶鲜叶28千克，比对照'楮叶齐'减产22%；第二生长周期（四年生）春、夏、秋茶亩产一芽二叶鲜叶440千克，比对照'楮叶齐'增产52%。中抗茶云纹叶枯病、茶炭疽病、茶饼病，中抗假眼小绿叶蝉、茶橙瘿螨、咖啡小爪螨，抗寒性强，抗旱性较强。

适宜种植区域及栽培技术要点

适宜在湖南茶区冬、春两季种植。中生偏晚，应合理搭配早生种。

第二章 茶树登记品种图谱

湖南省

421

'湘茶研2号'

Camellia sinensis（L.）O. Kuntze 'Xiangchayan 2'

申 请 者 湖南省茶叶研究所

育 种 者 湖南省茶叶研究所 李赛君 雷 雨 黄飞毅 段继华 罗 意 康彦凯 陈宇宏 丁 玎 张曙光 董丽娟

品种编号 非主要农作物品种登记号：GPD茶树（2019）430030。

品种来源 湖南省农业科学院茶叶研究所以'云南大叶种'为母本、'福鼎大白茶'为父本，采用杂交育种法育成。

特征特性 小乔木型，早生种，生长势强，树姿半开张，中叶类，叶片长度10.7厘米、宽度4.2厘米，叶片长椭圆形，叶片着生状态稍上斜，锯齿密，叶面微隆起，叶尖渐尖，叶缘平，叶齿深度中，锐度中。在长沙地区春茶一芽一叶期在3月下旬或4月上旬，新梢芽叶黄绿色，茸毛多，芽数型，一芽三叶长6.7厘米、百芽重61.0克。春茶一芽二叶生化样含茶多酚24.4%，氨基酸4.6%，咖啡碱3.9%，水浸出物42.6%。适制绿茶和红茶。制绿茶，外形匀紧、白毫满披，香气高长，汤色黄绿明亮，滋味鲜醇；制红碎茶，紧结、尚重实，滋味鲜尚浓，汤色红亮。第一生长周期亩产一芽二叶鲜叶861千克，比对照'福鼎大白茶'减产1%；第二生长周期亩产一芽二叶鲜叶1 378千克，比对照'福鼎大白茶'增产28%。中抗茶云纹叶枯病、茶炭疽病、茶饼病，中抗假眼小绿叶蝉、茶橙瘿螨、咖啡小爪螨。

适宜种植区域及栽培技术要点

适宜在湖南茶区冬、春两季种植。早生种，应关注天气情况，倒春寒天气来临前做好覆盖等防冻措施。

'湘茶研8号'

Camellia sinensis（L.）O. Kuntze 'Xiangchayan 8'

申 请 者 湖南省茶叶研究所

育 种 者 湖南省茶叶研究所 刘宝祥 李赛君 刘求长 龙 翔 褚世林 刘湘鸣 郑红发 董丽娟

品种编号 非主要农作物品种登记号：GPD茶树（2019）430031。原湖南省农作物品种审定委员会非主要农作物品种登记编号：XPD008-2012，原名'潇湘红21-3'。

品种来源 湖南省农业科学院茶叶研究所从'江华苦茶'中单株选育而成。

特征特性 小乔木型，中生种，生长势强，树姿半开张，中叶类，叶片长度11.0厘米、宽度4.0厘米，呈长椭圆形，叶片着生状态稍上斜，叶质柔软，芽叶茸毛少，叶尖渐尖。在长沙地区春茶一芽一叶期在3月下旬或4月上旬，新梢芽叶黄绿色，茸毛少，芽数型，一芽三叶长7.6厘米、百芽重44.8克。春茶一芽二叶生化样含茶多酚32.3%，氨基酸3.1%，咖啡碱5.5%，水浸出物44.4%。适制红茶。制红条茶，外形色泽棕润，香气高，汤色红亮，滋味浓纯鲜爽，叶底红明；制红碎茶，香气高锐，鲜爽，汤色红艳，滋味浓强鲜爽。第一生长周期亩产一芽二叶鲜叶376千克，比对照'楮叶齐'增产137%；第二生长周期亩产一芽二叶鲜叶737千克，比对照'楮叶齐'增产120%。中抗茶云纹叶枯病、茶炭疽病、茶饼病，中抗假眼小绿叶蝉、茶橙瘿螨、咖啡小爪螨，抗寒性和抗旱性强。

适宜种植区域及栽培技术要点

适宜在湖南、湖北、安徽和广西茶区冬、春季两季种植。中生种，应合理搭配早生种，避免采摘洪峰。

'湘茶研1号'

Camellia sinensis（L.）O. Kuntze 'Xiangchayan 1'

申 请 者 湖南省茶叶研究所　湖南省茶研所实验茶场

育 种 者 湖南省茶叶研究所　杨　阳　刘　振　赵　洋　杨培迪　成　杨　刘　勇　宁　静

品种编号 非主要农作物品种登记号：GPD茶树（2020）430016。

品种来源 湖南省农业科学院茶叶研究所从'安化群体'中单株选育而成。

特征特性 灌木型，早生种，生长势强，树姿半开张，中叶类，叶片长度10.9厘米、宽度3.8厘米，叶片呈长椭圆形，叶片着生状态上斜，叶质柔软，叶尖渐尖，叶色深绿，叶面平展，叶身内折。在长沙地区春茶一芽一叶期在3月下旬或4月上旬，新梢芽叶黄绿色，茸毛较多，持嫩性强，一芽三叶长9.6厘米、百芽重76.7克。春茶一芽二叶生化样含茶多酚25.4%，氨基酸4.1%，咖啡碱4.2%，水浸出物41.5%。适制绿茶。制烘青绿茶，外形条索紧细多毫，色泽翠绿，香气高长，汤色黄绿明亮，滋味醇厚鲜爽，叶底嫩绿明亮。第一生长周期亩产一芽二叶鲜叶443千克，比对照'福鼎大白茶'增产16%；第二生长周期亩产一芽二叶鲜叶580千克，比对照'福鼎大白茶'增产49%。中抗茶炭疽病、茶饼病，中抗假眼小绿叶蝉、茶橙瘿螨，抗寒性和抗旱性较强。

适宜种植区域及栽培技术要点

适宜在湖南茶区冬、春两季种植。高海拔地区茶园易受冻害，秋季应适当提早修剪，促进枝条成熟，提高抗寒性。

'湘茶研3号'

Camellia sinensis（L.）O. Kuntze 'Xiangchayan 3'

申 请 者 湖南省茶叶研究所　湖南省茶研所实验茶场

育 种 者 湖南省茶叶研究所　杨　阳　刘　振　赵　洋　杨培迪　成　杨　刘　勇　宁　静

品种编号 非主要农作物品种登记号：GPD茶树（2020）430017。

品种来源 湖南省农业科学院茶叶研究所从'安化群体'中单株选育而成。

特征特性 灌木型，早生种，生长势强，树姿半开张，中叶类，叶片长度8.9厘米、宽度3.0厘米，叶片椭圆形，叶片着生状态上斜。在长沙地区春茶一芽一叶期在3月下旬，新梢芽叶黄绿色，茸毛较多，持嫩性强，一芽三叶长8.7厘米、百芽重102.8克。春茶一芽二叶生化样含茶多酚18.1%，氨基酸4.2%，咖啡碱4.1%，水浸出物38.9%。适制绿茶。制烘青绿茶，外形条索紧细多毫，色泽翠绿，香气高长，汤色黄绿明亮，滋味醇厚鲜爽，叶底嫩绿明亮。第一生长周期亩产一芽二叶鲜叶438千克，比对照'福鼎大白茶'增产15%；第二生长周期亩产一芽二叶鲜叶628千克，比对照'福鼎大白茶'增产61%。中抗茶炭疽病、茶饼病，中抗假眼小绿叶蝉、茶橙瘿螨，抗寒性强，抗旱性较强。

适宜种植区域及栽培技术要点

适宜在湖南茶区冬、春两季种植。高海拔地区茶园易受冻害，秋季应适当提早修剪，促进枝条成熟，提高抗寒性。

'黄金茶168号'

Camellia sinensis(L.) O. Kuntze 'Huangjincha 168'

申 请 者 湖南省茶叶研究所

育 种 者 湖南省茶叶研究所 保靖县农业局 杨 阳 刘 振 赵 洋 杨培迪 成 杨 刘 勇 龙承先 杨晓春

品种编号 非主要农作物品种登记号：GPD茶树（2020）430018。原湖南省农作物品种审定委员会非主要农作物品种登记编号：XPD006-2016。

品种来源 湖南省农业科学院茶叶研究所从'保靖黄金茶'中单株选育而成。

特征特性 灌木型，特早生种，生长势强，树姿半开张，中叶类，叶片长度12.2厘米、宽度3.9厘米，叶片长椭圆形，叶片着生状态近水平；营养生长旺盛，节间较长，芽叶颜色绿，茸毛中等，持嫩性强；叶面隆起，叶尖钝尖。在长沙地区春茶一芽一叶期在3月上旬或3月中旬，一芽三叶长9.5厘米、百芽重78.1克。春茶一芽二叶生化样含茶多酚18.7%，氨基酸4.9%，咖啡碱4.1%，水浸出物38.4%。适制绿茶。制绿茶，外形色泽绿翠有毫，汤色黄绿亮，香气清香高长，滋味鲜嫩醇爽，叶底嫩匀绿亮。第一生长周期亩产一芽二叶鲜叶589千克，比对照'福鼎大白茶'增产16%；第二生长周期亩产一芽二叶鲜叶581千克，比对照'福鼎大白茶'增产19%。中抗茶炭疽病、茶饼病，中抗假眼小绿叶蝉、茶橙瘿螨，抗寒性和抗旱性较强。

适宜种植区域及栽培技术要点

适宜在湖南茶区冬、春两季种植。部分地区移栽成活率相对较低，茶苗定植前尽量在根部沾泥浆移栽，定植后及时定型修剪。高海拔地区容易发生冻害，建议秋季尽早修剪，留养成熟枝条越冬。

'湘茶研6号'

Camellia sinensis（L.）O. Kuntze 'Xiangchayan 6'

申 请 者 湖南省茶叶研究所

育 种 者 湖南省茶叶研究所 李赛君 黄飞毅 段继华 雷 雨 罗 意 康彦凯 丁 玎 陈宇宏 董丽娟

品种编号 非主要农作物品种登记号：GPD茶树（2021）430036。

品种来源 湖南省农业科学院茶叶研究所以'槠叶齐'为母本、'越南大叶种'为父本，采用杂交育种法育成。

特征特性 灌木型，中生种，生长势强，树姿半开张，中叶类，叶片长度10.5厘米、宽度5.1厘米，叶片椭圆形，叶片着生状态水平。在郴州地区春茶一芽一叶期在4月上旬，新梢芽叶黄绿色，茸毛少，一芽三叶长10.4厘米、百芽重106.2克。春茶一芽二叶生化样含茶多酚27.9%，氨基酸3.4%，咖啡碱4.7%，水浸出物42.2%。适制红茶。制红碎茶，外形紧结，汤色红较亮，滋味浓爽，叶底红亮。第一生长周期亩产一芽二叶鲜叶868千克，比对照'福鼎大白茶'增产22%；第二生长周期亩产一芽二叶鲜叶1 099千克，比对照'福鼎大白茶'增产91%。中抗茶云纹叶枯病、茶炭疽病、茶饼病，中抗假眼小绿叶蝉、茶橙瘿螨、咖啡小爪螨，抗寒性弱，抗旱性较强。

适宜种植区域及栽培技术要点

适宜在湖南郴州、永州、衡阳南部、邵阳南部海拔低于800米的茶区，以及广西茶区冬、春两季种植。

'玉绿'

Camellia sinensis（L.）O. Kuntze 'Yulv'

申 请 者 湖南省茶叶研究所

育 种 者 湖南省茶叶研究所

品种编号 非主要农作物品种登记号：GPD茶树（2021）430037。原全国茶树品种鉴定委员会鉴定编号：国品鉴茶2010010，湖南省农作物品种审定委员会非主要农作物品种登记编号：XPD015-2005。。

品种来源 湖南省农业科学院茶叶研究所以'薮北'为母本，以'福鼎大白茶''槠叶齐''湘波绿''龙井43'等混合花粉为父本的杂交后代中单株选育而成。

特征特性 灌木型，早生种，生长势强，树姿半开张，中叶类，叶片长度7.5厘米、宽度2.8厘米，叶片长椭圆形，叶片着生状态半上斜。在长沙地区春茶一芽一叶期在3月中旬或3月下旬，新梢芽叶黄绿色，茸毛中等，持嫩性强，芽头较肥壮，一芽三叶长7.1厘米、百芽重54.3克。春茶一芽二叶生化样含茶多酚30.9%，氨基酸3.7%，咖啡碱3.2%，水浸出物44.4%。适制绿茶。制烘青绿茶，外形紧细有毫，色泽翠绿，汤色绿亮，滋味鲜爽，叶底嫩绿。第一生长周期亩产一芽二叶鲜叶1 605千克，比对照'福鼎大白茶'增产97%；第二生长周期亩产一芽二叶鲜叶1 431千克，比对照'福鼎大白茶'增产71%。中抗茶饼病，中抗假眼小绿叶蝉、茶橙瘿螨，抗寒性和抗旱性强。

适宜种植区域及栽培技术要点

适宜在四川、湖南、湖北茶区冬、春两季种植。适制性较单一，建议在黑茶主产区或红茶主产区与其他品种搭配种植。

'湘茶研10号'

Camellia sinensis（L.）O. Kuntze 'Xiangchayan 10'

申 请 者 湖南省茶叶研究所

育 种 者 湖南省茶叶研究所 段继华 李赛君 雷 雨 黄飞毅 罗 意 康彦凯 陈宇宏 丁 玎 董丽娟

品种编号 非主要农作物品种登记号：GPD茶树（2022）430034。

品种来源 湖南省农业科学院茶叶研究所以'槠叶齐'为母本，'薮北'为父本，采用杂交育种方法育成。

特征特性 灌木型，中叶类，中生种，生长势强，树姿半开张，分枝部位中，分枝密度中。叶片长度11.8厘米，宽度4.5厘米，叶片着生状态稍上斜，叶片形状长椭圆形，叶尖渐尖。在长沙地区春茶一芽一叶期在3月下旬，新梢芽叶黄绿色，茸毛中，发芽密度中。一芽二叶盛期一般在4月上旬。盛花期为每年10月中旬至11月中旬。一芽三叶长6.7厘米，一芽三叶百芽重63.1克。春季一芽二叶生化样含茶多酚20.3%，氨基酸5.2%，咖啡碱4.1%，水浸出物36.7%。适制绿茶和红茶。春制绿茶，外形紧结、翠绿，汤色嫩绿明亮，香气清栗香，滋味鲜爽；夏制红茶，外形紧结、黑褐较润，汤色红亮，香气甜香高，滋味尚甜，叶底红亮。第一生长周期亩产一芽二叶鲜叶201千克，比对照'福鼎大白茶'增产233%；第二生长周期亩产一芽二叶鲜叶183千克，比对照'福鼎大白茶'增产16%。中抗茶云纹叶枯病、茶炭疽病、茶饼病，中抗假眼小绿叶蝉、茶橙瘿螨、咖啡小爪螨，抗寒性和抗旱性强。

适宜种植区域及栽培技术要点

适宜在湖南茶区冬、春两季，与早生种搭配。单行双株或双行双株种植，幼龄茶园3次定型修剪，分批留叶采摘，采养结合。由于长势旺，施肥量可比一般品种增加10%左右。其他按常规茶园栽培管理。

'湘茶研14号'

Camellia sinensis（L.）O. Kuntze 'Xiangchayan 14'

申 请 者 湖南省茶叶研究所

育 种 者 湖南省茶叶研究所 雷 雨 李赛君 段继华 黄飞毅 康彦凯 罗 意 丁 玎 陈宇宏 董丽娟

品种编号 非主要农作物品种登记号：GPD茶树（2022）430035。

品种来源 湖南省农业科学院茶叶研究所从'金萱'自然杂交后代中单株选育而成。

特征特性 灌木型，中生种，生长势强，树姿半开张，中叶类，叶片长度13.1厘米、宽度3.8厘米，叶片呈披针形，叶片着生状态稍上斜；在长沙地区春茶一芽一叶期在3月下旬，新梢芽叶绿色，茸毛中，一芽三叶长6.3厘米、百芽重54.7克。春季一芽二叶生化样含茶多酚23.6%，氨基酸3.6%，咖啡碱5.0%，水浸出物37.1%。适制绿茶和红茶。制绿茶，外形紧结、色翠绿、多毫，汤色黄绿明亮，香气嫩栗香高长，滋味鲜醇；制红茶，外形紧结乌润、显金毫，汤色红浓明亮，香气甜香，滋味甜醇，叶底尚红亮。第一生长周期亩产一芽二叶鲜叶136千克，比对照'福鼎大白茶'增产126%；第二生长周期亩产一芽二叶鲜叶207千克，比对照'福鼎大白茶'增产31%。中抗茶云纹叶枯病、茶炭疽病、茶饼病，中抗假眼小绿叶蝉、茶橙瘿螨、咖啡小爪螨，抗寒性和抗旱性强。

适宜种植区域及栽培技术要点

适宜在湖南茶区冬、春两季种植。中生种，可与早生种搭配。

湖南省

第二章 茶树登记品种图谱

'湘茶研12号'

Camellia sinensis（L.）O. Kuntze 'Xiangchayan 12'

申 请 者 湖南省茶叶研究所

育 种 者 湖南省茶叶研究所 李赛君 段继华 黄飞毅 雷 雨 罗 意 康彦凯 丁 玎 陈宇宏 廖汉昌 董丽娟

品种编号 非主要农作物品种登记号：GPD茶树（2022）430036。

品种来源 湖南省农业科学院茶叶研究所从'金萱'自然杂交后代中单株选育而成。

特征特性 灌木型，中生种，生长势强，树姿半开张，中叶类，叶片长度9.2厘米、宽度3.4厘米，叶片呈长椭圆形，叶片着生状态稍上斜；在长沙地区春茶一芽一叶期在3月下旬，新梢芽叶黄绿色，茸毛中，芽头较肥壮，一芽三叶长6.1厘米、百芽重70.9克。春茶一芽二叶生化样含茶多酚16.9%，氨基酸5.2%，咖啡碱3.3%，水浸出物33.8%。适制绿茶和红茶。制绿茶，外形紧结、色翠绿，汤色嫩绿明亮，香气栗香持久，滋味鲜醇；制红茶，外形紧结、乌润、显金毫，汤色红亮，香气甜香带花香，滋味甜醇。第一生长周期亩产一芽二叶鲜叶143千克，比对照'福鼎大白茶'增产138%；第二生长周期亩产一芽二叶鲜叶168千克，比对照'福鼎大白茶'增产6%。中抗茶云纹叶枯病、中抗茶炭疽病、茶饼病，中抗假眼小绿叶蝉、茶橙瘿螨、咖啡小爪螨，抗寒性和抗旱性强。

适宜种植区域及栽培技术要点

适宜在湖南茶区冬、春两季种植。中生种，可适当搭配早生种。

'凌波红'

Camellia sinensis（L.）O. Kuntze 'Lingbohong'

申 请 者 湖南省茶叶研究所

育 种 者 湖南省茶叶研究所 李赛君 段继华 雷 雨 黄飞毅 罗 意 康彦凯 丁 玎 陈莹玉 董丽娟

品种编号 非主要农作物品种登记号：GPD茶树（2023）430005。

品种来源 湖南省农业科学院茶叶研究所从'鄜县苦茶'自然杂交后代单株选育而成。

特征特性 小乔木型，中生种，生长势强，树姿半开张，大叶类，叶片长度13.4厘米、宽度4.7厘米，叶片长椭圆形，叶片着生状态稍上斜。在长沙地区春茶一芽一叶期在3月中下旬，新梢芽叶黄绿色，茸毛少，芽头较肥壮，一芽三叶长7.0厘米、百芽重87.4克。春茶一芽二叶生化样含茶多酚26.8%，氨基酸4.4%，咖啡碱4.1%，水浸出物39.6%。适制绿茶和红茶。制绿茶，翠绿带毫，汤色嫩绿、明亮，嫩栗香持久，滋味鲜爽；制红茶，紧结尚乌润，汤色红亮，甜香，滋味甜醇。第一生长周期亩产一芽二叶鲜叶461千克，比对照'福鼎大白茶'增产36%；第二生长周期亩产一芽二叶鲜叶352千克，比对照'福鼎大白茶'减产7%。中抗茶云纹叶枯病、茶炭疽病、茶饼病，中抗假眼小绿叶蝉、茶橙瘿螨、咖啡小爪螨，抗寒性强，抗旱性较强。

适宜种植区域及栽培技术要点

适宜在湖南茶区冬、春两季与早生种搭配种植。选择土层深厚，土壤较肥沃的地块，单行双株或双行双株栽培，幼龄茶园3次定型修剪，分批留叶采摘，采养结合。

'金栀'

Camellia sinensis（L.）O. Kuntze 'Jinzhi'

申 请 者 湖南省茶叶研究所

育 种 者 湖南省茶叶研究所 雷雨 李赛君 罗意 黄飞毅 段继华 康彦凯 陈莹玉 丁玎 董丽娟

品种编号 非主要农作物品种登记号：GPD茶树（2023）430006。

品种来源 湖南省农业科学院茶叶研究所以'福鼎大白茶'为母本、'保靖黄金茶1号'为父本，采用杂交育种法育成。

特征特性 灌木型，特早生种，生长势强，树姿半开张，中叶类，叶片长度12.5厘米、宽度4.4厘米，叶片呈长椭圆形，叶片着生状态稍上斜。在长沙地区春茶一芽一叶期在3月上旬，新梢芽叶黄绿色，茸毛中，芽头肥壮，一芽三叶长7.4厘米、百芽重78.1克。春茶一芽二叶生化样含茶多酚22.6%，氨基酸4.5%，咖啡碱3.7%，水浸出物38.3%。适制绿茶和红茶。制绿茶，尚翠绿显毫，汤色嫩绿明亮，清香带花香，滋味鲜醇；制红茶，紧结尚润显金毫，汤色红亮，栀子花香浓郁，滋味醇爽。第一生长周期亩产一芽二叶鲜叶534千克，比对照'福鼎大白茶'增产50%；第二生长周期亩产一芽二叶鲜叶828千克，比对照'福鼎大白茶'增产34%。中抗茶云纹叶枯病、茶炭疽病、茶饼病，中抗假眼小绿叶蝉、茶橙瘿螨、咖啡小爪螨，抗寒性较强，抗旱性中等。

适宜种植区域及栽培技术要点

适宜在湖南茶区冬、春两季种植。特早生种，可合理搭配中生或晚生品种；高温干旱时间需及时抗旱。

'湘茶研16号'

Camellia sinensis（L.）O. Kuntze 'Xiangchayan 16'

申 请 者 湖南省茶叶研究所

育 种 者 湖南省茶叶研究所　黄飞毅　李赛君　段继华　雷　雨　康彦凯　罗　意　丁　玎　陈莹玉　董丽娟

品种编号 非主要农作物品种登记号：GPD茶树（2023）430007。

品种来源 湖南省农业科学院茶叶研究所从'黄叶峒茶'自然杂交后代中单株选育而成。

特征特性 小乔木型，早生种，生长势强，树姿开张，中叶类，叶片长度11.5厘米、宽度4.3厘米，叶片呈长椭圆形，叶片着生状态稍上斜。在长沙地区春茶一芽一叶期在3月中旬，新梢芽叶黄绿色，茸毛少，芽头较肥壮，一芽三叶长6.1厘米、百芽重81.3克。春茶一芽二叶生化样含茶多酚20.6%，氨基酸4.3%，咖啡碱含量4.5%，水浸出物含量37.9%。适制绿茶和红茶。制绿茶，汤色黄绿明亮，清栗香，滋味鲜爽；制红茶，汤色尚红亮，香气为甜香，滋味醇和。第一生长周期亩产一芽二叶鲜叶717千克，比对照'福鼎大白茶'增产111%；第二生长周期亩产一芽二叶鲜叶850千克，比对照'福鼎大白茶'增产124%。中抗茶云纹叶枯病、茶炭疽病、茶饼病，中抗假眼小绿叶蝉、茶橙瘿螨、咖啡小爪螨，抗寒性和抗旱性强。

适宜种植区域及栽培技术要点

适宜在湖南茶区冬、春两季种植。早生种，可合理搭配中晚生种。

'椀香茗'

Camellia sinensis（L.）O. Kuntze 'Wanxiangming'

申 请 者 湖南省茶叶研究所

育 种 者 湖南省茶叶研究所 段继华 康彦凯 雷 雨 黄飞毅 李赛君 罗 意 丁 玎 陈莹玉 董丽娟

品种编号 非主要农作物品种登记号：GPD茶树（2023）430008。

品种来源 湖南省农业科学院茶叶研究所从'金萱'自然杂交后代中单株选育而成。

特征特性 灌木型，晚生种，生长势强，树姿开张，中叶类，叶片长度10.6厘米、宽度4.6厘米，叶片呈椭圆形，叶片着生状态稍上斜。在长沙地区春茶一芽一叶期在3月下旬，叶色深绿色，茸毛中，芽头较肥壮，一芽三叶长7.6厘米、百芽重56.3克。春茶一芽二叶生化样含茶多酚21.1%，氨基酸3.7%，咖啡碱4.1%，水浸出物36.4%。适制红茶。制红茶，外形紧结，棕褐尚润带金毫，香气花香浓郁，滋味鲜醇回甘。第一生长周期亩产一芽二叶鲜叶554千克，比对照'福鼎大白茶'增产63%；第二生长周期亩产一芽二叶鲜叶525千克，比对照'福鼎大白茶'增产38%。中抗茶云纹叶枯病、茶炭疽病、茶饼病，中抗假眼小绿叶蝉、茶橙瘿螨、咖啡小爪螨，抗寒性和抗旱性强。

适宜种植区域及栽培技术要点

适宜在湖南茶区冬、春两季种植。晚生种，可合理搭配早、中生品种。

'渐荣齐'

Camellia sinensis（L.）O. Kuntze'Jianrongqi'

申 请 者 湖南省茶叶研究所

育 种 者 湖南省茶叶研究所 李赛君 罗 意 雷 雨 段继华 黄飞毅 康彦凯 陈莹玉 丁 玎 董丽娟

品种编号 非主要农作物品种登记号：GPD茶树（2023）430009。

品种来源 湖南省农业科学院茶叶研究所以'槠叶齐'为母本、'薮北'为父本，采用杂交育种法育成。

特征特性 灌木型，中生种，生长势强，树姿半开张，中叶类，叶片长度10.2厘米、宽度3.9厘米，叶片呈长椭圆形，叶片着生状态稍上斜。在长沙地区春茶一芽一叶期在3月中下旬，新梢芽叶黄绿色，茸毛中，芽头较肥壮，一芽三叶长5.5厘米、百芽重63.1克。春茶一芽二叶生化样含茶多酚含量21.1%，氨基酸含量3.9%，咖啡碱含量3.5%，水浸出物含量34.1%。适制绿茶和红茶。制绿茶，汤色嫩绿明亮，栗香持久，滋味鲜醇。制红茶，汤色尚红亮，香气为甜香，滋味醇和。第一生长周期亩产一芽二叶鲜叶627千克，比对照'福鼎大白茶'增产85%；第二生长周期亩产一芽二叶鲜叶848千克，比对照'福鼎大白茶'增产123%。中抗茶云纹叶枯病、茶炭疽病、茶饼病，中抗假眼小绿叶蝉、茶橙瘿螨、咖啡小爪螨，抗寒性和抗旱性强。

适宜种植区域及栽培技术要点

适宜在湖南茶区冬、春两季种植。中生种，可适当搭配早生种。

'湘茶研18号'

Camellia sinensis（L.）O. Kuntze 'Xiangchayan 18'

申 请 者 湖南省茶叶研究所

育 种 者 湖南省茶叶研究所 雷 雨 李赛君 段继华 黄飞毅 罗 意 康彦凯 陈莹玉 丁 玎 董丽娟

品种编号 非主要农作物品种登记号：GPD茶树（2023）430010。

品种来源 湖南省农业科学院茶叶研究所以'金萱'为母本、'薮北'为父本，采用杂交育种法育成。

特征特性 灌木型，中生种，生长势强，树姿开张，中叶类，叶片长度9.3厘米、宽度3.4厘米，叶片呈长椭圆形，叶片着生状态稍上斜。在长沙地区春茶一芽一叶期在3月中下旬，叶绿色，茸毛中，芽头较肥壮，一芽三叶长6.8厘米、百芽重73.5克。春茶一芽二叶生化样含茶多酚23.7%，氨基酸3.9%，咖啡碱4.6%，水浸出物35.5%。适制绿茶和红茶。制绿茶，汤色黄绿尚亮，香气清香带花香，滋味尚鲜爽；制红茶，汤色尚红亮，香气花香持久，滋味甜醇带花香。第一生长周期亩产一芽二叶鲜叶559千克，比对照'福鼎大白茶'增产65%；第二生长周期亩产一芽二叶鲜叶389千克，比对照'福鼎大白茶'增产2%。中抗茶云纹叶枯病、茶炭疽病、茶饼病，中抗假眼小绿叶蝉、茶橙瘿螨、咖啡小爪螨，抗寒性和抗旱性强。

适宜种植区域及栽培技术要点

适宜在湖南茶区冬、春两季种植。中生种，可适当搭配早生种。

'玉叶'

Camellia sinensis（L.）O. Kuntze 'Yuye'

申 请 者 湖南省茶叶研究所

育 种 者 湖南省茶叶研究所 李赛君 段继华 康彦凯 雷 雨 黄飞毅 罗 意 丁 玎 陈莹玉 董丽娟

品种编号 非主要农作物品种登记号：GPD茶树（2023）430011。

品种来源 湖南省农业科学院茶叶研究所以'玉绿'为母本、'嘉茗1号'为父本，采用杂交育种法育成。

特征特性 灌木型，特早生种，生长势强，树姿半开张，中叶类，叶片长度9.3厘米、宽度4.4厘米，叶片呈椭圆形，叶片着生状态稍上斜。在长沙地区春茶一芽一叶期在3月上旬，新梢芽叶黄绿色，茸毛中，芽头较肥壮，一芽三叶长6.7厘米、百芽重77.3克。春茶一芽二叶生化样含茶多酚23.8%，氨基酸4.4%，咖啡碱3.5%，水浸出物39.1%。适制绿茶和红茶。制绿茶，翠绿带毫，汤色嫩绿明亮，嫩香持久，滋味醇和；制红茶，乌润尚紧细带金毫，汤色红亮，甜香尚高，滋味甜醇。第一生长周期亩产一芽二叶鲜叶715千克，比对照'福鼎大白茶'增产101%；第二生长周期亩产一芽二叶鲜叶843千克，比对照'福鼎大白茶'增产36%。中抗茶云纹叶枯病、茶炭疽病、茶饼病，中抗假眼小绿叶蝉、茶橙瘿螨、咖啡小爪螨，抗寒性和抗旱性强。

适宜种植区域及栽培技术要点

适宜在湖南茶区冬、春两季种植。特早生种，可适当搭配中生或晚生种。

'黄金茶3号'

Camellia sinensis（L.）O. Kuntze'Huangjincha 3'

申 请 者　湖南省茶叶研究所　吉首市茶叶产业发展服务中心

育 种 者　刘　振　王润龙　赵　洋　杨培迪　涂洪强　成　杨　杨　阳　余海云
　　　　　　宁　静　向博文　刘　勇

品种编号　非主要农作物品种登记号：GPD茶树（2023）430072。

品种来源　湖南省农业科学院茶叶研究所等从'保靖黄金茶'中单株选育而成。

特征特性　灌木型，中叶类，早生种。树姿半开张，生长势强，分枝部位低，分枝密度中等。叶片窄椭圆形，叶片着生状态上斜，长10.0厘米，宽4.5厘米，叶色黄绿色，叶尖钝尖。在长沙地区春茶一芽一叶期一般在3月中旬，一芽二叶期一般在3月下旬。发芽密度中等，茸毛多。盛花期为每年11月中旬。一芽三叶长8.7厘米，百芽重106.4克。春茶一芽二叶生化样含茶多酚23.2%，氨基酸4.6%，咖啡碱3.8%，水浸出物37.5%。适制绿茶。制绿茶，外形紧细、翠绿、显毫，汤色黄绿亮，清栗香高，滋味鲜醇，叶底嫩匀绿亮。第一生长周期亩产一芽二叶鲜叶411千克，比对照'福鼎大白茶'增产1%；第二生长周期亩产一芽二叶鲜叶476千克，比对照'福鼎大白茶'减产2%。中抗茶云纹叶枯病、茶炭疽病、茶饼病，中抗假眼小绿叶蝉、茶橙瘿螨、咖啡小爪螨，抗寒性中等，抗旱性强。

适宜种植区域及栽培技术要点

适宜在湖南茶区冬、春两季种植。高海拔地区容易发生冻害，建议秋季尽早修剪留养，促使枝条成熟越冬以提高抗性。

'黄金茶16号'

Camellia sinensis（L.）O. Kuntze 'Huangjincha 16'

申 请 者 湖南省茶叶研究所　吉首市茶叶产业发展服务中心

育 种 者 杨培迪　涂洪强　赵洋　刘振　王润龙　余海云　成杨　向博文
　　　　　向奕　李兰兰

品种编号 非主要农作物品种登记号：GPD茶树（2024）430012。

品种来源 湖南省农业科学院茶叶研究所从'保靖黄金茶'中单株选育而成。

特征特性 灌木型，特早生种，生长势强，树姿半开张。中叶类，叶片长度9.7厘米，宽度3.5厘米，叶片呈中等椭圆形，叶片着生状态上斜，叶身内折。在长沙地区春茶一芽一叶期在3月上旬或3月中旬；新梢芽叶绿色，茸毛少；一芽三叶长12.3厘米、百芽重102.0克。春茶一芽二叶生化样含茶多酚20.8%，氨基酸4.3%，咖啡碱3.9%，水浸出物37.7%。适制绿茶。制绿茶，条索紧结，绿润带毫，汤色黄绿明亮，香气清栗香，滋味鲜醇，叶底黄绿明亮。第一生长周期亩产一芽二叶鲜叶426千克，比对照'福鼎大白茶'增产5%；第二生长周期亩产一芽二叶鲜叶509千克，比对照'福鼎大白茶'增产5%。中抗茶云纹叶枯病、茶炭疽病、茶饼病，中抗假眼小绿叶蝉、茶橙瘿螨、咖啡小爪螨，抗寒性中等，抗旱性较强。

适宜种植区域及栽培技术要点

适宜在湖南茶区冬、春两季种植。建议在土壤肥沃的区域种植，同时加强肥水管理。易受倒春寒的危害，可合理搭配中生或晚生品种。

湖南省

第二章 茶树登记品种图谱

459

'黄金茶5号'

Camellia sinensis（L.）O. Kuntze 'Huangjincha 5'

申 请 者 湖南省茶叶研究所

育 种 者 赵 洋 杨培迪 刘 振 成 杨 刘 勇

品种编号 非主要农作物品种登记号：GPD茶树（2024）430013。

品种来源 湖南省农业科学院茶叶研究所从'保靖黄金茶'中单株选育而成。

特征特性 灌木型，早生种，生长势强，树姿半开张。中叶类，叶片长度12.3厘米、宽度3.8厘米，叶片呈披针形，叶片着生状态半上斜，叶身内折。在长沙地区春茶一芽一叶期在3月中旬，新梢芽叶绿色，茸毛中等，一芽三叶长7.3厘米、百芽重57.8克。春茶一芽二叶生化样含茶多酚23.7%，氨基酸5.0%，咖啡碱3.6%，水浸出物37.4%。适制绿茶。制绿茶，外形紧结显毫，汤色黄绿明亮，香气高，滋味鲜醇，叶底黄绿明亮。第一生长周期亩产一芽二叶鲜叶316千克，与对照'福鼎大白茶'一样；第二生长周期亩产一芽二叶鲜叶359千克，比对照'福鼎大白茶'减产1%。中抗茶云纹叶枯病、茶炭疽病、茶饼病，中抗假眼小绿叶蝉、茶橙瘿螨、咖啡小爪螨，抗寒性中等，抗旱性较强。

适宜种植区域及栽培技术要点

适宜在湖南茶区冬、春两季种植。选择土壤肥沃的区域种植，同时加强肥水管理。建议与中生品种搭配种植。

'碧盛'

Camellia sinensis（L.）O. Kuntze'Bisheng'

申 请 者 湖南省茶叶研究所

育 种 者 湖南省茶叶研究所　段继华　李赛君　黄飞毅　雷　雨　罗　意　康彦凯　丁　玎　陈莹玉　董丽娟

品种编号 非主要农作物品种登记号：GPD茶树（2024）430014。

品种来源 湖南省农业科学院茶叶研究所从'碧香早'自然杂交后代中单株选育而成。

特征特性 灌木型，中叶类，早生种。树姿开张，生长势强，分枝部位中，分枝密度中等。叶片着生状态上斜，长椭圆形，长11.5厘米，宽3.9厘米，叶色深绿色，叶尖渐尖。在长沙地区开采期一般为3月中上旬，一芽二叶盛期一般在3月中下旬；发芽密度密，茸毛中等；一芽三叶长6.8厘米，一芽三叶百芽重77.9克。盛花期为每年10月中旬至11月中旬，花瓣白色，子房有茸毛，雌蕊等高于雄蕊。春茶一芽二叶生化样含茶多酚23.8%，氨基酸4.0%，咖啡碱4.1%，水浸出物39.3%。适制绿茶和红茶。制绿茶，汤色嫩绿明亮，香气清香高，带花香，滋味鲜醇，叶底黄绿明亮；制红茶，汤色红亮，香气甜香带果香，滋味浓醇。第一生长周期亩产一芽二叶鲜叶935千克，比对照'福鼎大白茶'增产146%；第二生长周期亩产1 196千克，比对照'福鼎大白茶'增产153%。中抗茶云纹叶枯病、茶炭疽病、茶饼病，中抗假眼小绿叶蝉、茶橙瘿螨、咖啡小爪螨，抗寒性和抗旱性强。

适宜种植区域及栽培技术要点

适宜在湖南茶区冬季种植。该品种为早生品种，建议合理搭配中生或晚生品种。

'槠红韵'

Camellia sinensis（L.）O. Kuntze 'Zhuhongyun'

申 请 者 湖南省茶叶研究所

育 种 者 湖南省茶叶研究所 李赛君 陈莹玉 段继华 雷 雨 黄飞毅 康彦凯 罗 意 丁 玎 董丽娟

品种编号 非主要农作物品种登记号：GPD茶树（2024）430015。

品种来源 湖南省农业科学院茶叶研究所以'白毫早'为母本，'高芽齐'为父本，采用杂交育种法育成。

特征特性 灌木型，中叶类，早生种。树姿半开张，生长势强，分枝部位中，分枝密度中等。叶片着生状态稍上斜，长椭圆形，长9.8厘米，宽3.7厘米，叶色浅绿色，叶尖渐尖。长沙地区开采期一般为3月中上旬，一芽二叶盛期一般在3月中旬；发芽密度密，茸毛中等；一芽三叶长6.7厘米，一芽三叶百芽重79.0克。盛花期为每年10月中旬至11月中旬；花瓣白色，子房有茸毛，花柱裂位中，雌蕊等高于雄蕊。春季一芽二叶生化样含茶多酚28.2%，氨基酸4.0%，咖啡碱3.7%，水浸出物38.4%。适制绿茶和红茶。制绿茶，外形紧结、绿带翠、显毫，汤色黄绿明亮，香气清栗香带花香，滋味尚鲜醇；制红茶，尚紧结、尚乌润、显金毫，香气花香浓郁，滋味甜醇带花香。第一生长周期亩产一芽二叶鲜叶990千克，比对照'福鼎大白茶'增产178%；第二生长周期亩产1 228千克，比对照'福鼎大白茶'增产98%。中抗茶云纹叶枯病、茶炭疽病、茶饼病，中抗假眼小绿叶蝉、茶橙瘿螨、咖啡小爪螨，抗寒性和抗旱性强。

适宜种植区域及栽培技术要点

适宜在湖南茶区冬季种植。早生种，可合理搭配中生或晚生品种。

'玉青螺'

Camellia sinensis（L.）O. Kuntze 'Yuqingluo'

申 请 者 湖南省茶叶研究所

育 种 者 湖南省茶叶研究所 李赛君 陈莹玉 雷雨 段继华 黄飞毅 康彦凯 罗意 丁玎 董丽娟

品种编号 非主要农作物品种登记号：GPD茶树（2024）430016。

品种来源 湖南省农业科学院茶叶研究所以'玉笋'为母本，'黄金茶2号'为父本，采用杂交育种法育成。

特征特性 灌木型，中叶类，早生种。树姿半开张，生长势强，分枝部位中，分枝密度中等。叶片着生状态稍上斜，长椭圆形，长11.6厘米，宽4.3厘米，叶绿色，叶尖渐尖。在长沙地区开采期一般为3月中旬，一芽二叶盛期一般在3月中下旬。发芽密度中等，茸毛中等；一芽三叶长6.7厘米，一芽三叶百芽重72.8克。盛花期为每年10月中旬至11月中旬；花瓣淡绿色，子房有茸毛，雌蕊等高于雄蕊。春茶一芽二叶生化样含茶多酚20.3%，氨基酸4.9%，咖啡碱3.9%，水浸出物35.1%。适制绿茶和红茶。制绿茶，外形尚紧结、翠绿、显毫，汤色黄绿明亮，青香（品种香），滋味醇厚带鲜；制红茶，紧结，尚乌润，带金毫，汤色尚红亮，甜香高，滋味甜醇。第一生长周期亩产一芽二叶鲜叶779千克，比对照'福鼎大白茶'增产119%；第二生长周期亩产736千克，比对照'福鼎大白茶'增产19%。中抗茶云纹叶枯病、茶炭疽病、茶饼病，中抗假眼小绿叶蝉、茶橙瘿螨、咖啡小爪螨，抗寒性和抗旱性较强。

适宜种植区域及栽培技术要点

适宜在湖南茶区冬季种植。早生种，可合理搭配中生或晚生品种。

'绿凝'

Camellia sinensis（L.）O. Kuntze'Lvning'

申 请 者 湖南省茶叶研究所

育 种 者 湖南省茶叶研究所 黄飞毅 李赛君 雷雨 段继华 罗意 邓晶 康彦凯 丁玎 陈莹玉 董丽娟

品种编号 非主要农作物品种登记号：GPD茶树（2024）430017。

品种来源 湖南省农业科学院茶叶研究所从'鄂茶一号'自然杂交后代中单株选育而成。

特征特性 灌木型，中叶类，早生种。树姿半开张，生长势强，分枝部位中，分枝密度中等。叶片着生状态稍上斜，长椭圆形，长9.6厘米，宽4.0厘米，叶绿色，叶尖渐尖。在长沙地区开采期一般为3月中上旬，一芽二叶盛期一般在3月中下旬；发芽密度密，茸毛中等；一芽三叶长7.0厘米，一芽三叶百芽重46.4克。盛花期为每年10月中旬至11月中旬；花瓣白色，子房有茸毛，雌蕊高于雄蕊。春茶一芽二叶生化样含茶多酚22.7%，氨基酸5.0%，咖啡碱3.6%，水浸出物37.6%。适制绿茶和红茶。制绿茶，外形紧细翠绿显毫，汤色嫩绿明亮，清香高，滋味鲜醇；制红茶，紧结乌润、显金毫，甜香，滋味尚甜醇。第一生长周期亩产一芽二叶鲜叶763千克，比对照'福鼎大白茶'增产114%；第二生长周期亩产843千克，比对照'福鼎大白茶'增产36%。中抗茶云纹叶枯病、茶炭疽病、茶饼病，中抗假眼小绿叶蝉、茶橙瘿螨、咖啡小爪螨，抗寒性和抗旱性较强。

适宜种植区域及栽培技术要点

适宜在湖南茶区冬季种植。早生种，可合理搭配中生或晚生品种。

469

'福郁'

Camellia sinensis（L.）O. Kuntze 'Fuyu'

申 请 者 湖南省茶叶研究所

育 种 者 湖南省茶叶研究所 康彦凯 李赛君 段继华 雷 雨 黄飞毅 陈莹玉 罗 意 丁 玎 董丽娟

品种编号 非主要农作物品种登记号：GPD茶树（2024）430018。

品种来源 湖南省农业科学院茶叶研究所从'福鼎大白茶'自然杂交后代中单株选育而成。

特征特性 灌木型，中叶类，早生种。树姿半开张，生长势强，分枝部位中，分枝密度中等。叶片着生状态稍上斜，长椭圆形，长9.6厘米，宽3.6厘米，叶绿色，叶尖急尖。在长沙地区开采期一般为3月中上旬，一芽二叶盛期一般在3月中旬；发芽密度中等，茸毛少；一芽三叶长7.1厘米，一芽三叶百芽重70.9克。盛花期为每年10月中旬至11月中旬；花瓣淡绿色，子房有茸毛，雌蕊等高于雄蕊。春茶一芽二叶生化样含茶多酚23.3%，氨基酸3.7%，咖啡碱3.4%，水浸出物36.6%。适制绿茶和红茶。制绿茶，外形紧结、绿带翠、显毫，汤色嫩绿明亮，嫩香，滋味鲜醇；制红茶，紧结乌润、稍带金毫，甜香，滋味醇厚。第一生长周期亩产一芽二叶鲜叶776千克，比对照'福鼎大白茶'增产118%；第二生长周期亩产1 085千克，比对照'福鼎大白茶'增产75%。中抗茶云纹叶枯病、茶炭疽病、茶饼病，中抗假眼小绿叶蝉、茶橙瘿螨、咖啡小爪螨，抗寒性和抗旱性较强。

适宜种植区域及栽培技术要点

适宜在湖南茶区冬季种植。早生种，可合理搭配中生或晚生品种。

'炎秀'

Camellia sinensis（L.）O. Kuntze 'Yanxiu'

申 请 者 湖南省茶叶研究所

育 种 者 湖南省茶叶研究所 段继华 李赛君 雷雨 黄飞毅 罗意 陈莹玉 康彦凯 丁玎 董丽娟

品种编号 非主要农作物品种登记号：GPD茶树（2024）430019。

品种来源 湖南省农业科学院茶叶研究所以'黄奇'为母本，'鄂茶一号'为父本，采用杂交育种法育成。

特征特性 灌木型，中叶类，中生种。树姿半开张，生长势强，分枝部位中，分枝密度中等。叶片着生状态稍上斜，椭圆形，长10.8厘米，宽4.4厘米，叶绿色，叶尖渐尖。在长沙地区开采期一般为3月中下旬，一芽二叶盛期一般在3月下旬；发芽密度中等，茸毛少；一芽三叶长6.3厘米，一芽三叶百芽重70.5克。盛花期为每年10月中旬至11月中旬；花瓣淡绿色，子房有茸毛，雌蕊等高于雄蕊。春茶一芽二叶生化样含茶多酚24.3%，氨基酸3.9%，咖啡碱3.4%，水浸出物含量38.2%。适制红茶。制红茶紧结乌润、带金毫，香气甜香带花香，滋味尚甜醇带花香。第一生长周期亩产一芽二叶鲜叶754千克，比对照'福鼎大白茶'增产112%；第二生长周期亩产660千克，比对照'福鼎大白茶'增产6.40%。中抗茶云纹叶枯病、茶炭疽病、茶饼病，中抗假眼小绿叶蝉、茶橙瘿螨、咖啡小爪螨，抗寒性较强，抗旱性强。

适宜种植区域及栽培技术要点

适宜在湖南茶区冬季种植。物候期中生偏晚，可合理搭配早生品种。

'金瑞'

Camellia sinensis（L.）O. Kuntze 'Jinrui'

申 请 者 湖南省茶叶研究所

育 种 者 湖南省茶叶研究所 雷 雨 李赛君 段继华 黄飞毅 罗 意 邓 晶 康彦凯 丁 玎 陈莹玉 董丽娟

品种编号 非主要农作物品种登记号：GPD茶树（2024）430020。

品种来源 湖南省农业科学院茶叶研究所以'福鼎大白茶'为母本，'金萱'为父本，采用杂交育种法育成。

特征特性 灌木型，中叶类，中生种。树姿半开张，生长势强，分枝部位中，分枝密度中等。叶片着生状态稍上斜，长椭圆形，长11.7厘米，宽4.5厘米，叶绿色，叶尖渐尖。在长沙地区开采期一般为3月中旬，一芽二叶盛期一般在3月中下旬；发芽密度中等，茸毛少；一芽三叶长5.5厘米，一芽三叶百芽重52.2克。盛花期为每年10月中旬至11月中旬；花瓣白色，子房有茸毛，雌蕊高于雄蕊。春茶一芽二叶含茶多酚26.4%，氨基酸3.3%，咖啡碱3.6%，水浸出物35.7%。适制绿茶和红茶。制绿茶，外形紧结翠绿显毫，汤色嫩绿明亮，带花香，滋味鲜醇；制红茶，紧结尚乌润、带金毫，香气甜香尚高，滋味尚甜醇。第一生长周期亩产一芽二叶鲜叶688千克，比对照'福鼎大白茶'增产93%；第二生长周期亩产753千克，比对照'福鼎大白茶'增产22%。中抗茶云纹叶枯病、茶炭疽病、茶饼病，中抗假眼小绿叶蝉、茶橙瘿螨、咖啡小爪螨，抗寒性和抗旱性强。

适宜种植区域及栽培技术要点

适宜在湖南茶区冬季种植。物候期中生偏晚，可合理搭配早生品种。

'观樾'

Camellia sinensis（L.）O. Kuntze 'Guanyue'

申 请 者 湖南省茶叶研究所

育 种 者 湖南省茶叶研究所　黄飞毅　李赛君　雷　雨　段继华　罗　意　陈莹玉　康彦凯　丁　玎　董丽娟

品种编号 非主要农作物品种登记号：GPD茶树（2024）430021。

品种来源 湖南省农业科学院茶叶研究所从'铁观音'自然杂交后代中单株选育而成。

特征特性 小乔木型，中叶类，晚生种。树姿半开张，生长势强，分枝部位中，分枝密度中等。叶片着生状态稍上斜，长椭圆形，长11.4厘米，宽4.5厘米，叶绿色，叶尖钝尖。在长沙地区开采期一般为3月中下旬，一芽二叶盛期一般在3月下旬；发芽密度中等，茸毛少；一芽三叶长5.5厘米，一芽三叶百芽重78.4克。盛花期为每年10月中下旬至11月中下旬；花瓣白色，子房有茸毛，雌蕊等高于雄蕊。春茶一芽二叶含茶多酚22.1%，氨基酸4.4%，咖啡碱3.5%，水浸出物37.8%。适制绿茶和红茶。制绿茶，外形紧结尚翠绿带毫，汤色嫩绿明亮，清栗香高，滋味鲜爽；制红茶，紧结乌润、稍带金毫，甜香带果香，滋味甜醇。第一生长周期亩产一芽二叶鲜叶890千克，比对照'福鼎大白茶'增产150%；第二生长周期亩产895千克，比对照'福鼎大白茶'增产44%。中抗茶云纹叶枯病、茶炭疽病、茶饼病，中抗假眼小绿叶蝉、茶橙瘿螨、咖啡小爪螨，抗寒性和抗旱性较强。

适宜种植区域及栽培技术要点

适宜在湖南茶区冬季种植。晚生种，可合理搭配早生品种。

'金香玉'

Camellia sinensis（L.）O. Kuntze 'Jinxiangyu'

申请者 湖南省茶叶研究所

育种者 湖南省茶叶研究所 罗 意 李赛君 雷 雨 段继华 黄飞毅 邓 晶 康彦凯 丁 玎 陈莹玉 董丽娟

品种编号 非主要农作物品种登记号：GPD茶树（2024）430022。

品种来源 湖南省农业科学院茶叶研究所以'碧香早'为母本，'保靖黄金茶1号'为父本，采用杂交育种法育成。

特征特性 灌木型，中叶类，早生种。树姿半开张，生长势强，分枝部位中，分枝密度中等。叶片着生状态上斜，长椭圆形，长10.5厘米，宽4.0厘米，叶绿色，叶尖渐尖。在长沙地区开采期一般为3月中旬，一芽二叶盛期一般在3月中下旬；发芽密度中等，茸毛中等；一芽三叶长6.5厘米，一芽三叶百芽重53.4克。盛花期为每年10月中旬至11月中旬；花瓣淡绿色，子房有茸毛，雌蕊高于雄蕊。春茶一芽二叶生化样含茶多酚23.6%，氨基酸4.2%，咖啡碱3.7%，水浸出物37.7%。适制绿茶和红茶。制绿茶，外形紧结翠绿、多毫，汤色黄绿明亮，清香高，滋味醇和；制红茶，紧结乌润、显金毫，香气甜香带花果香，滋味醇厚。第一生长周期亩产一芽二叶鲜叶679千克，比对照'福鼎大白茶'增产91%；第二生长周期亩产945千克，比对照'福鼎大白茶'增产52%。中抗茶云纹叶枯病、茶炭疽病、茶饼病，中抗假眼小绿叶蝉、茶橙瘿螨、咖啡小爪螨，抗寒性和抗旱性较强。

适宜种植区域及栽培技术要点

适宜在湖南茶区冬季种植。早生种，栽种时可合理搭配中生或晚生品种。

'观韵'

Camellia sinensis（L.）O. Kuntze 'Guanyun'

申 请 者 湖南省茶叶研究所

育 种 者 湖南省茶叶研究所 雷 雨 李赛君 段继华 黄飞毅 康彦凯 罗 意 丁 玎 陈莹玉 董丽娟

品种编号 非主要农作物品种登记号：GPD茶树（2024）430023。

品种来源 湖南省农业科学院茶叶研究所以'白毫早'为母本，'铁观音'为父本，采用杂交育种法育成。

特征特性 灌木型，中叶类，中生种。树姿半开张，生长势强，分枝部位中，分枝密度中等。叶片着生状态稍上斜，椭圆形，长9.6厘米，宽4.4厘米，叶绿色，叶尖钝尖。在长沙地区开采期一般为3月中下旬，一芽二叶盛期一般在3月下旬；发芽密度中等，茸毛中等；一芽三叶长6.7厘米，一芽三叶百芽重73.6克。盛花期为每年10月中旬至11月中旬；花瓣白色，子房有茸毛，雌蕊高于雄蕊。春茶一芽二叶鲜叶含茶多酚22.0%，氨基酸3.7%，咖啡碱3.5%，水浸出物34.4%。适制绿茶和红茶。制绿茶，外形紧结翠尚绿、显毫，汤色嫩绿明亮，清香高，滋味鲜爽；制红茶，紧结尚乌润、带金毫，香气甜香带果香，滋味尚甜醇带花香。第一生长周期亩产一芽二叶鲜叶591千克，比对照'福鼎大白茶'增产66%；第二生长周期亩产827千克，比对照'福鼎大白茶'增产33%。中抗茶云纹叶枯病、茶炭疽病、茶饼病，中抗假眼小绿叶蝉、茶橙瘿螨、咖啡小爪螨，抗寒性和抗旱性较强。

适宜种植区域及栽培技术要点

适宜在湖南茶区冬季种植。物候期中生偏晚，可合理搭配早生品种。

湖南省

第二章 茶树登记品种图谱

'湘牛春'

Camellia sinensis（L.）O. Kuntze'Xiangniuchun'

申 请 者 湖南省茶叶研究所

育 种 者 湖南省茶叶研究所 康彦凯 李赛君 段继华 雷 雨 黄飞毅 罗 意 丁 玎 陈莹玉 董丽娟

品种编号 非主要农作物品种登记号：GPD茶树（2024）430036。

品种来源 湖南省农业科学院茶叶研究所以'碧香早'为母本，'嘉茗1号'为父本，采用杂交育种法育成。

特征特性 灌木型，中叶类，特早生种。树姿半开张，生长势强，分枝部位中，分枝密度中等。叶片着生状态稍上斜，椭圆形，长11.3厘米，宽4.7厘米，叶绿色，叶尖渐尖。在长沙地区开采期一般为3月中上旬，一芽二叶盛期一般在3月中旬；发芽密度中等，茸毛少；一芽三叶长7.0厘米，一芽三叶百芽重74.5克。盛花期为每年10月中旬至11月中旬；花瓣白色，子房有茸毛，花柱裂位中，雌蕊高于雄蕊。春茶一芽二叶生化样含茶多酚19.8%，氨基酸4.1%，咖啡碱3.4%，水浸出物36.0%。适制绿茶和红茶。制绿茶，外形紧结尚翠绿、显毫，汤色黄绿明亮，清香，滋味醇和；制红茶，尚紧细、棕褐尚润、带金毫，香气甜香高长，滋味甜醇。第一生长周期亩产一芽二叶鲜叶659千克，比对照'福鼎大白茶'增产85%；第二生长周期亩产831千克，比对照'福鼎大白茶'增产34%。中抗茶云纹叶枯病、茶炭疽病、茶饼病，中抗假眼小绿叶蝉、茶橙瘿螨、咖啡小爪螨，抗寒性和抗旱性较强。

适宜种植区域及栽培技术要点

适宜在湖南茶区冬季种植。特早生种，可合理搭配中生或晚生品种。

广东省

'鸿雁1号'

Camellia sinensis(L.) O. Kuntze 'Hongyan 1'

申 请 者 梅州市华顺农林发展有限公司　广东省农业科学院茶叶研究所

育 种 者 李家贤　黄华林　何玉媚　乔小燕　晏嫦妤　吴华玲

品种编号 非主要农作物品种登记号：GPD茶树（2019）440004。原全国茶树品种鉴定委员会鉴定编号：国品鉴茶2010022。

品种来源 广东省农业科学院茶叶研究所从'铁观音'自然杂交后代中单株选育而成。

特征特性 灌木型，早生种，生长势强，树姿开张，中叶类，叶片长度9.2厘米、宽度3.7厘米，叶片窄椭圆形，叶片着生状态稍向上。在英德地区春茶一芽一叶期在3月上旬，新梢芽叶绿色带紫，茸毛少，一芽三叶长9.8厘米、百芽重74.0克。春茶一芽二叶生化样含茶多酚34.6%，氨基酸2.1%，咖啡碱3.9%，水浸出物46.8%。适制乌龙茶和绿茶。制乌龙茶，外形绿润显干香，花香浓郁持久，滋味浓爽，汤色绿黄明亮，叶底嫩匀；制烘青绿茶，外形翠绿细秀，香气高爽，滋味浓醇爽口，汤色黄绿明亮，叶底嫩匀明亮。第一生长周期亩产一芽二叶鲜叶406千克，比对照'福建水仙'增产52%；第二生长周期亩产506千克，比对照'福建水仙'增产34%。中抗茶炭疽病，感茶小绿叶蝉，抗寒性和抗旱性较强。

适宜种植区域及栽培技术要点

适宜在华南和江南茶区的广东、广西、福建、湖南偏酸性土壤晚秋或早春种植。幼龄期采用一年多次修剪法培养树冠；须加强肥水管理，有机肥为主，氮肥为辅。

'鸿雁7号'

Camellia sinensis（L.）O. Kuntze 'Hongyan 7'

申 请 者 广东德高信种植有限公司

育 种 者 李家贤　黄华林　何玉媚　乔小燕　晏嫦妤　吴华玲

品种编号 非主要农作物品种登记号：GPD茶树（2020）440042。原全国茶树品种鉴定委员会鉴定编号：国品鉴茶2010021。

品种来源 广东省农业科学院茶叶研究所从'八仙茶'自然杂交后代中单株选育而成。

特征特性 小乔木型，早生种，生长势强，树姿开张，中叶类，叶片长度10.6厘米、宽度4.1厘米，叶片长椭圆形，叶片着生状态半上斜。在英德地区春茶一芽一叶期在3月上旬，新梢芽叶深绿色略带紫，茸毛中等，一芽三叶长7.3厘米、百芽重164.0克。春茶一芽二叶生化样含茶多酚31.4%，氨基酸2.7%，咖啡碱3.8%，水浸出物45.2%。适制乌龙茶和绿茶。制乌龙茶，外形乌润，花香浓郁高长，滋味浓爽含香，汤色金黄明亮，叶底匀亮红镶边；制绿茶，外形紧实显毫，香气嫩香高长，滋味浓醇，汤色黄绿明亮，叶底黄绿明亮。第一生长周期亩产一芽二叶鲜叶433千克，比对照'福建水仙'增产62%；第二生长周期亩产455千克，比对照'福建水仙'增产24%。中抗茶炭疽病，感茶小绿叶蝉，抗寒性和抗旱性较强。

适宜种植区域及栽培技术要点

适宜在华南和江南茶区的广东、广西、福建、湖南偏酸性土壤晚秋或早春种植。幼龄期采用一年多次修剪法培养树冠；须加强肥水管理，有机肥为主，氮肥为辅。

'凹富后单丛'

Camellia sinensis（L.）O. Kuntze 'Aofuhou Dancong'

申 请 者 华南农业大学　潮州市天下茶业有限公司

育 种 者 孙彬妹　刘少群　陈　煊　陈玉春　肖　熙

品种编号 非主要农作物品种登记号：GPD茶树（2021）440006。

品种来源 华南农业大学等从'仙丰中叶'中单株选育而成。

特征特性 小乔木型，中生种，生长势中，树姿直立，中叶类，叶片长度9.1厘米、宽度4.8厘米，叶片阔椭圆形，叶片着生状态向上。在潮州地区春茶一芽一叶期在3月中旬，新梢芽叶黄绿色，茸毛少，一芽三叶长9.4厘米、百芽重42.6克。春茶一芽二叶生化样含茶多酚21.3%，氨基酸2.7%，咖啡碱4.5%，水浸出物49.4%。适制乌龙茶。制乌龙茶，外形紧细乌润，香气清香，滋味浓爽，汤色金黄透亮，叶底匀亮红镶边。第一生长周期亩产一芽二叶鲜叶98千克，比对照'岭头单丛'增产6%；第二生长周期亩产109千克，比对照'岭头单丛'增产14%。中抗茶小绿叶蝉，中抗茶炭疽病，抗寒性和抗旱性中。

适宜种植区域及栽培技术要点

适宜在广东地区土层深厚肥沃的偏酸性土壤春、秋季种植。幼龄期严格进行3次定型修剪，注意培养骨干枝。

广东省

第二章 茶树登记品种图谱

489

'俾头单丛'

Camellia sinensis（L.）O. Kuntze 'Bitou Dancong'

申 请 者 潮州市茶产业促进会　华南农业大学

育 种 者 陈玉春　郑　鹏　孙彬妹　刘少群　肖　熙　陈　煊

品种编号 非主要农作物品种登记号：GPD茶树（2022）440022。

品种来源 潮州市茶产业促进会等从'凤凰水仙'中单株选育而成。

特征特性 小乔木型，中生种，生长势强，树姿半开张，中叶类，叶片长度10.2厘米、宽度5.1厘米，叶片中等椭圆形，叶片着生状态向上。在潮州地区春茶一芽一叶期在3月中旬，新梢芽叶黄绿色略带紫，茸毛少，一芽三叶长4.5厘米、百芽重33.6克。春茶一芽二叶生化样含茶多酚20.5%，氨基酸2.6%，咖啡碱4.4%，水浸出物48.5%。适制乌龙茶。制乌龙茶外形紧细乌润，香气高锐显花香，滋味浓醇，汤色金黄透亮，叶底匀亮红镶边。第一生长周期亩产一芽二叶鲜叶94千克，比对照'岭头单丛'增产2%；第二生长周期亩产95千克，比对照'岭头单丛'增产2%。中抗茶小绿叶蝉，中抗茶炭疽病，抗寒性和抗旱性中。

适宜种植区域及栽培技术要点

适宜在广东地区土层深厚肥沃的偏酸性土壤春、秋季种植。宜采用单行单株条植；幼龄期严格进行3次定型修剪，注意培养骨干枝。

'芝兰香单丛'

Camellia sinensis(L.)O. Kuntze 'Zhilanxiang Dancong'

申 请 者 潮州市茶产业促进会　华南农业大学　潮州市天下茶业有限公司

育 种 者 陈玉春　郑　鹏　孙彬妹　陈　煊　刘少群

品种编号 非主要农作物品种登记号：GPD茶树（2022）440023。

品种来源 潮州市茶产业促进会等从'凤凰水仙'中单株选育而成。

特征特性 小乔木型，中生种，生长势强，树姿半开张，中叶类，叶片长度9.2厘米、宽度4.7厘米，叶片窄椭圆形，叶片着生状态向上。在潮州地区春茶一芽一叶期在3月中旬，新梢芽叶黄绿色，茸毛少，一芽三叶长4.7厘米、百芽重34.8克。春茶一芽二叶生化样含茶多酚19.8%，氨基酸2.6%，咖啡碱4.1%，水浸出物47.2%。适制乌龙茶。制乌龙茶，外形紧结乌润，香气清香，滋味浓爽，汤色金黄透亮，叶底匀亮红镶边。第一生长周期亩产一芽二叶鲜叶95千克，比对照'岭头单丛'增产3%；第二生长周期亩产96千克，比对照'岭头单丛'增产3%。中抗茶小绿叶蝉，中抗茶炭疽病，抗寒性和抗旱性中。

适宜种植区域及栽培技术要点

适宜在广东地区土层深厚肥沃的偏酸性土壤春、秋季种植。宜采用单行单株条植；幼龄期严格进行3次定型修剪，注意培养骨干枝。

广西壮族自治区

'桂茶1号'

Camellia sinensis（L.）O. Kuntze 'Guicha 1'

申 请 者 广西壮族自治区茶叶科学研究所
育 种 者 谭少波　王小云　韦静峰　苏　敏　杨　春　蓝　燕　庞月兰　张凌云
品种编号 非主要农作物品种登记号：GPD茶树（2020）450021。
品种来源 广西壮族自治区茶叶科学研究所从'桂平西山茶'中单株选育而成。
特征特性 灌木型，中生种，树姿半开张，分枝密度中等，中叶类，叶片长度7.5厘米，宽度2.6厘米，叶片窄椭圆形，叶片着生状态向上。在桂林地区春茶一芽一叶期在3月上中旬，新梢芽叶中绿色，茸毛中等，一芽三叶长9.2厘米、百芽重40.3克。春茶一芽二叶生化样含氨基酸5.3%、咖啡碱3.5%、茶多酚15.9%，水浸出物40.5%。适制绿茶。制烘青绿茶，外形紧细翠绿、汤色嫩绿明亮、嫩香高长、滋味鲜醇爽口。在广西桂林，第一生长周期亩产一芽二叶鲜叶315千克，比对照'福鼎大白茶'增产9%；第二生长周期亩产一芽二叶鲜叶342千克，比对照'福鼎大白茶'增产10%。高感茶小绿叶蝉，中抗茶炭疽病，抗寒性和抗旱性强。

适宜种植区域及栽培技术要点

适宜广西茶区及生态条件相似茶区秋、冬季和春季种植。小绿叶蝉发生高峰期，适当采取防治措施。

'桂茶2号'

Camellia sinensis（L.）O. Kuntze 'Guicha 2'

申 请 者 广西壮族自治区茶叶科学研究所

育 种 者 王小云　谭少波　苏　敏　韦静峰　杨　春　庞月兰　刘诗诗　罗舒靖　吴雨婷

品种编号 非主要农作物品种登记号：GPD茶树（2020）450022。

品种来源 广西壮族自治区茶叶科学研究所从'南山白毛茶'中单株选育而成。

特征特性 灌木型，中生种，树姿开张，中叶类，叶片长度8.6厘米，宽度3.5厘米，叶片中等椭圆形，叶片着生状态水平。在桂林地区春茶一芽一叶期在3月上中旬，新梢芽叶浅绿色，茸毛中等，一芽三叶长9.7厘米、百芽重42.7克。春茶一芽二叶生化样含茶多酚16.0%，氨基酸5.9%，咖啡碱3.8%，水浸出物41.5%。适制绿茶和红茶。制烘青绿茶，外形嫩绿显毫、紧细，汤色嫩绿明亮，清香浓长、有花香，滋味鲜醇回甘；制工夫红茶，外形紧细、乌褐、有金毫，花香浓，滋味浓醇含香。在广西桂林，第一生长周期亩产一芽二叶鲜叶260千克，比对照'福鼎大白茶'减产10%；第二生长周期亩产345千克，比对照'福鼎大白茶'增产11%。感茶小绿叶蝉，抗茶炭疽病，抗寒性强，抗旱性较强。

适宜种植区域及栽培技术要点

适宜广西茶区及生态条件相似茶区秋、冬季和春季种植。小绿叶蝉发生高峰期，适当采取防治措施。

第二章 茶树登记品种图谱

497

'西山茶1号'

Camellia sinensis（L.）O. Kuntze 'Xishancha 1'

申 请 者 广西壮族自治区茶叶科学研究所

育 种 者 王小云　谭少波　苏　敏　韦静峰　杨　春　吴雨婷　蓝　燕　龙启发

品种编号 非主要农作物品种登记号：GPD茶树（2021）450038。

品种来源 广西壮族自治区茶叶科学研究所从'桂平西山茶'中单株选育而成。

特征特性 灌木型，中生种，生长势强，树姿直立，中叶类，叶片长度7.9厘米，宽度3.0厘米，叶片窄椭圆形，叶片着生状态向上。在桂林地区春茶一芽一叶期在3月中下旬，新梢芽叶浅绿色，茸毛少，一芽三叶长8.1厘米、百芽重48.6克。花果少，结实率低，生殖生长较弱。春茶一芽二叶生化样含茶多酚17.8%，氨基酸5.4%，咖啡碱3.5%，水浸出物46.3%。适制绿茶。制烘青绿茶，外形绿润、紧秀匀整，汤色绿明亮，清香持久、花香明显，滋味鲜爽回甘。在广西桂林，第一生长周期亩产一芽二叶鲜叶279千克，比对照'福鼎大白茶'减产3%；第二生长周期亩产一芽二叶鲜叶311千克，比对照'福鼎大白茶'增产1%。感茶小绿叶蝉，抗茶炭疽病，抗寒性和抗旱性强。

适宜种植区域及栽培技术要点

适宜广西茶区及生态条件相似茶区秋、冬季和春季种植。该品种分枝能力较强，成龄茶园每隔2~3年深修剪1次，剪去细弱分枝、培养长势旺盛分枝；小绿叶蝉发生高峰期，适当采取防治措施。

'西山茶8号'

Camellia sinensis（L.）O. Kuntze 'Xishancha 8'

申 请 者 广西壮族自治区茶叶科学研究所

育 种 者 王小云　谭少波　韦静峰　苏　敏　庞月兰　刘诗诗　吴潜华　张凌云

品种编号 非主要农作物品种登记号：GPD茶树（2021）450039。

品种来源 广西壮族自治区茶叶科学研究所从'桂平西山茶'中单株选育而成。

特征特性 灌木型，中生种，树姿开张，分枝密度中等，中叶类，叶片长度8.4厘米，宽度3.3厘米，叶片中等椭圆形，叶片着生状态向上。在桂林地区春茶一芽一叶期在3月上中旬，新梢芽叶浅绿色，茸毛中等，一芽三叶长9.3厘米，百芽重56.2克。春茶一芽二叶生化样含茶多酚16.0%，氨基酸5.0%，咖啡碱3.5%，水浸出物46.4%。适制绿茶。制烘青绿茶，外形条索紧细、色泽翠绿显毫，汤色嫩绿明亮，嫩香高长持久、花香明显，滋味鲜醇回甘。在广西桂林，第一生长周期亩产一芽二叶鲜叶275千克，比对照'福鼎大白茶'减产5%；第二生长周期亩产296千克，比对照'福鼎大白茶'减产4%。感茶小绿叶蝉，抗茶炭疽病，抗寒性和抗旱性强。

适宜种植区域及栽培技术要点

适宜广西茶区秋、冬季和春季雨水充足时种植。小绿叶蝉发生高峰期，适当采取防治措施。

'桂热2号'

Camellia sinensis var. *pubilimba* Chang 'Guire 2'

申 请 者 广西南亚热带农业科学研究所

育 种 者 韦锦坚　陈海生　陈远权　李金婷　廖春文　韦持章　农玉琴　阳景阳
覃潇敏　陆金梅　覃宏宇　陈　杏　骆妍妃　梁贤智　莫小燕　黄秀兰
廖旭辉　吴琴斯　翁小婷　巫虹颖　吴玲玲

品种编号 非主要农作物品种登记号：GPD茶树（2023）450004。广西种子总站农作物品种登记证书：（桂）登（茶）2006010号。

品种来源 广西南亚热带农业科学研究所从广西'凌云白毛茶'中单株选育而成。

特征特性 小乔木型，中生种，生长势强，树姿半开张，大叶类，叶片长度13.5厘米、宽度4.5厘米，叶片窄椭圆形，叶片着生状态水平。在龙州地区春茶一芽一叶期在3月中旬至下旬，新梢芽叶中等绿色，茸毛特多，芽头较肥壮，一芽三叶长6.8厘米、百芽重159.0克。春茶一芽二叶生化样含茶多酚22.4%，氨基酸2.5%，咖啡碱5.1%，水浸出物49.1%。适制绿茶和红茶。制烘青绿茶，外形壮结、扭曲、披毫隐绿，汤色嫩绿、清澈明亮，香气高鲜、嫩香，有毫香，滋味甘醇、鲜爽、滑；叶底嫩厚、显芽、嫩绿明亮；制工夫红茶，外形壮结、卷曲、金毫满披，汤色橙红明亮，香气清甜、鲜爽、花香显、有毫香，滋味尚浓醇、甘爽、微涩，叶底嫩厚、显芽、红亮。第一生长周期亩产一芽二叶鲜叶430千克，比对照'福鼎大毫茶'增产29%；第二生长周期亩产756千克，比对照'福鼎大毫茶'增产45%。感茶小绿叶蝉，高抗茶炭疽病，抗寒性强，抗旱性中。

适宜种植区域及栽培技术要点

适宜在广西地区冬、春季种植。建议与早生品种搭配种植。

'仙池12号'

Camellia sinensis（L.）O. Kuntze 'Xianchi 12'

申 请 者 广西绿异茶树良种研究院　三江侗族自治县科学技术情报研究所　广西壮族自治区茶叶科学研究所　三江侗族自治县仙池茶业有限公司

育 种 者 覃秀菊　陈 佳　张国富　杨 慈　邓慧群　杨子锋　蓝 燕　韦柳花　梁月超　王 磊　覃榆茏　谢崇馨　黄敏周　杨社兰　陆小璋　龙彬彬　戴 敏

品种编号 非主要农作物品种登记号：GPD茶树（2023）450013。

品种来源 广西绿异茶树良种研究院等从广西三江县地方群体种中单株选育而成。

特征特性 小乔木型，中生种，树姿半开张，生长势中等，中叶类。叶片长度7.9厘米、宽度3.4厘米，叶片中等椭圆形，叶片向上着生。在广西桂林地区春茶一芽一叶期在3月中旬，新梢芽叶紫红色，茸毛中等，一芽三叶长8.7厘米、百芽重78.0克。春茶一芽二叶生化样含茶多酚23.0%，氨基酸3.2%，咖啡碱4.6%，水浸出物50.6%。适制绿茶和红茶。制烘青绿茶，外形色泽墨绿，汤色紫绿，香气栗香高、持久，滋味醇厚鲜爽，叶底蓝绿匀亮；制工夫红茶，外形乌润、汤色橙红，香气甜香，滋味醇厚，叶底暗红。第一生长周期亩产一芽二叶鲜叶276千克，比对照'桂绿1号'减产4%；第二生长周期亩产359千克，比对照'桂绿1号'减产8%。感茶小绿叶蝉，感茶炭疽病，抗寒性和抗旱性强。

适宜种植区域及栽培技术要点

适宜在广西三江县区域冬、春季种植。建议与早生品种搭配种植。

'仙池66号'

Camellia sinensis（L.）O. Kuntze 'Xianchi 66'

申 请 者 三江侗族自治县仙池茶业有限公司 广西绿异茶树良种研究院 三江侗族自治县科学技术情报研究所 广西壮族自治区茶叶科学研究所

育 种 者 覃秀菊 张国富 邓慧群 梁月超 蓝 燕 陈 佳 杨子锋 谢崇馨 覃榆茏 王 磊 韦柳花 吴雨婷 陆小璋 黄敏周 吴利丹 吴根荣

品种编号 非主要农作物品种登记号：GPD茶树（2023）450014。

品种来源 三江侗族自治县仙池茶业有限公司等从广西三江县地方群体种中单株选育而成。

特征特性 小乔木型，中生种，树姿半开张，生长势中等。中叶类，叶片长度9.5厘米、宽度3.2厘米，叶片披针形，叶片向上着生。在广西桂林地区春茶一芽一叶期在3月中旬，新梢芽叶紫红色，茸毛中等，一芽三叶长8.9厘米、百芽重95克。春茶一芽二叶生化样含茶多酚20.7%，氨基酸4.6%，咖啡碱5.7%，水浸出物49.5%。适制绿茶和红茶。制烘青绿茶，外形墨绿，汤色紫绿亮，香气淡栗香较持久，滋味尚醇厚，叶底蓝绿亮；制工夫红茶，外形乌润、紧结有毫，汤色红亮，香气花香高锐持久，滋味醇甜鲜爽。第一生长周期亩产一芽二叶鲜叶277千克，比对照'桂绿1号'减产4%；第二生长周期亩产366千克，比对照'桂绿1号'减产6%。感茶小绿叶蝉，感茶炭疽病，抗寒性和抗旱性强。

适宜种植区域及栽培技术要点

适宜在广西三江县区域冬、春季种植。建议与早生品种搭配种植。

'桂茗1号'

Camellia sinensis（L.）O. Kuntze 'Guiming 1'

申 请 者 广西壮族自治区茶叶科学研究所

育 种 者 韦柳花　苏　敏　罗小梅　刘初生　邓慧群　赖兆荣　陈　佳　张凌云　诸葛天秋　林国轩　邱勇娟　覃榆茏

品种编号 非主要农作物品种登记号：GPD茶树（2023）450015。

品种来源 广西壮族自治区茶叶科学研究所从'瑞安白毛茶'种子后代中单株选育而成。

特征特性 灌木型，特早生种，生长势强，树姿开张，中叶类，叶片长度9.1厘米、宽度4.2厘米，叶片椭圆形，叶片呈向上着生。在桂林地区春茶一芽一叶期在2月下旬或3月上旬，新梢芽叶浅绿色，茸毛中等，芽头较肥壮，一芽三叶长7.23厘米、百芽重36.5克。春茶一芽二叶生化样含茶多酚17.6%，氨基酸4.7%，咖啡碱2.9%，水浸出物47.5%。适制绿茶、红茶和六堡茶。制绿茶，翠绿微有毫，汤色嫩绿、清澈明亮，香气清高、鲜爽有花香，滋味清鲜、甘和、滑、有花香；制红茶，鲜甜有果香，滋味甘醇鲜爽；制六堡茶，香气陈香，滋味纯正、滑口。第一生长周期亩产一芽二叶鲜叶472千克，比对照'福鼎大白茶'增产25%；第二生长周期亩产一芽二叶鲜叶531千克，比对照'福鼎大白茶'增产28%。中抗茶小绿叶蝉，抗茶炭疽病，抗寒性和抗旱性强。

适宜种植区域及栽培技术要点

适宜在广西茶区冬季或春季雨水充足的时间种植。该品种发芽期早，年底需及早施基肥，宜与中、晚生品种搭配种植。

'桂茗2号'

Camellia sinensis（L.）O. Kuntze 'Guiming 2'

申 请 者 广西壮族自治区茶叶科学研究所

育 种 者 韦柳花　苏　敏　罗小梅　梁月超　吴雨婷　胡启明　林国轩　覃榆茏　庞月兰

品种编号 非主要农作物品种登记号：GPD茶树（2023）450016。

品种来源 广西壮族自治区茶叶科学研究所从广西'修仁茶'中单株选育而成。

特征特性 灌木型，特早生种，生长势强，树姿开张，小叶类，叶片长度7.5厘米、宽度3.6厘米，叶片中等椭圆形，叶片呈向上着生。在桂林地区春茶一芽一叶期在2月下旬或3月上旬，新梢芽叶黄绿色，茸毛中等，芽头较肥壮，一芽三叶长5.6厘米、百芽重35.4克。春茶一芽二叶生化样含茶多酚18.2%，氨基酸4.1%，咖啡碱2.4%，水浸出物47.8%。适制绿茶和六堡茶。制绿茶，外形紧结、有毫、色泽翠绿鲜活，汤色嫩绿、清澈明亮，香气高鲜有花香，滋味鲜爽甘醇；制六堡茶，香气陈香，滋味纯正回甘。第一生长周期亩产一芽二叶鲜叶329千克，比对照'福鼎大白茶'减产11%；第二生长周期亩产一芽二叶鲜叶354千克，比对照'福鼎大白茶'减产13%。中抗茶小绿叶蝉，抗茶炭疽病，抗寒性和抗旱性强。

适宜种植区域及栽培技术要点

适宜在广西茶区冬季或春季雨水充足的时间种植。该品种发芽期早，宜与中、晚生品种搭配种植。

'桂香早'

Camellia sinensis（L.）O. Kuntze 'Guixiangzao'

申 请 者 广西壮族自治区茶叶科学研究所

育 种 者 罗小梅　林国轩　韦柳花　吴雨婷　苏　敏　邓慧群　诸葛天秋　周如鹍　陈　佳　赖兆荣

品种编号 非主要农作物品种登记编号：GPD茶树（2023）450018。

品种来源 广西壮族自治区茶叶科学研究所从'鸠坑种'中单株选育而成。

特征特性 灌木型，特早生种，生长势中等，树姿半开张，中叶类，叶片长度7.4厘米、宽度3.4厘米，叶片椭圆形，叶片呈向上着生。在桂林地区春茶一芽一叶期在2月下旬，新梢芽叶黄绿色，茸毛中等，芽头较肥壮，一芽三叶长6.4厘米、百芽重49.4克。春茶一芽二叶生化样含茶多酚16.8%，氨基酸4.9%，咖啡碱3.3%，水浸出物48.8%。适制绿茶、红茶和六堡茶。制绿茶，外形紧结、有毫，汤色嫩绿明亮，香气高鲜、透栗香，滋味甘醇、鲜爽；制红茶，外形紧结有毫，汤色橙红亮，香气呈甜花香，滋味醇厚含香；制六堡茶，陈香纯正，滋味浓醇。第一生长周期亩产一芽二叶鲜叶371千克，比对照'福鼎大白茶'减产5%；第二生长周期亩产394千克，比对照'福鼎大白茶'减产6%。在广西茶区，感茶小绿叶蝉，高抗茶炭疽病，抗旱性和抗寒性较强。

适宜种植区域及栽培技术要点

适宜在广西茶区冬季或春季雨水充足的时间种植。建议与中、晚生品种搭配种植。

'凌云5号'

Camellia sinensis（L.）O. Kuntze 'Lingyun 5'

申 请 者 广西壮族自治区茶叶科学研究所

育 种 者 罗小梅　林国轩　韦柳花　吴雨婷　苏　敏　刘初生　庞月兰　王志萍　覃榆茏

品种编号 非主要农作物品种登记编号：GPD茶树（2023）450019。

品种来源 广西壮族自治区茶叶科学研究所从'凌云白毛茶'中单株选育而成。

特征特性 灌木型，中生种，生长势强，树姿半开张，中叶类，叶片长度9.8厘米、宽度4.3厘米，叶片椭圆形，叶片呈向上着生。在桂林地区春茶一芽一叶期在3月上旬或3月中旬，新梢芽叶浅绿色，茸毛多，芽头肥壮，一芽三叶长8.2厘米、百芽重60.2克。春茶一芽二叶生化样含茶多酚22.3%，氨基酸3.5%，咖啡碱4.3%，水浸出物49.6%。适制绿茶、红茶和六堡茶。制绿茶，外形紧结显毫，汤色嫩绿明亮，香气清鲜、花香显，滋味清爽甘鲜、含花香；制红茶，外形壮实、显毫、乌褐，汤色红亮，香气呈甜花香、高长，滋味鲜浓；制六堡茶，汤色深红明亮，陈香纯正，滋味浓醇。第一生长周期亩产一芽二叶鲜叶439千克，比对照'福鼎大白茶'增产13%；第二生长周期亩产一芽二叶鲜叶450千克，比对照'福鼎大白茶'增产7%。在广西茶区，感茶小绿叶蝉，高抗茶炭疽病，抗寒性和抗旱性强。

适宜种植区域及栽培技术要点

适宜在广西茶区冬季或春季雨水充足的时间种植。定型修剪宜分3～4次进行，第一次在距离地面15厘米处修剪，第二次至第四次在距离上一次剪口10厘米处修剪。

'桂红2号'

Camellia sinensis（L.）O. Kuntze 'Guihong 2'

申 请 者 广西壮族自治区茶叶科学研究所 广西绿异茶树良种研究院

育 种 者 陈　佳　覃秀菊　邱勇娟　邓慧群　刘助生　苏　敏　蓝　燕　覃榆茏
韦柳花　王　磊　罗小梅　梁月超　黄　川　陈国帅　陈忠道　禤宇棋

品种编号 非主要农作物品种登记号：GPD茶树（2023）450029。

品种来源 广西壮族自治区茶叶科学研究所等从广西临桂宛田地方群体种中单株选育而成。

特征特性 灌木型，中生种，树姿开张，生长势中等，中叶类。叶片长度6.9厘米、宽度3.7厘米，叶片阔椭圆形，叶片向上着生。在广西桂林地区春茶一芽一叶期在3月中旬，新梢芽叶绿色，茸毛少，一芽三叶长6.9厘米、百芽重60.0克。春茶一芽二叶生化样含茶多酚21.9%，氨基酸5.0%，咖啡碱2.8%，水浸出物46.7%。适制绿茶和红茶。制烘青绿茶，外形色泽墨绿，汤色黄绿亮，香气清香（淡花香）、滋味鲜醇，叶底黄绿；制工夫红茶，外形乌润紧细，汤色红艳，香气木香（松香）、滋味浓厚，叶底尚红亮。第一生长周期亩产一芽二叶鲜叶295千克，比对照'尧山秀绿'增产67%；第二生长周期亩产399千克，比对照'尧山秀绿'增产34%。抗茶小绿叶蝉，抗茶炭疽病，抗寒性和抗旱性强。

适宜种植区域及栽培技术要点

适宜在广西桂北、桂中、桂南、桂东等地区冬、春季种植。建议增施有机肥配合复合肥，促进芽叶健壮生长。

'桂红3号'

Camellia sinensis（L.）O. Kuntze 'Guihong 3'

申 请 者 广西壮族自治区茶叶科学研究所

育 种 者 广西壮族自治区茶叶科学研究所　韩志福　覃秀菊

品种编号 非主要农作物品种登记号：GPD茶树（2023）450064。原全国农作物品种审定委员会审定编号：GS13001-1994。

品种来源 广西壮族自治区茶叶科学研究所从广西临桂'宛田大叶种'中单株选育而成。

特征特性 小乔木型，大叶类，晚生品种。树姿半开张，生长势中等，分枝部位中，分枝密度中等。叶片向上着生，中等椭圆形，长13.5厘米，宽5.6厘米，叶色绿色，先端钝。在桂林地区开采期一般为3月中旬，一芽二叶盛期一般在3月下旬；发芽密度中等，茸毛少；一芽三叶长6.4厘米，一芽三叶百芽重110.0克。盛花期为每年11月中旬至12月下旬。春季一芽二叶生化样含茶多酚23.8%，氨基酸3.6%，咖啡碱2.6%，水浸出物含量47.8%。适制绿茶、红茶和黑茶。制绿茶，外形细绿，香气清香，滋味醇厚清爽；制红茶，外形肥壮棕润，汤色红亮，香气甜香，滋味浓爽；制六堡茶，汤色红浓，香气陈香，滋味醇正。第一生长周期亩产一芽二叶鲜叶355千克，比对照'福鼎大白茶'减产27%；第二生长周期亩产567千克，比对照'福鼎大白茶'减产22%。抗茶炭疽病，抗茶小绿叶蝉，抗寒性和抗旱性较强。

适宜种植区域及栽培技术要点

适宜在广东、广西、福建茶区冬、春季雨水充足的时间种植。选择土层深厚、肥沃的平地或缓坡地；宜采用双行双株条栽；第一次定剪高度15厘米，采用分段剪或者采用弯枝法促进分枝培养树冠，以达到提早封园。该品种产量中等，发芽期较晚，宜与早生品种搭配种植。

第二章 茶树登记品种图谱

519

'桂红4号'

Camellia sinensis（L.）O. Kuntze'Guihong 4'

申 请 者 广西壮族自治区茶叶科学研究所

育 种 者 广西壮族自治区茶叶科学研究所　韩志福　覃秀菊

品种编号 非主要农作物品种登记号：GPD茶树（2023）450065。原全国农作物品种审定委员会审定编号：GS13002-1994。

品种来源 广西壮族自治区茶叶科学研究所从广西临桂'宛田大叶种'中单株选育而成。

特征特性 小乔木型，大叶类，晚生品种。树姿开张，生长势中等，分枝部位中，分枝密度中等。叶片向上着生，中等椭圆形，长13.7厘米，宽5.0厘米，叶色黄绿色，先端钝。桂林地区开采期一般为3月中下旬，一芽二叶盛期一般在3月下旬；发芽密度中等，茸毛少；一芽三叶长7.5厘米，一芽三叶百芽重120.0克。盛花期为每年10月下旬至11月下旬。春季一芽二叶生化样茶多酚24.0%，氨基酸3.0%，咖啡碱4.6%，水浸出物48.0%。适制绿茶、红茶和黑茶。制绿茶，香气嫩香，滋味醇厚，汤色浅黄亮；制红茶，汤色红亮，香气甜花香，滋味浓强有花香；制六堡茶，汤色红浓，香气陈香，滋味醇厚滑爽。第一生长周期亩产一芽二叶鲜叶353千克，比对照'福鼎大白茶'减产27%；第二生长周期亩产626千克，比对照'福鼎大白茶'减产14%。抗茶炭疽病，抗茶小绿叶蝉，抗寒性和抗旱性较强。

适宜种植区域及栽培技术要点

适宜在广东、广西、福建冬、春季雨水充足的时间种植。选择土层深厚、肥沃的平地或缓坡地；宜采用双行双株条栽，亩用苗6 000株；第一次定型修剪高度15厘米，采用分段剪或者采用弯枝法促进分枝培养树冠，以达到提早封园。该品种产量中等，发芽期较晚，宜与早生品种搭配种植。

'桂香22号'

Camellia sinensis（L.）O. Kuntze'Guixiang 22'

申 请 者 广西壮族自治区茶叶科学研究所

育 种 者 广西壮族自治区茶叶科学研究所 覃秀菊 邓慧群 邱勇娟 罗小梅 苏敏 韦静峰 刘玉芳 黄婷婷 甘春萍 陈佳 康祖僖 刘双娣

品种编号 非主要农作物品种登记号：GPD茶树（2023）450066。原广西农作物品种登记编号：（桂）登（茶）2010004。

品种来源 广西壮族自治区茶叶科学研究所从'凌云白毛茶'中单株选育而成。

特征特性 小乔木型，中叶类，早生品种。树姿半开张，生长势强，分枝部位中，分枝密。叶片向上着生，窄椭圆形，长6.8厘米，宽2.9厘米，叶绿色，先端钝。桂林地区开采期一般为2月下旬，一芽二叶盛期一般在2月下旬至3月上旬；发芽密度高，茸毛中等；一芽三叶长7.9厘米，一芽三叶百芽重50.0克。盛花期为每年11月中下旬。春季一芽二叶生化样含茶多酚17.0%，氨基酸4.1%，咖啡碱3.4%，水浸出物43.2%。适制绿茶和红茶。制绿茶，外形翠绿带毫，汤色碧绿，香气高锐，滋味浓而鲜爽；制红茶，色泽棕润，汤色红艳，花香高纯，滋味浓厚鲜爽。第一生长周期亩产一芽二叶鲜叶387千克，比对照'福鼎大白茶'增产11%；第二生长周期亩产424千克，比对照'福鼎大白茶'增产11%。抗茶炭疽病，抗茶小绿叶蝉，抗旱性和抗寒性强。

适宜种植区域及栽培技术要点

适宜在广西、四川、福建茶区春季种植。因属早生种，宜与中、晚生品种搭配种植，每亩用苗6 000~8 000株；幼龄期以施水肥为主，每亩每次施复合肥10千克，冬季增施有机肥，丰产期全年施肥4次。该品种树型偏直立，芽叶顶端优势强，对幼龄期茶园的定型修剪宜分4~5次进行，以促进侧枝的生长，加快骨干枝的培育，达到提早封园。采摘标准为一芽一叶或一芽二叶为宜。

'桂香18号'

Camellia sinensis var. *pubilimba* Chang 'Guixiang 18'

申 请 者 广西壮族自治区茶叶科学研究所

育 种 者 广西壮族自治区茶叶科学研究所　覃秀菊　邱勇娟　罗小梅　邓慧群　陈　佳　陈新强　何建栋　赖兆荣　林朝赐　刘初生　苏　敏　甘春萍

品种编号 非主要农作物品种登记编号：GPD茶树（2023）450067。原全国茶树品种鉴定委员会鉴定编号：国品鉴茶2010009。

品种来源 广西壮族自治区茶叶科学研究所从'凌云白毛茶'中单株选育而成。

特征特性 灌木型，大叶类，中芽茶树品种。树姿半开张，生长势强，分枝部位低，分枝密。叶片向上着生，窄椭圆形，长9.3厘米，宽4.3厘米，叶绿色，先端钝。桂林地区开采期一般为3月中下旬，一芽二叶盛期一般在3月下旬；发芽密度高，茸毛多；一芽三叶长9.6厘米，一芽三叶百芽重70.0克。盛花期为每年11月中下旬。春季一芽二叶生化样含茶多酚24.9%，氨基酸4.6%，咖啡碱3.9%，水浸出物48.2%。适制绿茶、红茶和乌龙茶。制绿茶，汤色黄绿明亮，花香高锐持久，滋味鲜爽；制红茶，汤色红亮，香气高纯，滋味浓鲜；制乌龙茶，汤色黄亮，花香纯正持久，滋味浓醇滑口。第一生长周期亩产324千克，比对照'福鼎大白茶'减产7%；第二生长周期亩产368千克，比对照'福鼎大白茶'减产3%。感茶炭疽病，抗茶小绿叶蝉，抗旱性和抗寒性强。

适宜种植区域及栽培技术要点

适宜在广西、四川、福建茶区春季种植。每亩用苗5 000株，幼苗期生长慢，应加强幼龄茶园的肥水管理，种植第一年宜施肥水，以后全年以施有机肥为主，丰产期全年施肥4次。采摘标准为一芽一叶或一芽二叶为宜。该品种属大叶种，分枝密，长势旺盛，高温高湿时期易发生病虫为害，应在每年的春茶采摘结束时及时进行一次轻修剪，以提高茶行间及采摘蓬面的通风透光率。

'紫脉龙韵'

Camellia sinensis (L.) O. Kuntze 'Zimai Longyun'

申 请 者 广西南亚热带农业科学研究所

育 种 者 广西南亚热带农业科学研究所 陈远权 阳景阳 吴玲玲 陈 杏 廖春文 韦锦坚 陈海生 韦持章 梁贤智 骆妍妃 农玉琴 巫虹颖 翁小婷 黄静 王明释 覃潇敏 李金婷 覃杰凤 陆金梅 吴琴斯 覃宏宇

品种编号 非主要农作物品种登记号：GPD茶树（2024）450008。

品种来源 广西南亚热带农业科学研究所从广西'南山白毛茶'中单株选育而成。

特征特性 小乔木型，大叶类，早生种。树姿半开张，生长势强，分枝部位中，分枝密。叶片水平着生，窄椭圆形，长11.7厘米，宽3.6厘米，叶色中等绿色，先端尖锐。在广西龙州地区开采期一般为3月上旬，一芽二叶盛期一般在3月中旬。发芽密度高，茸毛多；一芽三叶长10.4厘米，一芽三叶百芽重107.9克。盛花期为每年12月下旬。春茶一芽二叶生化样含茶多酚25.8%，氨基酸3.4%，咖啡碱3.4%，水浸出物53.2%。适制绿茶。制烘青绿茶，外形紧结略卷曲、显毫褐绿，汤色浅嫩黄绿尚明，香气高爽、甜栗香显，滋味甘醇微涩，叶底软匀有芽、黄绿。第一生长周期亩产一芽二叶鲜叶359千克，比对照'福鼎大毫茶'增产6%；第二生长周期亩产596千克，比对照'福鼎大毫茶'增产6%。高抗炭疽病，感小绿叶蝉，耐旱性中等，耐寒性强。

适宜种植区域及栽培技术要点

适宜在广西年平均气温20℃，最低温度不低于-2℃，无霜期350天，年均降水量1 500毫米左右地区冬、春季种植。选择土层深厚，有机质丰富的土壤进行栽培，双行单株"品"字形种植，亩植约4 000株。适当增施有机肥，适时定型修剪，分批留叶采摘，采养结合。注意小绿叶蝉防治。

絮脉龙韵植株

'龙蕊2号'

Camellia sinensis var. *pubilimba* Chang 'Longrui 2'

申 请 者 广西南亚热带农业科学研究所

育 种 者 广西南亚热带农业科学研究所　陈远权　陈海生　韦锦坚　韦持章　骆妍妃　农玉琴　李金婷　阳景阳　廖春文　陈 杏　梁贤智　吴玲玲　巫虹颖　翁小婷　黄 静　王明释　覃潇敏　覃杰凤　吴琴斯　陆金梅　覃宏宇

品种编号 非主要农作物品种登记号：GPD茶树（2024）450009。

品种来源 广西南亚热带农业科学研究所从广西'南山白毛茶'中单株选育而成。

特征特性 小乔木型，中叶类，早生种。树姿半开张，生长势中等，分枝部位中，分枝密度中等。叶片水平着生，中等椭圆形，长9.3厘米，宽3.9厘米，叶色中等绿色，先端尖锐。在广西龙州地区开采期一般为3月上中旬，一芽二叶盛期一般在3月中旬；发芽密度中等，茸毛中等；一芽三叶长7.7厘米，一芽三叶百芽重91.4克。盛花期为每年12月中下旬。春茶一芽二叶生化样含茶多酚24.6%，氨基酸2.9%，咖啡碱3.9%，水浸出物50.8%。适制绿茶。制烘青绿茶，外形紧结略卷曲、有毫乌绿，汤色浅黄尚明，香气浓郁、有花蜜香，滋味醇较甘爽、微涩，叶底软匀微有芽、绿。第一生长周期亩产一芽二叶鲜叶318千克，比对照'福鼎大毫茶'减产6%；第二生长周期亩产529千克，比对照'福鼎大毫茶'减产6%。高抗炭疽病，高感小绿叶蝉，耐旱性中等，耐寒性强。

适宜种植区域及栽培技术要点

适宜在广西年平均气温20℃，最低温度不低于-2℃，无霜期350天，年均降水量1 500毫米左右地区冬、春季种植。选择土层深厚、有机质丰富的土壤进行栽培，双行单株"品"字形种植，亩植约4 000株。适当增施有机肥，适时定型修剪，分批留叶采摘，采养结合。注意小绿叶蝉防治。

广西壮族自治区

第二章 茶树登记品种图谱

'龙蕊1号'

Camellia sinensis var. *pubilimba* Chang 'Longrui 1'

申 请 者 广西南亚热带农业科学研究所

育 种 者 广西南亚热带农业科学研究所 陈远权 韦锦坚 骆妍妃 农玉琴 梁贤智 陈海生 阳景阳 陈 杏 韦持章 廖春文 吴玲玲 翁小婷 巫虹颖 王明释 黄 静 覃潇敏 李金婷 覃杰凤 吴琴斯 陆金梅 覃宏宇

品种编号 非主要农作物品种登记号：GPD茶树（2024）450010。

品种来源 广西南亚热带农业科学研究所从广西'南山白毛茶'中单株选育而成。

特征特性 小乔木型，中叶类，早生种。树姿直立，生长势中等，分枝部位中，分枝密度中等。叶片水平着生，中等椭圆形，长8.6厘米，宽3.7厘米，叶色中等绿色，先端尖锐。在广西龙州地区开采期一般为3月上旬，一芽二叶盛期一般在3月中旬；发芽密度中等，茸毛中等；一芽三叶长6.8厘米，一芽三叶百芽重90.3克。盛花期为每年12月中下旬。春茶一芽二叶生化样含茶多酚25.0%，氨基酸2.4%，咖啡碱5.5%，水浸出物51.6%。适制绿茶。制烘青绿茶，外形紧结、略卷曲微有毫，乌绿，汤色浅黄稍暗，香气浓郁花蜜香显，滋味尚浓醇、较甘爽略涩，叶底软匀微有芽、深绿。第一生长周期亩产一芽二叶鲜叶311千克，比对照'福鼎大毫茶'减产8%；第二生长周期亩产517千克，比对照'福鼎大毫茶'减产8%。高抗炭疽病，感小绿叶蝉，耐旱性中等，耐寒性强。

适宜种植区域及栽培技术要点

适宜在广西年平均气温20℃，最低温度不低于-2℃，无霜期350天，年均降水量1 500毫米左右地区冬、春季种植。选择土层深厚，有机质丰富的土壤进行栽培，双行单株"品"字形种植，亩植约4 000株。适当增施有机肥，适时定型修剪，分批留叶采摘，采养结合。注意小绿叶蝉防治。

'凌龙1号'

Camellia sinensis var. *pubilimba* Chang 'Linglong 1'

申 请 者 广西南亚热带农业科学研究所

育 种 者 广西南亚热带农业科学研究所　韦锦坚　韦持章　农玉琴　陈远权　陈海生　陈　杏　骆妍妃　陆金梅　覃宏宇　覃潇敏　李金婷　阳景阳　廖春文　梁贤智　吴玲玲　翁小婷　巫虹颖　王明释　黄　静　覃杰凤　吴琴斯

品种编号 非主要农作物品种登记号：GPD茶树（2024）450011，植物新品种权号 CNA20211006923（'凌龙香1号'）。

品种来源 广西南亚热带农业科学研究所从广西'凌云白毛茶'中系统选育而成。

特征特性 小乔木型，大叶类，中生种。树姿半开张，生长势强，分枝部位中，分枝密。叶片向上着生，披针形，长13.5厘米，宽3.8厘米，叶色中等绿色，先端尖锐。在广西龙州地区开采期一般为3月中旬，一芽二叶盛期一般在3月中旬；发芽密度高，茸毛多；一芽三叶长6.8厘米，一芽三叶百芽重140.5克。盛花期为每年12月中下旬。春茶一芽二叶生化样含茶多酚21.6%，氨基酸2.8%，咖啡碱4.0%，水浸出物49.1%，适制绿茶。制烘青绿茶，外形紧结、略卷曲、褐绿披毫，汤色黄尚明，香气尚清高、略有嫩香毫香，滋味较醇爽、微青略涩，叶底厚软匀、有芽绿。第一生长周期亩产一芽二叶鲜叶450千克，比对照'福鼎大毫茶'增产35%；第二生长周期亩产706千克，比对照'福鼎大毫茶'增产35%。抗炭疽病，感小绿叶蝉，耐寒性强，耐旱性中等。

适宜种植区域及栽培技术要点

适宜在广西年平均气温20℃，最低温度不低于-2℃，无霜期350天，年均降水量1 500毫米左右地区冬、春季种植。选择土层深厚，有机质丰富的土壤进行自安排，双行单株"品"字形种植，亩植约4 000株。适当增施有机肥，适时定型修剪，分批留叶采摘，采养结合。注意防治小绿叶蝉。

第二章 茶树登记品种图谱

重庆市

'渝茶3号'

Camellia sinensis（L.）O. Kuntze 'Yucha 3'

申 请 者 重庆市农业科学院

育 种 者 重庆市农业科学院 侯渝嘉 李中林 彭 萍 唐 敏 徐 泽 胡 翔 邓 敏 邬秀宏 翟秀明 黄尚俊

品种编号 非主要农作物品种登记号：GPD茶树（2020）500004。原重庆市农作物品种审定委员会鉴定编号：渝品审鉴2017014。

品种来源 重庆市农业科学院从'早白尖'中单株选育而成。

特征特性 灌木型，中生种，树姿半开张，中叶类，叶片长度7.3厘米，宽度3.2厘米，中等椭圆形，叶片着生姿态向上；新梢芽茸毛较多，一芽二叶长3.9厘米，一芽二叶百芽重19.4克。春季一芽二叶生化样含茶多酚23.9%，氨基酸5.4%，咖啡碱3.3%，水浸出物40.2%。适制绿茶。制绿茶，香高味醇、色绿。第一生长周期春夏秋季亩产一芽二叶鲜叶252千克，比对照'福鼎大白茶'增产34%；第二生长周期春夏秋季亩产一芽二叶鲜叶400千克，比对照'福鼎大白茶'增产16%。抗茶半跗线螨，感茶云纹叶枯病，感茶小绿叶蝉，抗寒性和抗旱性较强。

适宜种植区域及栽培技术要点

适宜在重庆茶区种植。以土层深厚、疏松肥沃、通气和排水良好、pH值4.5~6.0的砂壤土为佳。

'渝茶4号'

Camellia sinensis（L.）O. Kuntze'Yucha 4'

申 请 者 重庆市农业科学院

育 种 者 重庆市农业科学院 侯渝嘉 李中林 徐 泽 彭 萍 唐 敏 胡 翔 邓 敏 邬秀宏 翟秀明 黄尚俊

品种编号 非主要农作物品种登记号：GPD茶树（2020）500005。原重庆市农作物品种审定委员会鉴定编号：渝品审鉴2017015。

品种来源 重庆市农业科学院从'福鼎大白茶'自然杂交后代中采用单株育种法选育而成。

特征特性 灌木型，特早生种，树姿开张，中叶类，叶片长度7.9厘米，宽度3.0厘米，窄椭圆形，叶片着生姿态向上；新梢芽叶黄绿，芽茸少，一芽二叶长4.6厘米，一芽二叶百芽重18.1克。春季一芽二叶生化样含茶多酚24.4%，氨基酸3.9%，咖啡碱3.3%，水浸出物39.2%。适制绿茶和红茶。制绿茶，香气清鲜，香显；制红茶，较甜鲜有花香。第一生长周期春夏秋季亩产一芽二叶鲜叶361千克，比对照'福鼎大白茶'增产92%；第二生长周期春夏秋季亩产一芽二叶鲜叶514千克，比对照'福鼎大白茶'增产49%。中抗茶半跗线螨，感茶小绿叶蝉，感茶云纹叶枯病，抗旱性强。

适宜种植区域及栽培技术要点

适宜在重庆茶区的秋季或春季雨水充足时种植。选择土层深厚、疏松肥沃、通气和排水良好、pH值4.5~6.0的砂壤土。因发芽期特早，早春催芽肥应提早到1月底至2月初，分批及时嫩采，春梢需预防倒春寒危害。

四川省

'紫嫣'

Camellia sinensis（L.）O. Kuntze 'Ziyan'

申 请 者 四川农业大学　四川一枝春茶业有限公司

育 种 者 唐　茜　杨　洋　谭礼强　杨昌银　邹　瑶　李　伟　李晓松　王正阳　刘冠群　杨纯婧　胡　尧　胡　灿　谭晓琴　陈红旭　范虹丽　黄嘉诚

品种编号 非主要农作物品种登记号：GPD茶树（2018）510007，植物新品种权号：CNA20210455.2。

品种来源 四川农业大学等从'四川中小叶种'中单株选育而成。

特征特性 灌木型，晚生种，生长势中等，树姿半开张。叶片中椭圆形，向上着生，叶色深紫，叶面隆起，叶身平，叶质较硬，叶齿钝，叶缘微波状。春季萌发期晚，在四川乐山市春茶一芽二叶期为3月下旬或4月上旬，比对照'紫娟'晚1~2天。新梢芽、叶、茎均为深紫色，茸毛较密，一芽三叶长8.7厘米、百芽重46.1克。萼片紫红色，无毛，花柱3~5裂，分裂位置中裂，子房有茸毛，花多，但果实较小。春茶一芽二叶生化样含茶多酚20.4%，氨基酸4.4%，咖啡碱4.0%，水浸出物45.5%。该品种为高花青素含量的特色品种，在四川茶区种植一芽二叶花青素含量高达2%~3%。适制绿茶和红茶等。制烘青绿茶，外形匀整，干茶色青黛，汤色蓝紫清澈，有嫩香，滋味浓厚尚回甘，叶底柔软，色靛青。制红茶，外形乌润、有毫，香气浓郁、有甜香，滋味甜醇。第一生长周期亩产一芽二叶鲜叶241千克，比对照'紫娟'增产4%；第二生长周期亩产一芽二叶鲜叶319千克，比对照'紫娟'增产5%。中抗茶炭疽病，感茶小绿叶蝉。在四川茶区抗寒性较强，抗旱性强。

适宜种植区域及栽培技术要点

适宜在四川海拔1 200米以下的茶区种植，春、秋季均可移栽茶苗。建议种植在肥力中等或肥力较高的土壤上。该品种开花结实能力强，建议在每年8—9月，对茶园喷施浓度为1 000毫克/千克乙烯利溶液疏花疏果，以控制生殖生长。

四川省

第二章 茶树登记品种图谱

539

'川茶6号'

Camellia sinensis（L.）O. Kuntze 'Chuancha 6'

申 请 者 四川农业大学　四川省茶业集团股份有限公司　四川省名山茶树良种繁育场　四川雅安西康藏茶集团有限责任公司

育 种 者 唐　茜　谭礼强　陈盛相　张　莹　郑晓虹　颜麟沣　文卫旗　刘冠群　王　博　罗桂琼　李晓松　高宪云　杨纯婧

品种编号 非主要农作物品种登记号：GPD茶树（2018）510008。

品种来源 四川农业大学等从'崇庆枇杷茶'中单株选育而成。

特征特性 小乔木型，早生种，生长势强，树姿半开张。叶片中椭圆形，向上着生。春季新梢黄绿色，夏、秋季新梢略带紫芽，一芽三叶长11.3厘米、百芽重53.5克。子房有茸毛，花萼外部无茸毛。春茶一芽二叶生化样含茶多酚19.4%，氨基酸4.0%，咖啡碱3.9%，水浸出物45.5%。适制绿茶和红茶。制烘青绿茶，外形肥壮，较紧实绿润，嫩香高长，汤色绿亮，滋味鲜爽，叶底肥实；制红茶，外形肥壮显金毫，香气甜浓，汤色红浓较亮，滋味浓甜，叶底红匀。第一生长周期亩产一芽二叶鲜叶380千克，比对照'福鼎大白茶'增产10%；第二生长周期亩产一芽二叶鲜叶452千克，比对照'福鼎大白茶'增产11%。中抗茶炭疽病，中抗茶小绿叶蝉。在四川茶区抗寒性强，抗旱性较强，适应性较强。

适宜种植区域及栽培技术要点

适宜在四川海拔1 200米以下的茶区。建议在肥力中等或较高的土壤上种植。该品种的持嫩性强，注意防治螨类为害，高山阴湿茶区还须加强茶饼病的防治，同时注意防御高温干旱。

'蒙山5号'

Camellia sinensis（L.）O. Kuntze 'Mengshan 5'

申 请 者 四川省名山茶树良种繁育场　四川农业大学

育 种 者 唐　茜　杨雪梅　文维奇　高先荣　李　伟　李德平　徐晓辉　吴祠平　夏家英　李　玲　郭　磊　刘冠群　黄嘉诚　谭晓琴　范虹利　宋一丹　张　峰　苏月牙　董姝伶

品种编号 非主要农作物品种登记号：GPD茶树（2019）510001。

品种来源 四川省名山茶树良种繁育场等从'四川中小叶种'中单株选育而成。

特征特性 小乔木型，特早生种，生长势强，树姿半开张。叶片中椭圆形，向上着生。在四川川西茶区发芽特早，较对照'福鼎大白茶'早17～21天。春季新梢黄绿色，茸毛多，芽叶肥壮，一芽三叶长9.9厘米、百芽重约73.9克。子房有茸毛，花萼外部无茸毛。春茶一芽二叶生化样含茶多酚19.9%，氨基酸4.6%，咖啡碱含量3.5%，水浸出物含量50.5%。适制绿茶和红茶。制烘青绿茶，外形细嫩、披毫嫩绿，内质嫩香带毫香，汤色嫩绿明亮，滋味浓厚回甘，叶底嫩绿；制红茶，外形肥壮显金毫，汤色红浓明亮，甜醇爽口。第一生长周期亩产一芽二叶鲜叶369千克，比对照'福鼎大白茶'增产12%；第二生长周期亩产一芽二叶鲜叶427千克，比对照'福鼎大白茶'增产20%。感炭疽病，感小绿叶蝉。在四川茶区抗寒性和抗旱性中等，适应性较强。

栽培技术要点

适宜在四川茶区海拔1 200米以下的平地或山区种植。该品种持嫩性强，注意防治茶饼病、小绿叶蝉和螨类为害。发芽特早，早春应注意防治倒春寒危害。建议与中生品种搭配种植。

'川茶10号'

Camellia sinensis（L.）O. Kuntze 'Chuancha 10'

申 请 者 四川农业大学　峨眉山市绥山镇沈山村村民委员会　四川省峨眉山竹叶青茶业有限公司

育 种 者 唐　茜　彭崇原　李品武　谭礼强　黄嘉诚　沈平华　沈志华　陈　伟　谭晓琴　李　伟　张利萍　王　鑫　晋　真　李慧丽

品种编号 非主要农作物品种登记号：GPD茶树（2021）510001。

品种来源 四川农业大学等从'四川中小叶种'中单株选育而成。

特征特性 灌木型，中生种，生长势强，树姿半开张。叶片中等椭圆形，向上着生。在四川川西茶区春季发芽期较对照'福鼎大白茶'晚5~7天；春梢黄绿色，茸毛较多，芽头肥壮，一芽三叶长10.0厘米、百芽重61.1克，夏季新梢略带紫芽。盛花期早，花冠直径3.0厘米，花萼外部无茸毛，子房茸毛较密。春茶一芽二叶生化样含茶多酚22.9%，氨基酸4.6%，咖啡碱3.5%，水浸出物47.7%。适制绿茶。制绿茶，外形壮实深绿润，香气栗香带清香，汤色嫩绿明亮，滋味浓醇甘爽，叶底肥嫩、绿匀齐。第一生长周期亩产一芽二叶鲜叶451千克，比对照'福鼎大白茶'增产25%；第二生长周期亩产一芽二叶鲜叶488千克，比对照'福鼎大白茶'增产16%。中抗炭疽病，感小绿叶蝉。在四川茶区抗寒性较强，抗旱性中。

适宜种植区域及栽培技术要点

适宜在海拔1 200米以下的四川茶区。宜在肥力中等或肥力较高的土壤上种植。该品种的持嫩性较强，注意防治螨类为害，高山阴湿茶区须加强炭疽病的防治。建议与早生品种搭配种植。

四川省

第二章 茶树登记品种图谱

'川沐318'

Camellia sinensis（L.）O. Kuntze 'Chuanmu 318'

申 请 者 四川农业大学　四川一枝春茶业有限公司　四川省茶业集团股份有限公司

育 种 者 唐　茜　杨　洋　邹　瑶　谭礼强　谢文钢　杨昌银　黄嘉诚　李　伟　谭晓琴　杨纯婧　张利萍　王　鑫　李慧丽　晋　真

品种编号 非主要农作物品种登记号：GPD茶树（2021）510002。

品种来源 四川农业大学等从'四川中小叶'中单株选育而成。

特征特性 灌木型，晚生种，生长势较强，树姿半开张。叶片中椭圆形，向上着生。在四川乐山地区发芽期比对照'福鼎大白茶'晚9~13天。新梢鱼叶期至一芽一叶期生长较缓慢，即从独芽至展开第一片真叶需5~7天，因此易采独芽。春季新梢绿色有茸毛，一芽三叶长8.5厘米、百芽重52.3克。子房有茸毛，花萼外部无茸毛。春茶一芽二叶生化样含茶多酚21.6%，氨基酸4.6%，咖啡碱3.6%，水浸出物45.4%。适制红茶。制红茶，外形紧实、乌润、显金毫，香气甜香浓郁且带花香，汤色橙红明亮，滋味高甜浓郁，叶底肥嫩、红匀明亮；风味独特。第一生长周期亩产一芽二叶鲜叶364千克，与对照'福鼎大白茶'相当；第二生长周期亩产一芽二叶鲜叶381千克，比对照'福鼎大白茶'减产4%。感小绿叶蝉，中抗炭疽病。在四川茶区抗寒性较强。

适宜种植区域及栽培技术要点

适宜在海拔1 200米以下的四川茶区种植。该品种持嫩性较强，注意防治螨类为害。建议与早生品种搭配种植。

'天府5号'

Camellia sinensis（L.）O. Kuntze 'Tianfu 5'

申 请 者 洪雅县观音茶叶专业合作社　洪雅县农业农村局　王小萍　王　云　李春华　马伟伟

育 种 者 王小萍　王　云　李春华　熊元元　马伟伟　刘桄成　张　厅　刘　飞　张　娟　唐晓波　王迎春　李兰英　周　兵　刘茂勤　罗学平　刘川丽　陈　凯　莫建超

品种编号 非主要农作物品种登记号：GPD茶树（2021）510003。

品种来源 洪雅县观音茶叶专业合作社等从'四川中小叶种'中单株选育而来。

特征特性 灌木型，中叶类，早生种。树姿半开张，生长势强，分枝部位低，分枝密度密。叶片向上着生，叶片形状窄椭圆形，叶片长度9.4厘米，宽度3.5厘米；叶色绿色，叶片先端形状尖锐。开采期一般为2月下旬，一芽二叶盛期一般在3月上旬或中旬；发芽密度高，茸毛中；一芽三叶长5.7厘米，一芽三叶百芽重31.2克。盛花期为每年10月中旬，内轮花瓣颜色白色，花瓣5~6枚，花冠直径中（3.7厘米），子房有茸毛，密度中等，花柱分裂位置高，雌蕊低于雄蕊高度。春季一芽二叶生化样含茶多酚20.2%，氨基酸5.1%，咖啡碱3.3%，水浸出物47.1%。适制绿茶和红茶。制绿茶，紧结黄绿较润，栗香浓郁持久，嫩绿明亮，鲜爽醇厚；制红茶紧结较润显金毫，橙红明亮，甜香，滋味甜浓醇厚。第一生长周期亩产一芽二叶鲜叶381千克，比对照'福鼎大白茶'增产6%；第二生长周期亩产一芽二叶鲜叶337千克，比对照'福鼎大白茶'减产2%。抗小绿叶蝉，抗炭疽病，抗寒性强。

适宜种植区域及栽培技术要点

适宜在西南生态区四川茶区春、秋季种植。双行单株或双株种植后需进行3次定型修剪，该品种生长势旺盛，根系发达，宜种植在肥力中等或较高土壤上，加强培肥管理。早春注意防治蚜虫。

'天府6号'

Camellia sinensis（L.）O. Kuntze 'Tianfu 6'

申 请 者 洪雅县观音茶叶专业合作社　洪雅县农业农村局　王　云　王小萍　李春华　马伟伟

育 种 者 王　云　王小萍　李春华　马伟伟　唐晓波　张　厅　刘桃成　熊元元　刘　飞　张　娟　王迎春　李兰英　周　兵　刘茂勤　罗学平　刘川丽　陈　凯　冉登玉

品种编号 非主要农作物品种登记号：GPD茶树（2021）510004。

品种来源 洪雅县观音茶叶专业合作社等从'四川中小叶种'中单株选育而成。

特征特性 灌木型，中叶类，早生种。树姿半开张，生长势强，分枝部位低，分枝密度密。叶片向上着生，叶片形状窄椭圆形，叶片长度9.6厘米，宽度4.0厘米；叶色绿色，叶片先端形状尖锐。开采期一般为2月下旬，一芽二叶盛期一般在3月中旬；发芽密度高，茸毛少；一芽三叶长5.3厘米，一芽三叶百芽重27.2克。盛花期为每年10月中旬，内轮花瓣颜色白色，花瓣5～6枚，花冠直径中（3.7厘米），子房有茸毛，密度中等，花柱分裂位置高，雌蕊低于雄蕊高度。春季一芽二叶生化样含茶多酚18.8%，氨基酸5.3%，咖啡碱3.4%，水浸出物41%。适制绿茶和红茶。制绿茶，紧结绿润带毫，栗香浓郁持久，嫩绿较亮，滋味鲜爽醇；制红茶，紧结较润显金毫，甜香，橙红明亮，滋味醇厚。第一生长周期亩产一芽二叶鲜叶369千克，比对照'福鼎大白茶'增产2%；第二生长周期亩产一芽二叶鲜叶339千克，比对照'福鼎大白茶'减产2%。抗小绿叶蝉，抗炭疽病，抗寒性强。

适宜种植区域及栽培技术要点

适宜在西南生态区四川茶区春、秋季种植。双行单株或双株种植后需进行3次定型修剪，该品种生长势旺盛，宜种植在肥力中等或较高的土壤上，加强培肥管理；早春注意防控蚜虫为害。

四川省

第二章 茶树登记品种图谱

551

'彝黄1号'

Camellia sinensis（L.）O. Kuntze 'Yihuang 1'

申 请 者 马边彝族自治县农业农村局　马边建新茶业农民专业合作社　王　云　李春华　马伟伟

育 种 者 王　云　马伟伟　孙道伦　任　静　李春华　甘　勇　粟　波　杨明全　邓力强　王小萍　张　厅　刘　飞　唐晓波　刘　晓　熊元元　高　玲　张　娟　高婧斐　汪　闵　陈含韬

品种编号 非主要农作物品种登记号：GPD茶树（2021）510033。

品种来源 马边彝族自治县农业农村局等从'四川中小叶种'中单株选育而成。

特征特性 小乔木型，小叶类，中生种。树姿半开张，生长势中，分枝部位低，分枝密度中。叶片水平着生，叶片形状窄椭圆形，叶片长度8.2厘米，宽度2.8厘米；叶色黄色，叶片先端形状钝。开采期一般为3月中旬，一芽二叶盛期一般在3月下旬；发芽密度中，茸毛中，夏秋季新梢颜色金黄；一芽三叶长6.3厘米、百芽重22.4克。盛花期为每年9月下旬。春季一芽二叶生化样含茶多酚15.1%，氨基酸7.8%，咖啡碱4.7%，水浸出物43.4%。适制绿茶。制烘青绿茶，感官品质色泽"三黄"突出，即干茶金黄、汤色嫩黄、叶底玉黄，外形芽叶成朵匀齐，嫩香带奶香，汤色嫩黄明亮，滋味鲜爽，叶底玉黄明亮。第一生长周期亩产一芽二叶鲜叶378千克，比对照'福鼎大白茶'减产5%；第二生长周期亩产一芽二叶鲜叶385千克，比对照'福鼎大白茶'减产3%。根据2016—2018年连续3年的抗性鉴定：感小绿叶蝉，中抗炭疽病，抗（寒）旱性与对照'福鼎大白茶'相当。

适宜种植区域及栽培技术要点

适宜在西南生态区四川茶区海拔1 000米以下向阳的平地或山区种植。选择肥力中等或较高的土壤，建议双行单株，需进行3次定型修剪；加强营养调控，不宜重施氮肥；加强病虫害绿色防控管理。

'甘露1号'

Camellia sinensis（L.）O. Kuntze 'Ganlu 1'

申 请 者 四川省农业科学院茶叶研究所　四川省名山茶树良种繁育场

育 种 者 罗　凡　王仁全　龚雪蛟　杨雪梅　尧　渝　刘东娜　李兰英　王显福
孙道伦　余　莲　文维奇　陈　凯　钟国林　王迎春　胥亚琼　张　翔
黄　藩　高先荣

品种编号 非主要农作物品种登记号：GPD茶树（2022）510037，植物新品种权号：CNA20211008103。

品种来源 四川省农业科学院茶叶研究所等从'四川中小叶种'中单株选育而成。

特征特性 灌木型，中叶类，早生种。树姿半开张，生长势强，分枝部位中，分枝密度中等。叶片向上着生，中等椭圆形，叶片长度10.1厘米，宽度4.3厘米，叶色绿黄色，先端尖锐。开采期一般为2月下旬，一芽二叶盛期一般在3月下旬。发芽特早，发芽整齐，发芽密度中等，茸毛中等，芽形肥大，新梢绿黄色、易断易采摘，适宜机械化采摘。一芽三叶长8.6厘米、百芽重93.2克。盛花期为每年10月中旬。一般3年可以成园，适宜加工卷曲型绿茶和扁形芽茶。春季一芽二叶生化样含茶多酚21.7%，氨基酸4.2%，咖啡碱4.1%，水浸出物50.4%。适制绿茶。制绿茶，外形卷曲绿润、显毫，香气高鲜带栗香，汤色嫩绿明亮，滋味甘鲜浓醇，叶底嫩厚黄绿、芽叶完整。第一生长周期亩产一芽二叶鲜叶483千克，比对照'福鼎大白茶'增产20%；第二生长周期亩产一芽二叶鲜叶517千克，比对照'福鼎大白茶'增产27%。抗茶炭疽病、茶小绿叶蝉，抗旱性和抗寒性较强。

适宜种植区域及栽培技术要点

适宜在四川地区的春、秋季种植。该品种生长势旺，宜采用单行双株或双行单株方式种植，3次定型修剪；机采茶园应适时增加施肥量。

'金凤1号'

Camellia sinensis（L.）O. Kuntze 'Jinfeng 1'

申 请 者 四川省农业科学院茶叶研究所 旺苍县茶产业技术研究所

育 种 者 罗　凡　李兰英　尧　渝　龚雪蛟　刘东娜　王德怀　胥亚琼　罗　晟
张　翔　黄　藩　王迎春　胥锦桦　石保旭　高　远

品种编号 非主要农作物品种登记号：GPD茶树（2022）510038，植物新品种权号：CNA20211006772（'九凤1号'）。

品种来源 四川省农业科学院茶叶研究所等从'四川中小叶种'中单株选育而成。

特征特性 灌木型，中生种，树姿半开张，中叶类，叶片长度7.4厘米，宽度3.3厘米，中等椭圆形，叶片着生姿态向上。开采期一般为3月中旬，一芽二叶盛期一般在3月下旬，发芽密度中，茸毛少，一芽三叶长5.8厘米、百芽重32.0克。春季一芽二叶生化样含茶多酚22.4%，氨基酸4.9%，咖啡碱3.8%，水浸出物45.8%。适制绿茶。制绿茶，外形卷曲金黄有毫，香气嫩香带花香，汤色嫩黄明亮，滋味鲜爽醇和，叶底嫩黄明亮、芽叶完整。第一生长周期全年亩产一芽二叶鲜叶341千克，比对照'中黄1号'增产29%；第二生长周期全年亩产一芽二叶鲜叶351千克，比对照'中黄1号'增产26%。中抗茶炭疽病、茶小绿叶蝉，抗旱性和抗寒性较强。

适宜种植区域及栽培技术要点

适宜在西南生态区四川茶树适生栽培区春、秋季种植。因黄化特异品种对光照比较敏感，应适当种植遮阳树；移栽后须进行3次定型修剪，种植第三年可初投产。

'金凤2号'

Camellia sinensis（L.）O. Kuntze 'Jinfeng 2'

申 请 者 四川省农业科学院茶叶研究所　雅安市名山区欣菊苗木种植农民专业合作社
育 种 者 罗　凡　刘东娜　田中禄　李兰英　尧　渝　龚雪蛟　田雨寒　张　蝶
　　　　　胥亚琼　罗　晟　张冬川　陈　勋　高　远　杜　红　蒋　丹
品种编号 非主要农作物品种登记号：GPD茶树（2022）510039，植物新品种权号：CNA20211008104。
品种来源 四川省农业科学院茶叶研究所等从'四川中小叶种'中单株选育而成。
特征特性 灌木型，早生种，树姿半开张，中叶类，叶片长度9.3厘米，宽度3.7厘米，窄椭圆形，叶片着生姿态向上；成叶黄绿相间，新梢黄绿色，开采期一般为2月下旬，一芽二叶盛期一般在3月上旬，发芽密度中等，茸毛少，一芽三叶长8.1厘米、百芽重41.7克。春季一芽二叶生化样含茶多酚20.3%，氨基酸3.9%，咖啡碱4.3%，水浸出物51.0%。适制绿茶。制绿茶，外形卷曲黄绿、油润显毫，香气清高显花香，汤色嫩黄明亮，滋味清鲜醇厚，叶底嫩黄明亮、芽叶完整成朵。第一生长周期全年亩产一芽二叶鲜叶302千克，比对照'中黄1号'增产15%；第二生长周期全年亩产一芽二叶鲜叶311千克，比对照'中黄1号'增产12%。中抗茶炭疽病、茶小绿叶蝉，抗旱性和抗寒性较强。

适宜种植区域及栽培技术要点

适宜在西南生态区四川茶区春、秋季种植。因黄化特异品种对光照比较敏感，在太阳光线较强的地区栽培可以搭建遮阳棚，既可以遮挡部分阳光，又可以减少土壤水分蒸发，待茶树成园或光照减弱后，再撤去遮阳棚，避免强光灼烧幼嫩新梢。移栽后须进行3次定型修剪，种植第三年可初投产。

'蒙山6号'

Camellia sinensis（L.）O. Kuntze 'Mengshan 6'

申 请 者 四川省名山茶树良种繁育场　四川省农业科学院茶叶研究所

育 种 者 王小萍　王　云　杨雪梅　李春华　熊元元　马伟伟　文维奇　郭　磊
　　　　　张　厅　刘　晓　张　娟　高先荣　唐晓波　刘　飞

品种编号 非主要农作物品种登记号：GPD茶树（2022）510042。

品种来源 四川省名山茶树良种繁育场等从'四川中小叶种'单株选育而成。

特征特性 小乔木型，中叶类，早生种。树姿半开张，生长势强，分枝部位低，分枝密度密。叶片向上着生，叶片形状窄椭圆形，叶片长度10.3厘米，宽度4.4厘米；叶色中等绿色；叶片先端形状钝，上表面隆起强，叶边缘波状强，边缘锯齿中，叶基楔形。开采期一般为3月上旬，一芽二叶盛期一般在3月下旬；发芽密度高，茸毛多；一芽三叶长7.6厘米、百芽重34.3克。盛花期为每年10月中旬。花瓣颜色白色，花冠直径3.4厘米，子房有茸毛，花萼外部无茸毛，花柱长度0.9厘米，花柱分裂位置低，雌蕊低于雄蕊的高度。春季新梢一芽二叶茶多酚含量20.3%，氨基酸3.9%，咖啡碱3.2%，水浸出物46.1%。适制绿茶，尤其适制卷曲形名优茶，兼制红茶等。制绿茶，外形紧结嫩绿润显锋苗，内质嫩香、带毫香，汤色嫩绿明亮，滋味浓醇鲜，叶底嫩绿。制红茶，外形紧结、多金毫，汤色橙红明亮，香气高甜，滋味醇厚回甘。第一生长周期亩产一芽二叶鲜叶243千克，比对照'福鼎大白茶'减产2%；第二生长周期亩产一芽二叶鲜叶288千克，比对照'福鼎大白茶'增产4%。中抗假眼小绿叶蝉，中抗炭疽病，抗寒性强，适应性较强。

适宜种植区域及栽培技术要点

适宜在四川茶区春、秋季种植。在海拔1 200米以下的地域或山区双行单株或双株栽植，移栽后须进行3次定型修剪，应加强培肥管理。注意防治小绿叶蝉和螨类为害。

'蒙山8号'

Camellia sinensis（L.）O. Kuntze 'Mengshan 8'

申 请 者 四川省名山茶树良种繁育场　四川省农业科学院茶叶研究所　四川峰顶寺茶业有限公司

育 种 者 王小萍　王　云　杨雪梅　李春华　马伟伟　熊元元　文维奇　李　鑫　张　厅　刘　晓　胥仕蓉　张　娟　高先荣　蔡元强　唐晓波　刘　飞　邱元生

品种编号 非主要农作物品种登记号：GPD茶树（2022）510043。

品种来源 四川省名山茶树良种繁育场等从'四川中小叶种'中系统选育而成。

特征特性 小乔木，中叶类，早生种。树姿半开张，生长势强，分枝部位低，分枝密度密。叶片向上着生，叶片形状窄椭圆形，叶片长度11.4厘米，宽度4.3厘米；叶色中等绿色；叶片先端形状钝。开采期一般为3月中旬，一芽二叶盛期一般在3月中下旬；发芽密度中，茸毛中。夏、秋季新梢略带紫芽；一芽三叶长7.0厘米、百芽重33.5克。盛花期为每年11月中旬，花瓣颜色白色，花瓣5~6枚，花冠直径约3.8厘米，花柱长0.9厘米，花柱开裂位置低，柱头3裂，雌雄蕊等高或雌蕊高于雄蕊。春季新梢一芽二叶含茶多酚21.9%，氨基酸4.3%，咖啡碱4.0%，水浸出物50.9%。适制绿茶和红茶。制绿茶，外形紧细匀整绿润，嫩香持久带栗香，汤色嫩绿明亮，浓醇爽口，叶底细嫩明亮。制红茶，外形紧结多金毫，橙红明亮，甜香，滋味浓厚回甘叶底柔软。第一生长周期亩产一芽二叶鲜叶240千克，比对照'福鼎大白茶'减产3%；第二生长周期亩产一芽二叶鲜叶295千克，比对照'福鼎大白茶'增产6%。中抗炭疽病，感小绿叶蝉，抗寒性强，适应性较强。

适宜种植区域及栽培技术要点

适宜在西南生态区四川茶区春、秋季种植。在海拔800~1 200米的山区，肥力中等或肥力较高的土壤上，双行单株或双株种植，移栽后须进行3次定型修剪，应加强培肥管理；注意防治小绿叶蝉和螨类为害。

'川茶2号'

Camellia sinensis（L.）O. Kuntze 'Chuancha 2'

申 请 者 四川农业大学　四川一枝春茶业有限公司　四川省名山茶树良种繁育场　四川雅安国家农业科技园区管理委员会

育 种 者 唐　茜　杨　洋　杜　晓　单虹丽　谢文钢　杨　梅　许靖逸　杨　安　杨昌银　张玉莲　杨仁福　余洪泉　陈　伟　施晓龙　韩　楠　曾　艳　聂枞宁　伏三洪　李翙舸　向俊梓

品种编号 非主要农作物品种登记号：GPD茶树（2022）510047。原四川省农作物品种审定委员会审定编号：川审茶2013001。

品种来源 四川农业大学等从'四川中小叶种'中单株选育而成。

特征特性 灌木型，中叶类，早生种。植株主干不明显，树姿半开张，生长势强，分枝部位低，分枝密度中等。叶片长度7.9厘米，宽度3.7厘米，叶片窄椭圆形，叶片着生状态水平，叶缘微波，成叶绿色，光泽性较强。在四川雅安茶区发芽较对照'福鼎大白茶'早2~4天，发芽整齐，且发芽密度高，芽茸毛少；春、夏、秋梢呈绿色，均无紫芽。一芽三叶长7.4厘米、百芽重49.9克。盛花期为每年10月下旬，花萼外部无茸毛，子房有茸毛，柱头裂开数为3，雌蕊高于雄蕊，花果少。春茶一芽二叶生化样含茶多酚17.0%，氨基酸5.1%，咖啡碱3.6%，水浸出物57.9%。适制绿茶。春制烘青绿茶，外形紧细，翠绿显毫，内质嫩香高长，滋味鲜且浓；夏梢所制烘青绿茶，栗香高长，滋味鲜爽甘甜，苦涩味较轻。第一生长周期亩产一芽二叶鲜叶324千克，比对照'福鼎大白茶'增产12%；第二生长周期亩产一芽二叶鲜叶413千克，比对照'福鼎大白茶'增产14%。中抗假眼小绿叶蝉，中抗炭疽病。在四川茶区抗旱性中等，抗寒性强。

适宜种植区域及栽培技术要点

适宜在四川、重庆海拔1 200米以下的茶区种植。由于该品种生长势旺盛，发芽密度高，建议单行或双行单株种植，种植密度3 000~4 000株/亩，并加强茶园的培肥管理。

四川省

第二章 茶树登记品种图谱

'川茶3号'

Camellia sinensis（L.）O. Kuntze 'Chuancha 3'

申 请 者 四川农业大学　四川省名山茶树良种繁育场　四川一枝春茶业有限公司　四川雅安国家农业科技园区管理委员会

育 种 者 唐　茜　余洪泉　李品武　杨　洋　黄福涛　何春雷　陈昌辉　陈　伟　施晓龙　杨昌银　杨俊华　文维奇　高光荣　张玉莲　韩　楠　晏文平　许　燕　郭　湘　王自琴　陈玖琳

品种编号 非主要农作物品种登记号：GPD茶树（2022）510048。原四川省农作物品种审定委员会审定编号：川审茶2013002。

品种来源 四川农业大学等从'四川中小叶种'中单株选育而成。

特征特性 灌木型，中叶类，早生种。植株主干不明显，树姿半开张，生长势强，分枝部位低，分枝密。叶片长度9.8厘米，宽度3.7厘米，叶片向上着生，叶片窄椭圆形，叶色深绿色，叶面较平展，叶缘微波，先端尖锐，叶基楔形，叶身内折。在四川雅安地区开采期较对照'福鼎大白茶'早12～16天以上，发芽较整齐，发芽密度中等，茸毛中等，春梢黄绿色，持嫩性较强；茶芽较肥壮，一芽三叶百芽重55.5克，夏秋梢略带紫芽。花萼外部无茸毛，子房茸毛稀。春茶一芽二叶生化样含茶多酚19.3%，氨基酸4.5%，咖啡碱3.2%，水浸出物60.6%。适制绿茶。制作的扁形名茶，外形绿润扁平，重实匀齐，香气鲜嫩，汤色嫩绿明亮，滋味鲜嫩回甘，叶底尚绿、明亮。第一生长周期亩产一芽二叶鲜叶429千克，比对照'福鼎大白茶'增产17%；第二生长周期亩产一芽二叶鲜叶435千克，比对照'福鼎大白茶'增产15%。感小绿叶蝉，抗炭疽病。在四川茶区抗寒性和抗旱性较强。

适宜种植区域及栽培技术要点

适宜在四川海拔1 200米以下的茶区种植。该品种发芽特早，在易发生倒春寒的茶区应加强防御；同时秋冬季管理时，避免越冬芽在冬季提早萌发，影响翌年春茶产量和品质，修剪时间宜在10月中旬后进行。

'川茶5号'

Camellia sinensis（L.）O. Kuntze 'Chuancha 5'

申请者 四川农业大学 四川省元顶子茶场 四川省茶业集团股份有限公司

育种者 唐茜 周宗甫 邹瑶 谭礼强 颜麟沣 李林秀 周园 王馨语 李慧 王长友 言泽树 蒲勇 刘冠群 陈南霖 李晓松 胡灿 杨纯婧 唐澜

品种编号 非主要农作物品种登记号：GPD茶树（2023）510007。原四川省农作物品种审定委员会审定编号：川审茶2016001。

品种来源 四川农业大学等从'南江大叶种'中单株选育而成。

特征特性 小乔木型，大叶类，中生种。树姿半开张，生长势强，分枝部位高，分枝密。叶片向上着生，中等椭圆形，叶片长度11.7厘米、宽度5.1厘米，叶色绿色，先端尖锐。叶基较钝，叶身内折，叶面微隆，叶缘较平，锯齿较稀浅。在四川巴中市南江县，春茶一芽二叶期3月下旬或4月上旬，比对照'福鼎大白茶'晚5天。芽叶茸毛较多，发芽密度中等。持嫩性较强，发芽整齐，芽叶肥壮，易采单芽，一芽三叶长9.2厘米、百芽重68.8克。盛花期为每年11月中旬。花朵萼片5枚，有毛，花瓣白色，6枚，花柱3裂（浅），子房茸毛较多，结实能力低，花果少。春茶一芽二叶生化样含茶多酚18.2%，氨基酸4.1%，咖啡碱3.4%，水浸出物49.9%。适制绿茶。制烘青绿茶，条索肥壮，较紧实绿润，嫩香带毫香，汤色绿亮，滋味较鲜浓甘爽，叶底嫩绿肥实。第一生长周期亩产一芽二叶鲜叶353千克，比对照'福鼎大白茶'增产10%；第二生长周期亩产一芽二叶鲜叶394千克，比对照'福鼎大白茶'增产10%。感小绿叶蝉，感炭疽病。在四川茶区抗寒能力强，抗干旱能力较强。

适宜种植区域及栽培技术要点

适宜在四川茶区种植。由于该品种生长势旺盛，对肥培条件要求较高，宜种植在肥力较高的土壤上。该品种的持嫩性强，注意防治螨类为害，高山阴湿茶区还须加强茶饼病的防治。建议与早生品种搭配种植。

'川茶9号'

Camellia sinensis（L.）O. Kuntze 'Chuancha 9'

申 请 者 四川农业大学　四川省名山茶树良种繁育场

育 种 者 谭礼强　唐茜　李世洪　杨雪梅　陈玮　梁平　文维奇　汤丹丹　黄嘉诚　谭晓琴　张钟月　杨纯婧　崔懂　晋真

品种编号 非主要农作物品种登记号：GPD茶树（2023）510032。

品种来源 四川农业大学等从'四川中小叶种'中单株选育而成。

特征特性 小乔木型，中叶类，早生种。树姿半开张，生长势强，分枝部位中，分枝密。叶片长度11.1厘米、宽度3.4厘米；叶片披针形，向上着生，叶色深绿，先端尖锐。在四川川西茶区开采期一般为3月上旬，一芽二叶盛期在3月上中旬。发芽密度高，茸毛中等。一芽三叶长6.9厘米、百芽重42.8克。盛花期为每年10月中旬。春茶一芽二叶生化样含茶多酚17.7%，氨基酸4.7%，咖啡碱4.2%，水浸出物47.70%。适制绿茶和红茶。制烘青绿茶，外形紧细、显毫、绿润，香气嫩香高长，汤色嫩绿明亮，滋味鲜浓爽口；制红茶，外形紧结、多金毫，乌黑匀整，香气花果香，汤色红明亮，滋味浓强甜。第一生长周期亩产一芽二叶鲜叶396千克，比对照'福鼎大白茶'增产12%；第二生长周期亩产一芽二叶鲜叶445千克，比对照'福鼎大白茶'增产13%。抗茶炭疽病，感茶小绿叶蝉。在四川茶区抗旱性强，抗寒性中等。

适宜种植区域及栽培技术要点

适宜在海拔1 200米以下的四川茶区种植。建议在肥力中等或较高的土壤上，并与中生品种搭配种植，栽培过程中注意防治小绿叶蝉和螨类为害。夏秋新梢略带紫色，需注意夏秋茶适制性。

'云顶早'

Camellia sinensis（L.）O. Kuntze 'Yundingzao'

申 请 者 四川省农业科学院茶叶研究所　南江县农业农村局

育 种 者 罗　凡　李春华　王　云　李兰英　刘东娜　胥亚琼　张冰铃　唐晓波　夏文团　魏　鹏　王小萍　王迎春　岳　涛　何　伟　何　佳　何　丽　岳战平　何　雄

品种编号 非主要农作物品种登记号：GPD茶树（2023）510060。原四川省农作物品种审定委员会审定编号：川审茶2012001。

品种来源 四川省农业科学院茶叶研究所等从四川'南江大叶种'中系统选育而成。

特征特性 灌木型，大叶类，早生种。树姿直立，生长势强，分枝部位低，分枝密。叶片向上着生，中等椭圆形，长11.8厘米，宽4.7厘米，叶色绿色，先端尖锐。开采期一般为3月中旬，一芽二叶盛期一般在3月下旬；发芽密度高，茸毛多。芽头肥大，内含物丰富，EGCG含量高。盛花期为每年10月下旬。春季一芽二叶生化样含氨基酸3.8%，咖啡碱3.8%，水浸出物48.7%。适制绿茶。制绿茶，外形扁直较润，黄绿带毫，香气鲜浓持久，汤色嫩绿明亮，滋味鲜醇回甘，叶底黄绿明亮。第一生长周期亩产一芽二叶鲜叶162千克，比对照'福鼎大白茶'增产28%；第二生长周期亩产一芽二叶鲜叶164千克，比对照'福鼎大白茶'增产17%。茶园常规管理条件下，无明显病害发生，田间调查表明'云顶早'抗茶炭疽病，抗茶小叶绿蝉，具有较强的抗寒性。

适宜种植区域及栽培技术要点

适宜在四川茶区春、秋季节种植。选择健壮茶苗，双行单株或双行双株错窝定植；完成3次定型修剪后即可投产；加强营养调控、树势调控及绿色防控管理。

'天府茶1号'

Camellia sinensis（L.）O. Kuntze 'Tianfucha 1'

申 请 者 四川省农业科学院茶叶研究所　雅安市名山区维智农业科技有限公司

育 种 者 罗　凡　王　云　李春华　周维智　刘东娜　马泽强　马伟伟　龚雪蛟
唐晓波　王迎春　王小萍　尧　渝　李兰英　张　厅　刘　晓　周　杰
刘　飞　胥亚琼　陈　凯

品种编号 非主要农作物品种登记号：GPD茶树（2023）510061。

品种来源 四川省农业科学院茶叶研究所等从'四川中小叶种'中单株选育而成。

特征特性 小乔木型，中叶类，早生种。树姿半开张，生长势强，分枝部位中，分枝密度中等。叶片向上着生，中等椭圆形，长9.7厘米，宽4.4厘米，叶色深绿，先端钝。开采期一般为4月上旬，一芽二叶盛期一般在4月中旬，发芽密度中等，茸毛多，嫩叶黄绿，发芽整齐，芽形肥大、满披白毫，持嫩性强，一芽三叶百芽重39.7克。盛花期为每年10月中旬，不易开花。春茶一芽二叶茶多酚含量23.0%，氨基酸4.4%，咖啡碱3.8%，水浸出物47.2%。适制绿茶。制绿茶，外形银绿披毫，汤色黄绿明亮，香气浓郁持久，滋味鲜醇回甘，叶底嫩黄明亮。第一生长周期亩产一芽二叶鲜叶85千克，比对照'福鼎大白茶'增产20%；第二生长周期亩产一芽二叶鲜叶66千克，比对照'福鼎大白茶'增产24%。茶园常规管理条件下，无明显病害发生，田间调查表明，抗茶炭疽病，抗茶小叶绿蝉，具有较强的抗旱性。

适宜种植区域及栽培技术要点

适宜在四川茶区春、秋季种植。选择健壮茶苗双行单株或双行双株错窝定植；完成3次定型修剪后即可投产；加强营养调控、树势调控及绿色防控管理。

'三花1951'

Camellia sinensis（L.）O. Kuntze 'Sanhua 1951'

申 请 者 四川省农业科学院茶叶研究所　四川省三花茶业有限公司　蒲江县农业农村局　四川农业大学

育 种 者 罗　凡　王　云　廖长力　杜　晓　李春华　龚雪蛟　刘东娜　王迎春　李兰英　黄朝举　王小萍　张　厅　尧　渝　刘　晓　唐晓波　马伟伟　王院生　李倩倩　代卓君　宋学炳　胡　涛　陈　凯　胥亚琼

品种编号 非主要农作物品种登记编号：GPD茶树（2023）510068。

品种来源 四川省农业科学院茶叶研究所等从'四川中小叶种'中单株选育而成。

特征特性 灌木型，中叶类，早生种。树姿半开张，生长势强，分枝部位低，分枝密。叶片向上着生，中等椭圆形，长10.6厘米，宽4.3厘米，叶色绿色，先端尖锐。开采期一般为3月上旬，一芽二叶盛期一般在3月中旬；发芽密度高，芽头肥大重实、茸毛多，持嫩性强，一芽三叶百芽重38.1克。盛花期为每年10月中旬。春季一芽二叶生化样含茶多酚20.6%，氨基酸2.8%，咖啡碱4.3%，水浸出物45.4%。适制绿茶。制绿茶，外形色泽嫩绿油润，条索壮实、紧结、隐毫、有峰苗，汤色嫩绿明亮，香气嫩香带花香，滋味醇和回甜，叶底黄绿明亮。第一生长周期亩产一芽二叶鲜叶166千克，比对照'福鼎大白茶'增产31%；第二生长周期亩产一芽二叶鲜叶195千克，比对照'福鼎大白茶'增产39%。抗茶炭疽病，抗茶小叶绿蝉，抗旱性、耐热性稍差。

适宜种植区域及栽培技术要点

适宜在四川茶区春、秋季节种植。选择健壮茶苗，双行单株或双行双株错窝定植，定植初期作遮阳处理，完成3次定型修剪后即可投产。抗旱性、耐热性稍差，应加强肥水管理、树势调控及绿色防控，及时按标准及加工要求进行鲜叶采摘。

'川沐217'

Camellia sinensis（L.）O. Kuntze 'Chuanmu 217'

申 请 者 四川一枝春茶业有限公司 四川农业大学

育 种 者 唐 茜 杨 洋 孙道伦 吴 杰 汪 婷 梅淑珍 陈 惠 杨昌银 刘发虹 税一梅

品种编号 非主要农作物品种登记编号：GPD茶树（2023）510075。原四川省农作物品种审定委员会审定编号：川审茶树2010 002。

品种来源 四川一枝春茶业有限公司等从'浙农117'变异单株中选育而成。

特征特性 小乔木型，中叶类，早生种。树姿半开张，生长势中等，分枝部位低，分枝密度中等。叶片水平着生，披针形，长10.6厘米，宽3.4厘米，叶色深绿，先端尖锐。开采期一般为2月中旬，一芽二叶盛期一般在3月中旬；发芽密度中等，发芽整齐，新梢绿色，茸毛少，易采独芽，独芽百芽重10.8克；一芽三叶长9.9厘米，一芽三叶百芽重52.3克（2012年四川名山区观测）。盛花期为每年11月中旬。春季一芽二叶生化样含茶多酚25.0%，氨基酸2.9%，咖啡碱4.1%，水浸出物43.5%。适制绿茶。所制扁形名优绿茶，外形绿润扁平重实匀齐，内质香气尚高，浓厚较鲜爽。第一生长周期亩产一芽二叶鲜叶333千克，比对照'福鼎大白茶'增产46%；第二生长周期亩产一芽二叶鲜叶489千克，比对照'福鼎大白茶'增产52%。据2011—2012年田间观测，中抗小绿叶蝉、黑刺粉虱、茶跗线螨和炭疽病，与对照'福鼎大白茶'相当。在四川茶区抗旱性较强。

适宜种植区域及栽培技术要点

适宜在四川茶区海拔1 200米以下的地区种植。宜双行单株栽培，种植密度4 000株左右；早春寒潮期间应采取保温防寒措施；采用绿色防控技术重点防治黑刺粉虱、茶跗线螨。该品种新梢茶多酚含量较高，加工时应注意鲜叶摊放和揉捻程度的掌握，以提高鲜爽味，减轻苦涩味。

四川省

第二章 茶树登记品种图谱

'川沐28'

Camellia sinensis（L.）O. Kuntze 'Chuanmu 28'

申请者 四川一枝春茶业有限公司 四川农业大学

育种者 杨洋 唐茜 杨昌银 梅叔珍 李品武 孙道伦 王华夫 李为宣

品种编号 非主要农作物品种登记编号：GPD茶树（2023）510076。原四川省农作物品种审定委员会审定编号：川审茶树2010 002。

品种来源 四川一枝春茶业有限公司等从白马山野生茶树优良单株中单株选育而成。

特征特性 小乔木型，大叶类，早生种。植株主干较明显，树姿半开张，生长势强，分枝部位中，分枝密度中等。叶片向上着生，叶缘波状程度中等，中等椭圆形，长12.2厘米，宽4.8厘米。叶色绿色，光泽性较强，先端尖锐，叶身内折，叶质柔软。花冠平均直径为3.6厘米，花瓣7~9枚，花柱3裂，子房有茸毛，一般不结实。在四川乐山茶区发芽较对照'福鼎大白茶'早3~5天，发芽整齐，茸毛多，茶芽肥壮，易采独芽；开采期一般为2月中旬，一芽二叶盛期一般在3月中旬；新梢黄绿色，持嫩性强；一芽三叶长10.5厘米，一芽三叶长百芽重103.3克。春季一芽二叶生化样含茶多酚12.1%，氨基酸3.7%，咖啡碱3.7%，水浸出物53.8%。适制绿茶和红茶。制绿茶，外形壮结显毫、绿翠，汤色嫩绿、清澈明亮，香气高鲜带栗香，滋味鲜醇较甘。采用独芽制作的红茶，满披金毫，汤色红艳，滋味甜醇。第一生长周期亩产一芽二叶鲜叶294千克，比对照'福鼎大白茶'增产24%；第二生长周期亩产一芽二叶鲜叶392千克，比对照'福鼎大白茶'增产24%。中抗小绿叶蝉、茶跗线螨、黑刺粉虱和炭疽病。在四川茶区抗旱性和抗寒性较强。

适宜种植区域及栽培技术要点

适宜在四川茶区海拔1 000米以下的茶区种植。宜双行单株种植，每亩栽茶苗3 500~5 000株。早春当5%单芽形成时就应开园采摘，达到采摘标准的鲜叶应及时采摘，避免倒春寒危害。应加强螨类和病害防治。

四川省

第二章 茶树登记品种图谱

'苔子茶1号'

Camellia sinensis（L.）O. Kuntze 'Taizicha 1'

申 请 者 四川农业大学　北川羌族自治县农业农村局　四川省名山茶树良种繁育场　北川羌族自治县茶叶产业协会

育 种 者 唐茜　谭礼强　陈玮　邹杰　杨雪梅　冯涛　文维奇　汤丹丹　黄嘉诚　邓绪恩　谭晓琴　杨纯婧　张钟月　杨艳娟　晋真

品种编号 非主要农作物品种登记编号：GPD茶树（2023）510077。

品种来源 四川农业大学等从'北川苔子茶'中单株选育而成。

特征特性 小乔木型，中叶类，早生种。树姿半开张，生长势强，分枝部位高，分枝密。叶片向上着生，中等椭圆形，长9.6厘米，宽4.5厘米，叶色深绿，先端尖锐。开采期一般为3月中旬，一芽二叶盛期一般在3月下旬；发芽密度中等，茸毛中等；一芽三叶长8.9厘米，一芽三叶百芽重58.1克。盛花期为每年11月中旬。春季一芽二叶生化样含茶多酚21.0%，氨基酸5.4%，咖啡碱4.2%，水浸出物46.0%。适制绿茶和红茶。制绿茶，外形紧结、墨绿，香气嫩栗香浓郁，汤色黄绿明亮，滋味鲜浓爽口；制红茶，外形紧结、乌黑润，香气甜香带鲜，汤色尚红亮，滋味醇厚。第一生长周期亩产一芽二叶鲜叶322千克，比对照'福鼎大白茶'减产2%；第二生长周期亩产一芽二叶鲜叶358千克，比对照'福鼎大白茶'减产3%。感茶小绿叶蝉，抗炭疽病。在四川茶区抗寒性较强，抗旱性强。

适宜种植区域及栽培技术要点

适宜在海拔1 200米以下的四川茶区种植。可与特早生和晚生品种搭配，建议双行单株种植，亩栽健壮苗3 000~4 000株。注意防治小绿叶蝉和螨类为害。其夏秋新梢略带紫色，且节间较长。注意茶类适制性。

四川省

第二章 茶树登记品种图谱

583

贵州省

'黔茶1号'

Camellia sinensis（L.）O. Kuntze 'Qiancha 1'

申 请 者 贵州省茶叶研究所

育 种 者 陈正武　陈　娟　王家伦　刘红梅　郭　燕　杨　春

品种编号 非主要农作物品种登记号：GPD茶树（2019）520007，植物新品种权号：CNA20080571.1。

品种来源 贵州省茶叶研究所从'湄潭苔茶'中单株选拔、无性扦插选育而成。

特征特性 灌木型，中叶类，早生种，树姿开张。叶片长度10.3厘米、宽度4.3厘米，叶片椭圆形，叶片稍上斜着生，叶色绿，叶面微隆，叶身稍背卷。在贵州湄潭地区春茶一芽二叶期在3月下旬，一芽三叶长7.1厘米、百芽重51.2克，新梢芽叶黄绿色，茸毛中等，芽头肥壮，持嫩性强。春季一芽二叶生化样含茶多酚17.3%，氨基酸4.2%，咖啡碱3.8%，水浸出物45.1%。适制绿茶和红茶。制烘青绿茶，外形卷曲、条索紧实、绿润披毫，汤色嫩黄明亮，香气花香显，滋味清鲜，甘滑，叶底绿亮显芽；制红茶，外形卷曲、条索紧实、显金毫、乌褐润，汤色红明亮，香气清鲜，滋味甘醇，叶底软匀有芽，较红亮。第一生长周期亩产一芽二叶鲜叶212千克，比对照'福鼎大白茶'增产25%；第二生长周期亩产一芽二叶鲜叶235千克，比对照'福鼎大白茶'增产19%。感茶小绿叶蝉和茶棍蓟马。

适宜种植区域及栽培技术要点

适宜在海拔400～1 800米生态区贵州地区冬季种植。适宜双行单株，种植密度3 000～3 500株/亩，按时进行定型修剪和打顶养蓬，加强肥水管理，加强病虫害的防控，连续采收数年后，蓬面须修剪整枝，茶叶生产时期注意茶小绿叶蝉、茶棍蓟马等的绿色防控。

'黔茶8号'

Camellia sinensis（L.）O. Kuntze 'Qiancha 8'

申 请 者 贵州省茶叶研究所

育 种 者 陈正武　陈　娟　王家伦　刘红梅　郭　燕　杨　春

品种编号 非主要农作物品种登记号：GPD茶树（2019）520008，植物新品种权号：CNA20080572.X。原全国茶树品种鉴定委员会鉴定编号：国品鉴茶2014004。

品种来源 贵州省茶叶研究所从'昆明中叶种'中单株选拔、无性扦插、区域试验选育而成。

特征特性 小乔木型，中叶类，早生种，树姿半开张。叶片长度10.4厘米、宽度4.4厘米，叶形椭圆形，叶片上斜着生。在贵州湄潭地区春季一芽二叶期在3月下旬，新梢芽叶绿色，茸毛中等，芽头肥壮，持嫩性强。一芽三叶长7.7厘米、百芽重60.6克。春季一芽二叶生化样含茶多酚16.7%，氨基酸4.9%，咖啡碱3.4%，水浸出物43.8%。适制绿茶。制烘青绿茶，外形条索紧细，色泽翠绿油润，毫显，汤色嫩绿明亮，香气带花香，滋味鲜爽，叶底嫩绿明亮。第一生长周期亩产一芽二叶鲜叶435千克，比对照'福鼎大白茶'增产7%；第二生长周期亩产463千克，比对照'福鼎大白茶'增产9%。感茶棍蓟马，中抗茶小绿叶蝉。

适宜种植区域及栽培技术要点

适宜在湖北武汉、广东英德、广西桂林及贵州冬季种植。适宜双行单株，种植密度3 000~3 500株/亩，定植深度10厘米左右，幼龄茶树严格进行3次定型修剪，注意培养骨干枝。

'黔辐4号'

Camellia sinensis（L.）O. Kuntze 'Qianfu 4'

申 请 者 贵州省茶叶研究所

育 种 者 陈正武　陈　娟　王家伦　刘红梅　郭　燕　杨　春

品种编号 非主要农作物品种登记号：GPD茶树（2019）520009，植物新品种权号：CNA20080574.6。

品种来源 贵州省茶叶研究所采用Co^{60}-γ射线处理茶树品种'黔湄419'种子后，经单株选拔、无性扦插、区域试验选育而成。

特征特性 小乔木型，大叶类，中生种，植株高大，树姿半开张。叶片长度12.5厘米、宽度5.6厘米，叶片椭圆形，叶片稍上斜着生，叶色绿，叶面隆起。在贵州湄潭地区春茶一芽二叶期在4月中旬。一芽三叶长9.7厘米、百芽重113.3克，新梢芽叶绿色，发芽密度中等，育芽力强，茸毛特多，持嫩性强。春茶一芽二叶生化样含茶多酚20.3%，氨基酸3.2%，咖啡碱5.1%，水浸出物45.0%。适制白茶。制白茶芽头肥壮，色白如银，汤色浅杏黄色，滋味清鲜回甘，叶底全芽肥嫩明亮。第一生长周期亩产一芽二叶鲜叶1 065千克，比对照'福鼎大白茶'增产162%；第二生长周期亩产一芽二叶鲜叶1 156千克，比对照'福鼎大白茶'增产141%。高抗茶棍蓟马，中抗茶小绿叶蝉。

适宜种植区域及栽培技术要点

适宜在广西桂林、福建福安、广东英德及贵州10月到翌年3月种植。适宜双行单株或单行双株，种植密度2 500～3 000株/亩，按时进行定型修剪和打顶养蓬，加强肥水管理。

贵州省

第二章 茶树登记品种图谱

589

'苔选0310'

Camellia sinensis（L.）O. Kuntze 'Taixuan 0310'

申 请 者 贵州省茶叶研究所

育 种 者 陈正武　陈　娟　王家伦　刘红梅　郭　燕　杨　春

品种编号 非主要农作物品种登记号：GPD茶树（2019）520010，植物新品种权号：CNA20080570.3。

品种来源 贵州省茶叶研究所从'湄潭苔茶'中单株选拔、无性扦插、区域试验选育而成。

特征特性 小乔木型，中叶类，中生种，树姿直立。叶片长度9.4厘米、宽度4.2厘米，叶片椭圆形，叶片稍上斜着生，叶色绿，叶面微隆。在贵州湄潭地区春茶一芽二叶期在4月中旬，一芽三叶长7.4厘米、百芽重66.1克，新梢芽叶绿色，茸毛中等，芽头肥壮，持嫩性强。春季一芽二叶生化样含茶多酚20.1%，氨基酸3.3%，咖啡碱4.2%，水浸出物48.5%。适制绿茶和红茶。所制烘青绿茶，外形条索紧结、略卷曲、略有毫；汤色似嫩黄、清澈明亮，香气高爽、品种甜花香显（似荔枝），滋味尚浓醇、较甘鲜，叶底嫩、有芽、尚嫩绿明亮；所制红茶，外形尚紧结、略卷曲、略有金毫、较乌，汤色红艳、明亮，香气较鲜甜、有果香，滋味尚鲜醇、尚鲜，叶底较厚软、红。第一生长周期亩产一芽二叶鲜叶137千克，比对照'福鼎大白茶'增产87%；第二生长周期亩产251千克，比对照'福鼎大白茶'增产172%。高抗茶棍蓟马，抗茶小绿叶蝉。

适宜种植区域及栽培技术要点

适宜在海拔400～1 800米生态区贵州地区冬季种植。适宜双行单株，种植密度3 000～3 500株/亩，按时进行定型修剪，加强肥水管理。

云南省

'云抗10号'

Camellia sinensis var. *assamica*（Masters）Kitamura 'Yunkang 10'

申 请 者 云南省农业科学院茶叶研究所

育 种 者 王海思　杜　煊　王朝纪　李光涛　朱凤铭　梁名志　田易萍　徐丕忠　邓少春　陈春林　陈林波　包云秀

品种编号 非主要农作物品种登记号：GPD茶树（2020）530006。原全国农作物品种审定委员会认定编号：GS13050-1987，云南省农作物品种审定委员会审定编号：滇茶一号。

品种来源 云南省农业科学院茶叶研究所从勐海'南糯山大叶茶'中单株选育而成。

特征特性 植株高大，树姿开张，分枝稀。叶片向上着生，叶片绿色程度中，窄椭圆形，叶质中，叶脉9～14对，叶身稍内折，叶齿粗浅。芽叶较肥壮，新梢生长快，育芽力强，在勐海地区一芽三叶盛期在3月上中旬，芽叶色泽黄绿色、茸毛多。盛花期在9月中上旬，花冠大小为4.3厘米×4.5厘米，花瓣5～8枚、色泽白色、质地中、有茸毛；花柱长度为1.14厘米，柱头3裂、裂位浅，雌蕊和雄蕊相对高度为低；花梗长1.0厘米，花萼数5个、绿色、有茸毛。结实能力中等。春季一芽二叶生化样含茶多酚25.0%，氨基酸2.9%，咖啡碱4.4%，水浸出物49.8%。适制红茶、绿茶和普洱茶。制红茶，香高持久，滋味浓强鲜；制绿茶，花香持久，滋味浓厚鲜爽；制普洱生茶，香气清香浓郁，滋味醇正；制普洱熟茶，香气醇正、陈香，滋味醇厚。第一生长周期亩产干茶87千克，比对照'大黑茶'增产13%；第二生长周期亩产干茶160千克，比对照'大黑茶'增产20%。抗茶云纹叶枯病、中抗茶饼病、抗茶小绿叶蝉。在云南茶区抗寒性强、抗旱性较强，扦插繁殖成活率高。

适宜种植区域及栽培技术要点

适宜在云南极端最低温度-5℃茶区、夏季雨水充足的时间种植。种植前施足底肥；移栽后严格3～4次定型修剪。因新梢生长快，需要按标准及时分批多次采摘，及时、偏嫩采，保证茶叶的产量与质量。

云南省

第二章 茶树登记品种图谱

593

'云茶1号'

Camellia sinensis var. *assamica*（Masters）Kitamura 'Yuncha 1'

申 请 者 云南省农业科学院茶叶研究所
育 种 者 张 俊 田易萍 徐丕忠 张 惠 梁名志 陈春林 邓少春 陈林波
品种编号 非主要农作物品种登记号：GPD茶树（2020）530007，植物新品种权号：20050030。原云南省种子管理站品种鉴定编号：滇鉴200508号。
品种来源 云南省农业科学院茶叶研究所从云南元江'细叶糯茶'中单株选育而成。
特征特性 植株高大，树姿半开张，分枝稀。叶片向上着生，椭圆形，叶色深绿、有光泽，叶身内折，叶面隆起，叶缘波状，叶尖急尖，叶齿细密，叶质脆硬。在勐海地区新梢一芽三叶盛期在3月上旬，芽叶生育力强，持嫩性强，芽叶肥壮，茸毛特多，一芽三叶长7.9厘米、百芽重144.0克。盛花期在9月中下旬，花冠大小4.9厘米×4.3厘米，花瓣6~8枚，子房有茸毛，花柱3~4裂，裂位中，雌蕊和雄蕊相对高度为等高或低，花萼有茸毛，花萼数5个，花青甙显色无；果实成熟期在10月上旬，茶果2~5室，果径2.6厘米×2.8厘米，种径1.6厘米×1.8厘米，百粒重415.0克。春茶一芽二叶生化样含茶多酚20.1%，氨基酸3%，咖啡碱3.7%，水浸出物48.2%。适制绿茶，红茶，白茶和普洱茶。制绿茶，香气栗香，滋味醇爽；制红碎茶，香气浓，滋味浓；制白茶，香气甜花香、较醇，滋味醇爽、略露花香；制晒青茶，香气浓郁、带花香，滋味浓醇。第一生长周期亩产干茶206千克，比对照'云抗10号'增产3%；第二生长周期亩产干茶208千克，比对照'云抗10号'增产2%。抗茶炭疽病、茶饼病、茶小绿叶蝉。在云南茶区抗寒性、抗旱性较强。扦插繁殖率中等，移栽成活率较高。

适宜种植区域及栽培技术要点

适宜在云南海拔600~2 000米，年平均温度15℃，极端低温在-5℃以上的大叶种茶区种植。新建茶园施足底肥；严格3~4次定型修剪。注意母本园肥培管理，培育优质插穗。茶苗扦插生根慢，苗木扦插时，用ABT1号生根粉100毫克/千克浸条3~5小时，可缩短生根时间，提高成活率。

'紫娟'

Camellia sinensis var. *assamica*（Masters）Kitamura 'Zijuan'

申 请 者 云南省农业科学院茶叶研究所

育 种 者 包云秀　王朝纪　杨兴荣　黄　梅　梁名志　田易萍　陈春林　邓少春
　　　　　陈林波　刘玉飞　徐丕忠　庞丹丹

品种编号 非主要农作物品种登记号：GPD茶树（2022）530050，植物新品种权号：20050031。原云南省非主要农作物品种登记委员会登记号：滇登记茶树2014009号。

品种来源 云南省农业科学院茶叶研究所从'云南大叶种'中单株选育而成。

特征特性 小乔木型，中叶类，晚生种。树姿半开张，生长势中，分枝部位高，分枝密度中。叶片向上着生，叶片披针形，叶片长度11.0厘米，宽度4.0厘米；叶色绿色；叶片先端尖锐。在勐海地区一芽二叶盛期一般在3月中旬，一芽三叶开采期一般为3月下旬。发芽密度高，茸毛中。一芽三叶长8.8厘米、百芽重82.0克。盛花期为每年9月下旬，花冠直径4.2厘米×3.5厘米，花瓣5～7枚，子房茸毛多，花柱3裂。春茶一芽二叶生化样含茶多酚30.3%，氨基酸2.3%，咖啡碱4.2%，水浸出物50.7%。适制绿茶和红茶。制绿茶，香气尚高爽、有甜香，滋味醇厚、尚甘鲜；制工夫红茶，香气清甜、鲜爽、花香显，滋味尚浓醇、较甘鲜、略涩。第一生长周期亩产鲜叶340千克，比对照'云抗10号'减产10%；第二生长周期亩产鲜叶390千克，比对照'云抗10号'减产4%。抗茶云纹叶枯病、感茶饼病，中抗小绿叶蝉、中抗茶黄蓟马、感咖啡小爪螨。在云南茶区抗寒性强，抗旱性强。

适宜种植区域及栽培技术要点

适宜在西南生态区云南西双版纳、普洱、临沧、保山、大理、德宏、文山、红河、丽江、怒江地区夏季雨水充足的时间种植。种植前施足底肥，幼龄茶园严格进行3次定型修剪。'紫娟'新梢紫芽、紫叶、紫茎，所制绿茶、晒青茶的汤色均为紫色，香气特殊，具有其特异性。新梢持嫩性较差，须加强肥培管理，重施基肥，及时追肥，保证产量。

云南省

第二章 茶树登记品种图谱

597

'云茶香1号'

Camellia sinensis var. *assamica*（Masters）Kitamura 'Yunchaxiang 1'

申 请 者 云南省农业科学院茶叶研究所

育 种 者 包云秀　黄　玫　杨兴荣　梁名志　田易萍　陈林波　庞丹丹　刘玉飞　邓少春　陈春林　徐丕忠

品种编号 非主要农作物品种登记号：GPD茶树（2022）530051，植物新品种权号：CNA20090204.1。

品种来源 云南省农业科学院茶叶研究所从'云抗14号'דFU鼎大白茶'人工杂交F1代中单株选育而成。

特征特性 小乔木型，大叶类，早生种。树姿半开张，生长势强，分枝部位高，分枝密度中。叶片向上着生，叶片中等椭圆形，叶片长度14.5厘米、宽度5.7厘米；叶色黄绿色；叶片先端尖锐。在勐海地区开采期一般为2月中旬，一芽二叶盛期一般在2月下旬。发芽密度高，茸毛多。一芽三叶长9.5厘米、百芽重85.0克。盛花期为每年10月中旬，花冠直径5.4厘米×4.8厘米，子房茸毛多，柱头3裂，裂位1/3，雌雄蕊等高，花萼外部有花青甙积累。春茶一芽二叶生化样含茶多酚33.3%，氨基酸2.3%，咖啡碱4.6%，水浸出物44.1%。适制绿茶。制绿茶，汤色嫩黄、明，香气尚高爽、有甜香，滋味醇厚、尚甘鲜。第一生长周期亩产鲜叶834千克，比对照'云抗10号'增产119%；第二生长周期亩产鲜叶791千克，比对照'云抗10号'增产119%。抗茶云纹叶枯病、中抗茶饼病，中抗茶黄蓟马，感茶小绿叶蝉、咖啡小爪螨。在云南茶区抗寒性和抗旱性强。

适宜种植区域及栽培技术要点

适宜在云南西双版纳、普洱、大理、临沧、保山、德宏、文山、怒江地区夏季雨水充足的时间种植。幼龄茶园严格进行3次定型修剪。抗咖啡小爪螨、茶小绿叶蝉能力较弱。加强茶园管理，合理采摘，加强肥水管理，冬季封园时清除落叶，铲除茶园杂草，降低越冬虫口基数，减少虫源。

'秧塔大白茶'

Camellia sinensis var. *assamica*（Masters）Kitamura'Yangta Dabaicha'

申 请 者 云南省农业科学院茶叶研究所 景谷傣族彝族自治县茶叶和特色生物产业发展中心

育 种 者 田易萍 廖胜强 梁名志 陆传坤 陈春林 苏其兰 庞丹丹 曾 勇 邓少春 冯 梅 徐丕忠 张正勇 李大昌 竹志坤

品种编号 非主要农作物品种登记号：GPD茶树（2022）530052。

品种来源 云南省农业科学院茶叶研究所等从景谷秧塔当地群体种中单株选育而成。

特征特性 乔木型，大叶类，中生种。树姿开张，生长势强，分枝部位高，分枝密度稀。叶片向上着生，叶片形状中等椭圆形，叶片长度16.8厘米，宽度6.7厘米；叶深绿色，叶片先端形状尖锐。一芽二叶盛期一般在2月下旬，一芽三叶开采期一般为3月上旬。发芽密度中，茸毛多。一芽三叶长12.1厘米、百芽重150.0克。盛花期为每年10月上旬，花冠直径4.7厘米×4.1厘米，花瓣6~8枚，子房茸毛多，花柱3裂。春季一芽二叶生化样含茶多酚29.9%，氨基酸3.8%，咖啡碱5.2%，水浸出物49.2%。适制红茶，绿茶和白茶。制红茶，香气鲜甜、嫩香显，滋味醇和、鲜爽；制绿茶，香气高鲜、栗香显、花香显，滋味醇厚、甘鲜；制白茶，香气甜香较浓郁、花香显，滋味甘和、鲜爽。第一生长周期亩产鲜叶438千克，比对照'云抗10号'增产5%；第二生长周期亩产鲜叶453千克，比对照'云抗10号'增产4%。抗茶云纹叶枯病、茶饼病，中抗茶小绿叶蝉，抗旱性中等，抗寒性弱。

适宜种植区域及栽培技术要点

适宜在西南茶区云南普洱、西双版纳、临沧、德宏、保山、大理，海拔550~1 500米的区域，夏季雨水充足的时间种植。建园时足施底肥，幼龄茶园严格进行3次定型修剪。抗寒性弱，注意预防低温冻害。

'云茶8号'

Camellia sinensis var. *assamica*（Masters）Kitamura 'Yuncha 8'

申 请 者 云南省农业科学院茶叶研究所

育 种 者 田易萍　许　燕　尚卫琼　庞丹丹　刘　悦　邓少春　陈春林　徐丕忠　孙　超

品种编号 非主要农作物品种登记编号：GPD茶树（2023）530082。原云南省农作物品种审定委员会审定编号：滇茶11号，原名'73-8号'。

品种来源 云南省农业科学院茶叶研究所从云南凤庆'早生圆叶大叶种'中单株选育而成。

特征特性 小乔木型，大叶类，早生种。树姿半开张，生长势强，分枝部位高，分枝稀。叶片向上着生，窄椭圆形，长12.7厘米，宽4.8厘米，叶色黄绿色，先端尖锐。勐海地区开采期一般为2月中旬，一芽二叶盛期一般在2月上中旬；发芽密度高，茸毛多；一芽三叶长8.2厘米、百芽重115.0克。盛花期为每年9月中旬，花冠大小为4.1厘米×3.9厘米，花梗长度1.1厘米，花萼5个、绿色、有茸毛；花瓣6~8枚、色泽白色、质地中、有茸毛；花柱长度1.3厘米，柱头3裂、裂位浅，雌蕊和雄蕊相对高度为等高。春季一芽二叶生化样含茶多酚28.6%，氨基酸3.0%，咖啡碱3.2%，水浸出物49.4%。适制绿茶和普洱茶。制绿茶，香气清香，滋味浓醇。制普洱晒青茶，香气较高爽，滋味较甘醇、微涩；制普洱熟茶，汤色较红浓、明亮，香气甜陈，滋味醇厚、较甘。第一生长周期亩产一芽二叶鲜叶667千克，比对照'云抗10号'减产3%；第二生长周期亩产729千克，比对照'云抗10号'减产1%。抗炭疽病、云纹叶枯病、茶饼病，中抗小绿叶蝉，感咖啡小爪螨、蓟马，耐寒性中，耐旱性强。

适宜种植区域及栽培技术要点

适宜在热带亚热带生态区云南西双版纳、普洱、保山、德宏、临沧等地区雨季种植。宜采用双行单株种植，每亩栽2 000株；深挖种植沟，施足底肥，种植前施农家肥4 000~4 500千克/亩；严格3次定型修剪。春茶萌发特早，注意预防倒春寒，注意防治咖啡小爪螨、蓟马。

云南省

第二章 茶树登记品种图谱

603

'云茶11号'

Camellia sinensis var. *assamica*（Masters）Kitamura 'Yuncha 11'

申 请 者 云南省农业科学院茶叶研究所

育 种 者 田易萍　邓少春　刘　悦　许　燕　陈林波　陈春林　孙　超　叶　爽　赵才美　徐丕忠

品种编号 非主要农作物品种登记编号：GPD茶树（2023）530083。原云南省农作物品种审定委员会审定编号：滇茶12号，原名'73-11号'。

品种来源 云南省农业科学院茶叶研究所从云南凤庆'早生圆叶大叶种'中单株选育而成。

特征特性 乔木型，大叶类，早生种。树姿开张，生长势强，分枝部位高，分枝稀。叶片向上着生，中等椭圆形，长16.0厘米，宽6.3厘米，叶色黄绿色，先端尖锐。在勐海地区开采期一般为2月中旬，一芽二叶盛期一般在2月上中旬；发芽密度中等，茸毛多；一芽三叶长9.3厘米、百芽重147.7克。盛花期为每年9月上旬至9月中旬，花冠大小为5.2厘米×5.0厘米，花梗长度1.1厘米，花萼5个、绿色、有茸毛；花瓣6~8枚、色泽白色、质地中、有茸毛；花柱长度1.4厘米，柱头3裂、裂位浅，雌蕊和雄蕊相对高度为等高。春季一芽二叶含茶多酚32.5%，氨基酸3.2%，咖啡碱4.4%，水浸出物49.2%。适制红茶和普洱茶。制红茶，香气较高、较甜，滋味较甘醇。制普洱生茶，香气浓郁带花香，滋味浓厚；制普洱熟茶，香气甜陈，滋味醇厚、较甘。第一生长周期亩产一芽二叶鲜叶631千克，比对照'云抗10号'减产7%；第二生长周期亩产688千克，比对照'云抗10号'减产7%。抗炭疽病，中抗云纹叶枯病、茶饼病，中抗小绿叶蝉，抗咖啡小爪螨，感蓟马，耐寒性中，耐旱性强。

适宜种植区域及栽培技术要点

适宜在西南生态区云南西双版纳、普洱、保山等茶区雨季种植。宜用双行单株，每亩栽2 000株；深挖种植沟，施足底肥，种植前施农家肥4 000~4 500千克/亩；严格3次定型修剪。春茶萌发特早，注意预防倒春寒；注意防治茶云纹叶枯病、蓟马。

'云黄1号'

Camellia sinensis var. assamica（Masters）Kitamura 'Yunhuang 1'

申 请 者 景谷傣族彝族自治县茶叶和特色生物产业发展中心 云南省农业科学院茶叶研究所

育 种 者 陆传坤　田易萍　廖胜强　朱兴正　董来学　陈春林　舒成伟　孙　超　刘学云　邓少春　庞丹丹　赵才美　叶　爽　刘　悦　许　燕　苏其兰

品种编号 非主要农作物品种登记号：GPD茶树（2024）530002。

品种来源 景谷傣族彝族自治县茶叶和特色生物产业发展中心等从云南景谷秧塔群体中单株选育而成。

特征特性 乔木型，大叶类，中生种。树姿开张，生长势强，分枝部位高，分枝稀。叶片水平着生，中等椭圆形，长17.8厘米，宽8.0厘米，叶色黄绿，先端尖锐。在云南景谷开采期一般为3月中旬，一芽二叶盛期一般在3月中旬；发芽密度中等，茸毛多；一芽三叶长16.2厘米，一芽三叶百芽重198.8克。盛花期为每年10月中旬；花冠直径5.20厘米×5.00厘米，花瓣7~8枚，子房茸毛多，花柱3~4裂。春茶一芽二叶生化样含茶多酚18.8%，氨基酸3.6%，咖啡碱3.5%，水浸出物52.2%。适制茶类为红茶、绿茶和白茶。制红茶，香气鲜甜，滋味尚浓醇、较甘鲜；制绿茶，香气高爽栗香显，滋味较浓、尚甘；制单芽白茶，香气清甜、有毫香，滋味甘醇、鲜爽。第一生长周期亩产一芽二叶鲜叶643千克，比对照'云抗10号'减产5%；第二生长周期亩产660千克，比对照'云抗10号'减产4%。抗炭疽病、云纹叶枯病、中抗茶饼病、小绿叶蝉，感咖啡小爪螨，中抗蓟马，耐寒性、耐旱性较强。

适宜种植区域及栽培技术要点

适宜在西南生态区云南普洱、西双版纳、德宏大叶种茶区夏季雨水充足的时间种植。以双行单株或单行单株条栽为宜，每亩种植1 500~2 000株。施足底肥，茶园以有机肥和农业防治病虫害为主，幼龄茶园严格进行3次定型修剪。注意预防低温冻害和咖啡小爪螨为害。

'长叶白毫'

Camellia sinensis var. *assamica*（Masters）Kitamura'Changye Baihao'

申 请 者 云南省农业科学院茶叶研究所
育 种 者 王海思　杜　煊　王朝纪　李光涛　朱凤铭　邓少春　田易萍　徐丕忠　刘本英　陈春林　许　燕
品种编号 非主要农作物品种登记号：GPD茶树（2024）530003。原云南省农作物品种审定编号：滇茶4号。
品种来源 云南省农业科学院茶叶研究所从勐海'南糯山群体'中单株选育而成。
特征特性 乔木型，大叶类，早生种。树姿开张，生长势强，分枝部位高，分枝稀。叶片向上着生，窄椭圆形，长14.1厘米，宽5.3厘米，叶绿色，先端尖锐。勐海地区开采期一般为3月中旬，一芽二叶盛期一般在3月中旬；发芽密度高，茸毛多；一芽三叶长9.5厘米，一芽三叶百芽重129.0克。盛花期为每年9月下旬。春茶一芽二叶生化样含茶多酚27.3%，氨基酸2.4%，咖啡碱2.2%，水浸出物44.4%。适制红茶和绿茶。制红茶，外形条索壮结、有金毫，汤色红、较明亮，香气高甜，滋味甘醇；制绿茶，外形肥嫩显芽、暗绿，汤色嫩绿清澈，香气清香带花香，滋味鲜浓。第一生长周期亩产一芽二叶鲜叶648千克，比对照'大黑茶'增产1%；第二生长周期亩产708千克，比对照'大黑茶'增产6%。抗炭疽病、云纹叶枯病、茶饼病，中抗小绿叶蝉，抗咖啡小爪螨，中抗蓟马，抗寒性和抗旱性中。

适宜种植区域及栽培技术要点

适宜在云南茶区普洱、西双版纳、临沧、德宏、保山、大理地区夏季雨水充足的时间种植。以双行单株条栽为宜；易早衰，注意加强田间管理，以合理施有机肥农业防治病虫害为主；幼龄茶园严格进行3次定型修剪，成龄茶园每隔2~3年要深修剪1次；鲜叶采摘宜细嫩采，名茶和优质茶原料结合，5~7天采摘1次。抗寒性、抗旱性中，预防低温冻害和高温旱害。

'云茶37号'

Camellia sinensis var. *assamica*（Masters）Kitamura'Yuncha 37'

申 请 者 云南省农业科学院茶叶研究所

育 种 者 田易萍 陈春林 邓少春 许 燕 刘 悦 陈林波 赵才美 孙 超 叶 爽 徐丕忠

品种编号 非主要农作物品种登记号：GPD茶树（2024）530038。原云南省农作物品种审定编号：滇茶九号，原名'云抗37号'。

品种来源 云南省农业科学院茶叶研究所从云南双江'勐库大叶种'中单株选育而成。

特征特性 乔木型，大叶类，中生种。树姿开张，生长势强，分枝部位高，分枝稀。叶片向上着生，中等椭圆形，长13.4厘米，宽5.1厘米，叶色黄绿色，先端尖锐。在勐海地区开采期一般为3月下旬，一芽二叶盛期一般在3月中旬；发芽密度中等，茸毛多；一芽三叶长7.6厘米，一芽三叶百芽重102.0克。盛花期为每年9月中旬；花冠大小为3.2厘米×3.6厘米，花梗长度0.7厘米，花萼5个、绿色、有茸毛；花瓣7枚、色泽白色、质地中、有茸毛；花柱长度1.4厘米，柱头3裂、裂位浅，雌蕊和雄蕊相对高度为等高。春茶一芽二叶生化样含茶多酚33.5%，氨基酸2.6%，咖啡碱5.0%，水浸出物49.8%，适制红茶和普洱茶。制红茶，香气高甜、有品种香，滋味较浓强、较鲜爽。制普洱生茶，香气清香浓郁，滋味醇厚回甘；制普洱熟茶，香气较甜陈，滋味甘醇、较厚。第一生长周期亩产一芽二叶鲜叶665千克，比对照'大黑茶'增产4%；第二生长周期亩产702千克，比对照'大黑茶'增产5%。抗炭疽病、云纹叶枯病，中抗茶饼病，抗小绿叶蝉、咖啡小爪螨，中抗蓟马，耐寒性和耐旱性强。

适宜种植区域及栽培技术要点

适宜在热带亚热带生态区云南大叶种茶区雨季种植。宜采用双行单株或单行单株，每亩种植苗木1 500~2 000株；严格3次定型修剪；加强茶园培肥管理。注意防治蓟马。

云南省

第二章 茶树登记品种图谱

611

'云茶14号'

Camellia sinensis var. *assamica*（Masters）Kitamura'Yuncha 14'

申 请 者 云南省农业科学院茶叶研究所

育 种 者 徐丕忠 陈春林 田易萍 邓少春 许 燕 刘 悦 庞丹丹 陈林波

品种编号 非主要农作物品种登记号：GPD茶树（2024）530039。原云南省农作物品种审定编号：滇茶2号，原名'云抗14号'。

品种来源 云南省农业科学院茶叶研究所从云南勐海'南糯山大叶种'中单株选育而成。

特征特性 乔木型，大叶类，中生种。树姿开张，生长势强，分枝部位高，分枝稀。叶片向上着生，中等椭圆形，长14.3厘米，宽5.5厘米，叶色黄绿，先端尖锐。在勐海地区开采期一般为3月下旬，一芽二叶盛期一般在3月中旬；发芽密度中等，茸毛多；一芽三叶长7.2厘米，一芽三叶百芽重135.3克。盛花期为每年10月中旬；花冠大小为4.5厘米×3.6厘米，花瓣8枚、色泽白色、质地中、有茸毛；花柱长度1.5厘米，柱头3裂、裂位高，雌蕊和雄蕊相对高度为高；花梗长度1.2厘米，花萼5个、绿色、有茸毛；结实能力中等。春茶一芽二叶鲜叶含茶多酚36.4%，氨基酸2.3%，咖啡碱4.5%，水浸出物49.8%。适制红茶和普洱茶。制工夫红茶，香气尚高甜，滋味较浓强。制普洱生茶，香气清香浓郁，滋味醇厚回甘；制普洱熟茶，香气较甜陈，滋味甘醇、较厚。第一生长周期亩产一芽二叶鲜叶777千克，比对照'大黑茶'增产21%；第二生长周期亩产792千克，比对照'大黑茶'增产19%。抗炭疽病、云纹叶枯病，中抗茶饼病，中抗小绿叶蝉，抗咖啡小爪螨，高抗蓟马，耐寒性和耐旱性强。

适宜种植区域及栽培技术要点

适宜在西南生态区域云南西双版纳、普洱、保山茶区雨季种植。宜双行单株或单行单株种植，每亩栽1 500～2 000株；严格4次定型修剪；加强茶园培肥管理。扦插成活率较低，扦插枝条宜选用一年生绿色硬枝，扦插前用萘乙酸、吲哚丁酸、生根粉剂等进行蘸根处理以提高扦插成活率。

'云红茶3号'

Camellia sinensis var. *assamica*（Masters）Kitamura 'Yunhongcha 3'

申 请 者 云南省农业科学院茶叶研究所

育 种 者 包云秀　杨兴荣　黄玫　梁名志　李荣福　刘本英　田易萍　陈春林　陈林波　徐丕忠　尚卫琼　李朝云　邓少春

品种编号 非主要农作物品种登记号：GPD茶树（2024）530044。原云南省非主要农作物品种登记编号：滇登记茶树2014008号，原名'云茶红3号'。

品种来源 云南省农业科学院茶叶研究所从'福鼎大白茶'דGD云抗10号'人工杂交后代中单株选育而成。

特征特性 小乔木型，大叶类，早生种。树姿开张，生长势强，分枝部位中，分枝密。叶片向上着生，中等椭圆形，长15.1厘米，宽5.7厘米，叶绿色，先端尖锐。在勐海地区开采期一般为2月下旬至3月上旬，一芽二叶盛期一般在3月上旬至3月中旬；发芽密度高，茸毛多；一芽三叶长8.4厘米，一芽三叶百芽重117.0克。盛花期为每年10月中旬。春茶一芽二叶生化样含茶多酚29.4%，氨基酸3.1%，咖啡碱3.6%，水浸出物49.3%。适制红茶。制工夫红茶，外形较壮结、有金毫、棕褐，汤色红明亮，滋味尚浓醇甘鲜，叶底较厚软匀、红亮；制红碎茶，外形棕褐油润，汤色红艳，香气甜香，滋味浓鲜。第一生长周期亩产一芽二叶干茶144千克，比对照'云抗10号'增产23%；第二生长周期亩产一芽二叶干茶128千克，比对照'云抗10号'增产20%。抗炭疽病，中抗云纹叶枯病，感茶饼病，中抗小绿叶蝉，抗咖啡小爪螨，感蓟马，抗寒性和抗旱性强。

适宜种植区域及栽培技术要点

适宜在海拔为1 000~2 500米的西南生态区、最低温度-3℃的云南西双版纳、普洱、保山茶区夏季种植。以双行单株条栽为宜，亩植2 500~3 000株。严格进行3次定型修剪；加强培肥管理，鲜叶采摘宜细嫩采，全年以采一芽二叶优质茶原料为主，每隔5~7天采摘1次；成龄茶园每隔2~3年要深修剪1次。病虫害防治以农业防治为主。

西藏自治区

'藏茶1号'

Camellia sinensis（L.）O. Kuntze 'Zangcha 1'

申 请 者 林芝市易贡珠峰农业科技有限公司　广东省农业科学院茶叶研究所

育 种 者 黄华林　曹玉涛　毛 娟　邓学均　才 程　操君喜　唐劲驰　吴华玲　秦丹丹　戴 宝　林锦明　陈 凯　张云峰　普 桃　桑顿罗布　张胜强　叶嘉茵　扎西顿珠　格桑玉珍

品种编号 非主要农作物品种登记号：GPD茶树（2022）540025。

品种来源 林芝市易贡珠峰农业科技有限公司等从'四川中小叶种'中单株选拔—品系比较选育而成。

特征特性 小乔木型，中生种，生长势强，树姿半开张，大叶类，叶片长度13.5厘米，宽度5.6厘米，叶片长椭圆形，叶片着生状态向上。在林芝波密春茶一芽一叶期在4月上旬，春茶新梢芽叶绿色，茸毛中等，芽头较肥壮，一芽三叶长14.8厘米、百芽重135.3克。春茶一芽二叶生化样含茶多酚含量15.2%，氨基酸3.9%，咖啡碱4.4%，水浸出物41.3%。适制红茶。制红茶，外形细紧显金毫，香气高甜有嫩香，汤色橙红、明亮，滋味甜醇回甘，叶底红匀明亮。第一生长周期亩产一芽二叶鲜叶83千克，比对照'巴渝特早'增产20%；第二生长周期亩产一芽二叶鲜叶98千克，比'巴渝特早'增产16%。中抗茶小绿叶蝉，中抗茶炭疽病，抗寒性和抗旱性强。

栽培技术要点及注意事项

适宜在西藏自治区林芝市察隅县、墨脱县和波密县海拔800～2 300米茶叶种植区春秋季种植。建议与早生品种搭配，适宜单行双株或双行单株，选择土层深厚、有机质丰富的土壤栽培。适时定型修剪，适当增施有机肥。分批留叶采摘，采养结合，连续采摘数年后，蓬面需轻剪整枝。

陕西省

'陕茶1号'

Camellia sinensis（L.）O. Kuntze 'Shaancha 1'

申 请 者 安康市汉水韵茶业有限公司

育 种 者 王衍成　余有本　纪昌中　吴世明　李华海　张星显

品种编号 非主要农作物品种登记号：GPD茶树（2018）610009，植物新品种权号：CNA20121112.5、20140088，入选2023年农业农村部农业主导品种。原陕西省农作物品种审定委员会登记编号：陕茶登字2010001号。

品种来源 安康市汉水韵茶业有限公司从'紫阳种'中单株选育—无性繁殖—品系比较—区域试验等育种程序选育而成。

特征特性 灌木型，早生种，树姿半开张，中叶类，叶片长度9.4厘米，宽度3.5厘米，中等椭圆形，叶片着生姿态向上，叶色深绿，叶面隆起，光泽性强。新梢芽叶黄绿色，发芽早，芽叶肥壮。春季一芽二叶生化样含茶多酚19.5%，氨基酸5.2%，咖啡碱3.7%，水浸出物47.6%。适制绿茶，兼制红茶。制绿茶，干茶翠绿显毫；汤色嫩绿清澈；香气高爽有嫩香；滋味鲜爽协调；叶底嫩绿明亮。制工夫红茶，外形紧结、略卷曲、有毫；汤色较红；香气较高甜、微有花香；滋味浓、尚甘，叶底嫩匀、显芽、较红。第一生长周期全年亩产一芽二叶鲜叶409千克，比对照'福鼎大白茶'增产100%；第二生长周期全年亩产一芽二叶鲜叶413千克，比对照'福鼎大白茶'增产87%。中抗炭疽病，抗寒性强。

适宜种植区域及栽培技术要点

适宜在陕西南部、河南、安徽、湖北秋季或春季雨水充足的时间种植。每亩用苗3 500株，定植后应及时进行定型修剪。

第三章

茶树登记品种遗传多样性及DNA指纹图谱

DNA指纹图谱和分子身份证是植物种质资源鉴别和新品种保护的重要工具（刘国彬等，2022）。分子标记技术是构建DNA指纹图谱的基础，而分子身份证是将DNA指纹以数字化的方式呈现。近年来在单核苷酸多态性（Single nucleotide polymorphism，SNP）标记的基础上，开发了多核苷酸多态性（Multiple nucleotide polymorphism，mSNP/MNP）标记，该标记可以在单个扩增子内检测到多个SNP，从而可以提高对样本的鉴别能力（刘浩然等，2023）。目前，已经发布了水稻、玉米、大豆、龙眼、荔枝和猕猴桃等16个农作物和经济作物的国家标准《植物品种鉴定 MNP标记法》（GB/T 38551—2020），表明MNP标记是一种可靠的技术手段，可用于品种的真实性判定及实质性派生品种鉴定等。本章内容是利用中国农业科学院茶叶研究所茶树种质资源团队开发的"茶树5K mSNP液相芯片"对175份茶树登记品种进行基因分型，根据分型结果筛选在染色体上均匀分布、多态性信息较高的SNP核心标记，构建了我国主要茶树登记品种的DNA指纹图谱，为建立指纹图谱数据库、实现品种真实性和特异性鉴定提供新的技术手段。

一、材料与方法

（一）试验材料

供试材料均种植于中国农业科学院茶叶研究所嵊州综合试验基地登记品种标准样品保存区域。于2022年春季采集供试材料的健康叶片，液氮冷冻后保存于-80℃冰箱，其中来自安徽10份，福建16份，广东4份，广西9份，贵州3份，湖北10份，湖南23份，江西7份，山东9份，陕西1份，四川12份，云南4份，重庆2份，浙江65份，共175份登记品种样品。

（二）试验方法

1. DNA提取和质量检测

使用艾德莱的CTAB植物基因组DNA快速提取试剂盒进行DNA提取。取茶树叶片100毫克，用液氮冷冻研磨，按照试剂盒说明书的操作步骤，提取供试样本的基因组DNA；并利用1%的琼脂糖凝胶电泳对提取的DNA质量进行检测，利用凝胶成像仪观察琼脂糖凝胶上的条带，有明亮单一条带的为合格样品。同时利用Qubit（Thermofisher赛默飞世尔公司）对DNA浓度进行准确定量。

2. 基因型鉴定

质检合格的DNA样品使用GenoBaits® Tea 5K Panel（5 781个mSNP位点）试剂盒（石家庄博瑞迪生物科技有限公司）构建测序文库。利用Qubit和qPCR对文库浓度进行定量，并上机测序。测序数据经过FastQC质控后，利用BWA软件的默认参数将测序数据比对到'舒茶早'CSS_ChrLev_20200506参考基因组上，利用GATK软件进行SNP鉴定，采用自编的Perl脚本对36 357个SNP的基因型分型信息进行提取，形成最终的基因型分型文件。

（三）数据处理与分析

根据基因分型结果利用PowerMarker V3.25软件计算各个标记的基因多样性（Gene diversity，GD）；最小等位基因频率（Minor allele frequency，MAF）；观测杂合度（Heterozygosity，H'）；多态性信息含量（Polymorphism information content，PIC）等；利用R语言和Plink软件对175份登记品种进行聚类分析，并利用figtree软件进行可视化展示。

为构建登记品种的DNA指纹图谱，根据计算得到的PIC结果，按照标记位点在15对染色体上均匀分布，在各供试样本中不存在基因型缺失的原则筛选核心SNP位点；并参照前人的分析方法将SNP标记进行转化，与'舒茶早'参考基因组一致的基因型记为2，纯合突变基因型记为3，杂合突变基因型记为1。然后将各茶树登记品种的基本信息与其DNA指纹图谱相结合，利用条形码在线生成软件（http://barcode.cnaidc.com）以数字条码的形式构建茶树登记品种分子身份证。

二、结果与分析

（一）茶树登记品种SNP位点多态性描述

利用GenoBaits® Tea 5K Panel试剂盒检测了175份茶树登记品种的基因型，通过对基因型数据的筛选，获得了2 208个标记在所有样本中均无基因型缺失，进一步对这些基因型数据利用PowerMarker软件进行遗传多样性分析。结果表明，各标记位点在各样本中的杂合率分布在0~82.30%，平均值为25.10%；MAF分布在0.051~0.500，平均值为0.254，其中，MAF值大于0.254的标记有961个；PIC值分布为0.093~0.387，平均值为0.279，其中，PIC值高于0.279的标记有1 139个。

（二）茶树登记品种的聚类分析

基于各茶树登记品种的基因型信息，采用邻接法（Neighbor-Joining，N-J）构建无根聚类图，将175份茶树登记品种划分为3个大的类群（图3-1），且不同登记省份的茶树品种在3个类群中交叉分布。类群1（GroupⅠ，紫色标记）中共聚类了82个茶树品种，4个广东省的登记品种和4个云南省的登记品种均分布在这个类群中；该类群还包含了绝大多数的湖北省（11个）和湖南省（20个）登记品种，其中5个湖北省的登记品种均是从地方群体种中选育出的，而湖南省的登记品种主要是'安化群体'选育出的或者具有'福鼎大白茶'的遗传背景；另外包含了5个山东省的登记品种，4个四川省的登记品种。

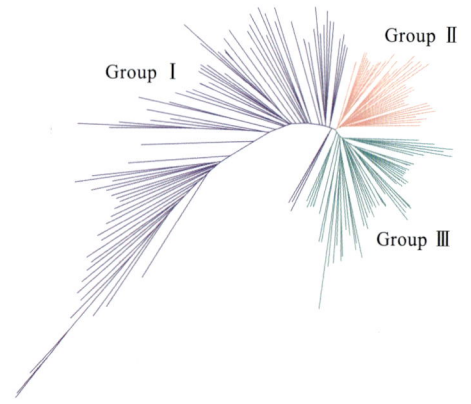

图3-1 175份茶树登记品种的聚类分析图谱

类群2（Group Ⅱ，橙色标记）中共聚类了37个茶树品种，主要是浙江的登记品种（25个），其中8个是从'鸠坑种'中选育出的，8个是从'龙井种'中选育出的；该类群还包含了2个从'黄山种'中选育出的山东省登记品种，2个具有'福鼎大白茶'遗传背景的江西省登记品种。类群3（Group Ⅲ，绿色标记）中共聚类了56个茶树品种，主要来自浙江和福建。福建省的登记品种有12个；浙江省的登记品种有14个，其中'黄金毫''黄金甲''醉金红'这3个品种均是'黄金芽'的后代，和'黄金芽'一起聚在该类群中，并且有3个茶树品种是'福鼎大白茶'和'云南大叶种'的杂交后代；四川省的6个登记品种中有5个茶树品种是从'四川中小叶种'中选育的。

（三）核心SNP位点的挑选及DNA指纹图谱的构建

多态性信息含量（PIC）常用来评价群体的遗传多样性，PIC值越大，其区分品种的能力越强。根据各标记在各样本中的基因分型结果，考虑PIC值，均匀分布于15条染色体，在各样本中无基因型缺失的标记位点作为构建茶树指纹图谱的核心标记，共获得17个SNP位点用以构建175份茶树登记品种的指纹图谱，17个核心SNP的PIC值分布在0.375~0.387，表现出中度多态性，可将175份茶树样本完全区分开（表3-1）。从DNA指纹图谱可以看出每个SNP位点处的样品是纯合基因型（XX或YY）或是杂合基因型（XY）（图3-2），利用该指纹图谱可实现对茶树登记品种进行有效区分。

表3-1　17个SNP标记的具体信息

SNP标记	染色体	位置	参考碱基	多态性信息含量	最小等位基因突变频率
SNP_01	Chr1	106094665	A	0.387	0.440
SNP_02	Chr2	53725067	C	0.382	0.460
SNP_03	Chr3	1279705	G	0.378	0.460
SNP_04	Chr4	80495711	C	0.382	0.411
SNP_05	Chr5	3361230	A	0.375	0.489
SNP_06	Chr6	102369652	T	0.375	0.486
SNP_07	Chr7	84802803	C	0.375	0.491
SNP_08	Chr7	124882449	C	0.381	0.454
SNP_09	Chr8	131734993	A	0.375	0.491
SNP_10	Chr8	39122954	G	0.375	0.494
SNP_11	Chr9	128322466	C	0.378	0.466
SNP_12	Chr10	148358914	C	0.375	0.497
SNP_13	Chr11	59703995	G	0.375	0.491
SNP_14	Chr12	78380736	G	0.375	0.437
SNP_15	Chr13	55593357	G	0.375	0.491
SNP_16	Chr14	90014657	G	0.379	0.477
SNP_17	Chr15	8932104	C	0.375	0.500

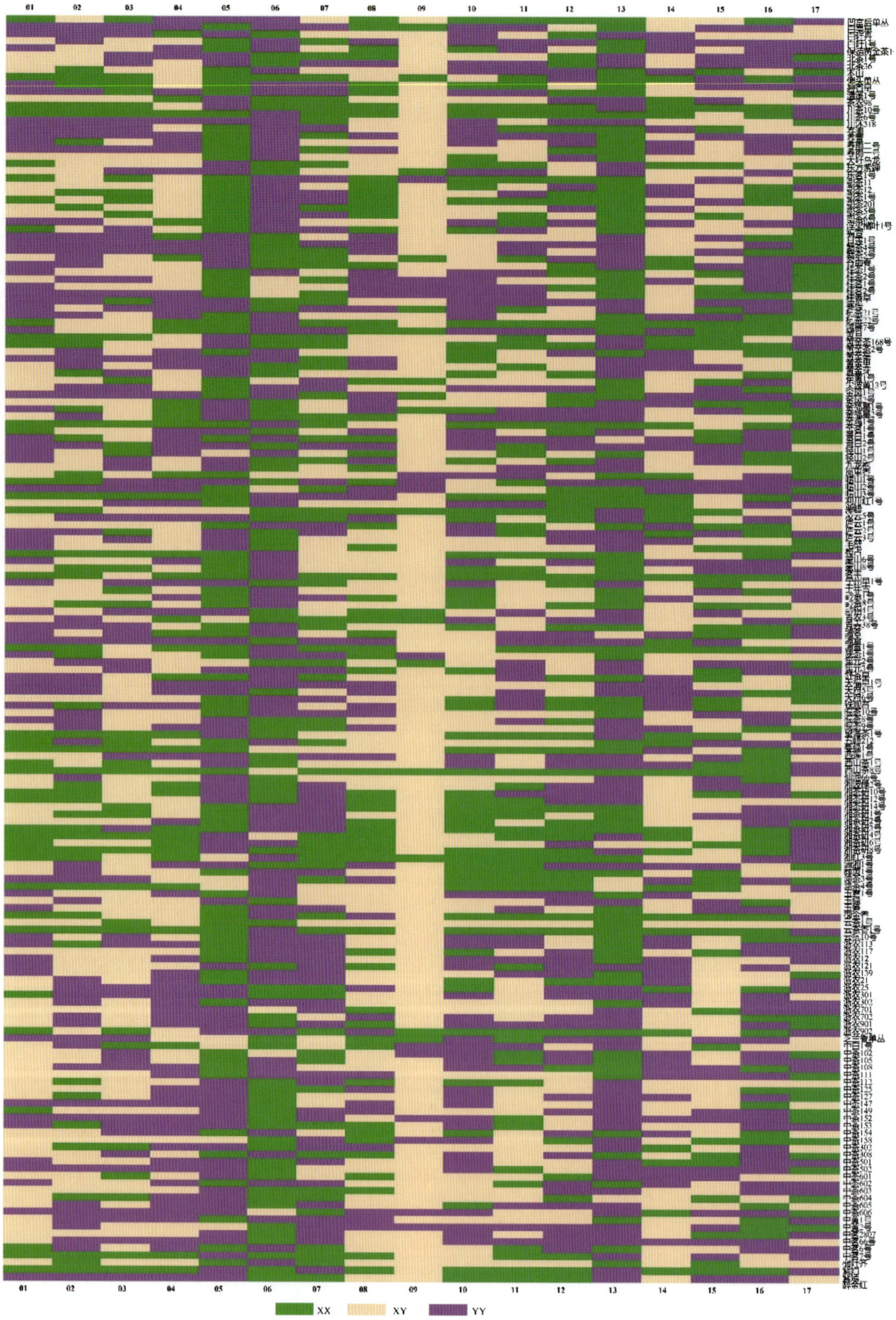

图3-2 175份茶树登记品种的SNP指纹图谱

（四）构建茶树登记品种的分子身份证

茶树登记品种的分子身份证由基本信息和SNP指纹编码两部分组成。基本信息以农业农村部公告的茶树品种登记编号为依据，如'中茶108'的登记编号为GPD茶树（2021）330016，因此，它的基本信息编码为21330016。SNP指纹编码是根据17个SNP标记的基因分型转化的，以'中茶108'为例，17个SNP标记的基因型分别为AG、CT、TT、CT、AA、GG、CC、CT、AG、AA、GG、AA、GG、AA、CA、CC、TT，可分为3种等位基因XX、XY、YY；用1表示XY，2表示XX，3表示YY，将17种基因型用1~3代表等位基因的多态性，则该品种的SNP指纹编码为11312321132323133。'中茶108'的分子身份证为21330016 11312321132323133，并利用条形码展示该品种的身份信息，如图3-3所示。所有登记品种的分子身份信息见表3-2。

图3-3　登记品种'中茶108'分子身份证

注：'中茶108'是2021年从浙江申报的全国顺序号为0016登记茶树品种（21330016）。17个SNP分子标记的基因型分别是AG、CT、TT、CT、AA、GG、CC、CT、AG、AA、GG、AA、GG、AA、CA、CC、TT，转化成17位的指纹码是11312321132323133，则'中茶108'的分子身份证是21330016 11312321132323133。

表3-2　175份茶树登记品种的分子身份证信息

品种名称	登记编号	品种身份证条形码	基因型信息
庐云3号	GPD茶树（2019）330032	19330032 3321232l132332323	GG TT GG CA TT TT TT CT AG AA GG AA CC GG AA GG TT
中黄1号	GPD茶树（2019）330033	19330033 33333123331132332	GG TT TT TT TT TG CC TT GG AA GA CA CC GG AA CC CC
中黄2号	GPD茶树（2019）330034	19330034 13332333111121123	AG TT TT TT AA GG TT AG GA GA CA GG GA CA GG TT
中茶111	GPD茶树（2019）330039	19330039 13332311133223323	AG TT TT TT AA GG CT CT AG AA AA CC GG AA AA GG TT
景白2号	GPD茶树（2020）330011	20330011 32132322133313232	GG CC GT TT AA GG CC CC AG AA AA AA GC AA CC CC CC
景白1号	GPD茶树（2020）330012	20330012 21132131312312312	AA CT GT TT TT CT TT AG AA GA CC CC GA CC CC CC
中白1号	GPD茶树（2020）330019	20330019 33311212232331331	GG TT TT CT AT TT CT CC AA AA GG AA CC GA AA CC CT

(续表)

品种名称	登记编号	品种身份证条形码	基因型信息
中茶502	GPD茶树（2020）330023	20330023 31133231131132233	GG CT GT TT TT TT TT CT AG AA GA CA CC GG CC CC TT
中茶601	GPD茶树（2020）330024	20330024 33333211132133332	GG TT TT TT TT TT CT CT AG AA GG CA CC AA AA CC CC
中茶602	GPD茶树（2020）330025	20330025 11213212111233311	AG CT GG CT TT TT CT CC AG GA GA CC CC AA AA GC CT
中茶603	GPD茶树（2020）330026	20330026 31132331112323133	GG CT TT AA GG TT CT AG GA GG AA GG AA CA CC TT
浙农12	GPD茶树（2020）330027	20330027 11112332121321233	AG CT GT CT AA GG TT CC AG GG GA AA GG GA CC CC TT
浙农113	GPD茶树（2020）330028	20330028 31312311331231221	GG CT TT CT AA GG TT CT AG AA AA CA GG AA CA GG CC
浙农117	GPD茶树（2020）330029	20330029 32332311331231331	GG CC TT TT AA GG TT CT AG AA AA CA GG AA CA CC TT
浙农121	GPD茶树（2020）330030	20330030 31132311333231131	GG CT GT TT AA GG TT CT AG AA AA AA GG AA CA GC TT
浙农21	GPD茶树（2020）330031	20330031 31132331133323112	GG CT GT TT AA GG TT CT AG GA AA AA GG AA CA GC CC
浙农25	GPD茶树（2020）330032	20330032 13132331121223113	AG TT GT TT AA GG TT CT AG GG GA CC GG AA CA GC TT
浙农139	GPD茶树（2020）330033	20330033 31113232132333131	GG CT GT CT TT TT TT CC AG AA GG AA CC AA CA CC CT
浙农301	GPD茶树（2020）330034	20330034 13332232132132123	AG TT TT TT TT TT CC TT AG GG GA AA CC GG CA GG TT
浙农302	GPD茶树（2020）330035	20330035 23333221131333131	AA TT TT TT TT TT CC CT AG AA GA AA CC AA CA CC CT
浙农701	GPD茶树（2020）330036	20330036 13132331111123133	GT TT GT TT AA GG TT CT AG GA GA CA GG AA CA CC TT
浙农702	GPD茶树（2020）330037	20330037 11133132111131233	AT CT GT TT TT TG TT CC AG GA GA CA CC GA CC CC TT
浙农901	GPD茶树（2020）330038	20330038 13133213131331122	AG TT GT TT TT TT CT TT AG AA GA AA CC GA CA GG CC
浙农902	GPD茶树（2020）330039	20330039 13133232133331132	AG TT GT TT TT TT TT CC AG AA AA AA CC GA CA CC CC

(续表)

品种名称	登记编号	品种身份证条形码	基因型信息
中茶112	GPD茶树（2020）330043	20330043 11132333111123332	AG CT GT TT AA GG TT TT AG GA GA CA GG AA AA CC CC
中茶125	GPD茶树（2020）330044	20330044 12113232122131111	AG CC GT CT TT TT TT CC AG GG GG CA CC GA CA GC CT
中茶147	GPD茶树（2020）330045	20330045 12133211131333132	AG CC GT TT TT TT CT CT AG AA GA AA CC AA CA CC CC
东茗1号	GPD茶树（2020）330046	20330046 11333211233131131	AG CT TT TT TT TT CT CT AA AA AA CA CC GA CA CC CT
中茗66号	GPD茶树（2021）330005	21330005 11113311131331223	AG CT GT TT TT TT TT CT AG AA GA AA CC GA CC GG TT
中茶102	GPD茶树（2021）330014	21330014 13221212333131211	AG TT GG CC AT TT CT CC GG AA AA CA CC GA CC GC CT
中茶302	GPD茶树（2021）330015	21330015 11111232331231222	AG CT GT CT AT TT TT CC GG AA GA CC CC GA CC GG CC
中茶108	GPD茶树（2021）330016	21330016 11312321132323133	AG CT TT CT AA GG CC CT AG AA GG AA GG AA CA CC TT
中茶604	GPD茶树（2021）330017	21330017 11111322111331133	AG CT GT CT TT TT CC CC AG GA GA AA CC GA CA CC TT
中茶605	GPD茶树（2021）330018	21330018 12233221111211212	AG CC GG TT TT TT CC CT AG GA AC CC GC GA CC GC CC
中茶606	GPD茶树（2021）330019	21330019 13133231123331121	AG TT GT TT TT TT TT CT AG GG AA AA CC GA CA GG CT
春雨二号	GPD茶树（2021）330024	21330024 32132311131331131	GG CC GT TT AA GG CT CT AG AA GA AA GG AA CA CC CT
栗峰	GPD茶树（2021）330025	21330025 11332311133222131	AG CT TT TT AA GG CT CT AG AA AA CC GG GG CA CC CT
杭茶21号	GPD茶树（2021）330026	21330026 31333233232131232	GG CT TT TT TT TT TT TT AA AA GG CA CC GA CC CC CC
杭茶22号	GPD茶树（2021）330027	21330027 33132311131123322	GG TT GT TT AA GG CT CT AG AA GA CA GG AA AA GG CC
春雨一号	GPD茶树（2021）330029	21330029 33332323111223132	GG TT TT TT AA GG CC TT AG GA GA CC GG AA CA CC CC
中茶501	GPD茶树（2021）330040	21330040 11312322131321232	AG CT TT CT AA GG CC CC AG AA GA AA GG GA CC CC CC

(续表)

品种名称	登记编号	品种身份证条形码	基因型信息
中茗7号	GPD茶树（2021）330041	21330041 23132321112321133	AA TT GT TT AA GG CC CT AG GA GG AA GG GA CA CC TT
中茶149	GPD茶树（2022）330001	22330001 33333213131131121	GG TT TT TT TT TT CT TT AG AA GA CA CC GA CA GG CT
中茶152	GPD茶树（2022）330002	22330002 21113233111331332	AA CT GT CT TT TT TT TT AG GA GA AA CC GA AA CC CC
中茶153	GPD茶树（2022）330003	22330003 33333213132133332	GG TT TT TT TT TT CT GG AA GG CA CC AA AA CC CC
中茶154	GPD茶树（2022）330004	22330004 32333222132131133	GG CC TT TT TT CC CC AG AA GG CA CC GA CA CC TT
中茶158	GPD茶树（2022）330005	22330005 11332312121323121	AG CT TT TT AA GG CT CC AG GG GA AA GG AA CA GG CT
中茗6号	GPD茶树（2022）330006	22330006 13333231133333331	AG TT TT TT TT TT TT TT AG AA AA AA CC AA AA CC CT
中茶127	GPD茶树（2022）330009	22330009 11133223131131122	AG CT GT TT TT TT CC TT AG AA GA CA CC GA CA GG CC
醉金红	GPD茶树（2022）330013	22330013 33333221122231331	GG TT TT TT TT TT CC CT AG GG GG CC CC GA AA CC CT
黄金毫	GPD茶树（2022）330014	22330014 13132311121323122	AG TT GT TT AA GG CT CT AG GG GA AA GG AA CA GG CC
瑞雪1号	GPD茶树（2022）330015	22330015 33333233113332311	GG TT TT TT TT TT TT TT AG GA AA AA CC GG AA GC CT
千年雪	GPD茶树（2022）330016	22330016 31333221131231211	GG CT TT TT TT TT CC CT AG AA GA CC CC GA CC GC CT
黄金芽	GPD茶树（2022）330017	22330017 13133223112133312	AG TT TT TT TT TT CC TT AG GA GG CA CC AA AA GC CC
黄金甲	GPD茶树（2022）330018	22330018 33333323121133112	GG TT TT TT TT GG CC TT AG GG GA CA CC AA CA GC CC
御金香	GPD茶树（2022）330019	22330019 31112311113121331	GG CT GT CT AA GG TT CT AG GA AA CA GG GA AA CC CT
望海茶1号	GPD茶树（2022）330026	22330026 13132233111331122	AG TT GT TT TT TT CC TT AG GA GA CA CC AA CA GG CC
径山1号	GPD茶树（2022）330044	22330044 32323233132333331	GG TT GG TT TT TT TT TT AG AA GG AA CC AA AA CC CT

（续表）

品种名称	登记编号	品种身份证条形码	基因型信息
径山2号	GPD茶树（2022）330045	22330045 31231321112121322	GG CT GG TT AT GG CT CC AG GA GG CA GG GA AA GG CC
白叶1号	GPD茶树（2022）330046	22330046 13112323133323333	AG TT GT CT AA GG CC TT AG AA AA AA GG AA AA CC TT
中茶308	GPD茶树（2022）330049	22330049 12233233111132131	AG CC GG TT TT TT TT TT AG GA GA CA CC GG CA CC CT
笙元2号	GPD茶树（2022）330056	22330056 32112332311121111	GG CC GT CT AA GG TT CC GG GA GA CA GG GA CA GC CT
笙元3号	GPD茶树（2022）330057	22330057 13311221213131332	AG TT TT CT AT TT CC CT AA GA AA CA CC GA AA CC CC
中茶105	GPD茶树（2022）330062	22330062 11312121332323132	AG CT TT CT AA TG CC CT GG AA GG AA GG AA CA CC CC
中茗2807	GPD茶树（2023）330017	22330017 13111233333331322	AG TT GT CT AT TT TT TT GG AA AA AA CC GA AA GG CC
茶农98	GPD茶树（2019）340002	19340002 11123221111332311	AG CT GT CC TT TT CC CT AG GA GA AA CC GG AA GC CT
皖茶8号	GPD茶树（2019）340005	19340005 13112333111121332	AG TT GT CT AA GG CC TT AG GA GA CA GG AA CC CC
皖茶9号	GPD茶树（2019）340006	19340006 33112321113231131	GG TT GT CT TT TT CC CT AG GA AA CC CC GA CA CC CT
皖茶10号	GPD茶树（2020）340010	20340010 32332313123223211	GG CC TT TT AA GG CT TT AG GG AA CC GG AA CC GC CT
谷雨春	GPD茶树（2020）340040	20340040 13123221212332133	AG TT GT CC TT TT CC CT AA GA GG AA CC GG CA CC TT
舒茶早	GPD茶树（2020）340041	20340041 11313332123131233	AG CT TT CT TT GG TT CC AG GG AA CA CC GA CC CC TT
漕溪1号	GPD茶树（2021）340007	21340007 33232332133221112	GG TT GG TT AA GG TT CC AG AA AA CC GG GT CA GC CC
岚里香	GPD茶树（2022）340024	22340024 11313121113331112	AG CT TT CT TT TT CT CC AG GA AA AA CC GA CA GC CC
金鸡1号	GPD茶树（2022）340032	22340032 13123222133331112	AG TT GT CC TT TT CC CC AG AA AA AA CC GA CA GC CC
霍黄1号	GPD茶树（2022）340033	22340033 12313211121231121	AG CC TT CT TT TT CT CT AG GG GA CC CC GA CA GG CT

(续表)

品种名称	登记编号	品种身份证条形码	基因型信息
毛蟹	GPD茶树（2018）350001	18350001 31313211111333112	GG CT TT CT TT TT CT CT AG GA GA AA CC AA CA GC CC
本山	GPD茶树（2018）350002	18350002 12112311133323212	AG CC GT CT AA GG CT CT AG AA AA AA GG AA CC GC CC
黄旦	GPD茶树（2018）350003	18350003 31122322233323221	GG CT GT CC AA GG TT CC AA AA AA AA GG AA CC GG CT
铁观音	GPD茶树（2018）350004	18350004 11112311123223212	AG CT GT CT AA GG TT CT AG GG AA CC GG AA CC GC CC
梅占	GPD茶树（2018）350005	18350005 31113212111131222	GG CG GT CT TT TT CT CC AG GA GA CA CC GA CC GG CC
大叶乌龙	GPD茶树（2018）350006	18350006 11112311121231111	AG GT GT CT AA GG CT CT AG GG GA AA GG GA CA GC CT
白牡丹	GPD茶树（2019）350011	19350011 33323211131233111	GG TT TT CC TT TT CT CT AG AA GA CC CC AA CA GC CT
春闺	GPD茶树（2021）350011	21350011 33312331132223211	GG TT TT CT AA GG TT CT AG AA GG CC GG AA CC GC CT
瑞香	GPD茶树（2021）350012	21350012 31322312113313223	GG CT TT CC AA GG CT CC AG GA AA AA GC AA CC GG TT
九龙袍	GPD茶树（2021）350013	21350013 31313223121231322	GG CT TT CT TT TT CC TT AG GG GA CC CC GA AA GG CC
天福星1号	GPD茶树（2022）350010	22350010 33122321122323212	GG TT GT CC AA GG CC CT AG GA AA CC GG AA CC GC CC
金福星1号	GPD茶树（2022）350011	22350011 11123213111233223	AG CT GT CC TT TT CT TT AG GA GA CC CC AA CC GG TT
金福星2号	GPD茶树（2022）350012	22350012 32122213223331322	GG CC GT CC TT TT CT TT AA GG AA AA CC GA AA GG CC
春萱	GPD茶树（2022）350029	22350029 33332323133321333	GG TT TT TT AA GG CC TT AG AA AA AA GG GA AA CC TT
瑞茗	GPD茶树（2022）350030	22350030 33312321121221223	GG TT TT CT AA GG CC CT AG GG GA CC GG AA CC GG TT
福萱	GPD茶树（2022）350031	22350031 21312332123111112	AA CT TT CT AA GG TT CC AG GG AA CA GG GA CA GC CC
庐云1号	GPD茶树（2019）360036	19360036 13333223121232131	AG TT TT TT TT TT CC TT AG GG GA CC CC GG CA CC CT

(续表)

品种名称	登记编号	品种身份证条形码	基因型信息
庐云2号	GPD茶树（2019）360037	19360037 11112332132123221	AG CT GT CT AA GG TT CC AG AA GG CA GG AA CC GG CT
浮梁楮叶1号	GPD茶树（2021）360008	21360008 33122311132323133	GG TT GT CC AA GG CT CT AG AA GG AA GG AA CA CC TT
赣茶4号	GPD茶树（2021）360009	21360009 33333233113331132	GG TT TT TT TT TT TT TT AG GA AA AA CC GA CA CC CC
婺绿1号	GPD茶树（2021）360010	21360010 23212321111122331	AA TT GG CT AA GG CC CT AG GA GA CA GG GG AA CC CT
宁州早1号	GPD茶树（2022）360020	22360020 21212322122222223	AA CC GT CC AA GG CC CC AG GG GG CC GG GG CC GG TT
赣茶5号	GPD茶树（2022）360021	22360021 33333223113131322	GG TT TT TT TT TT CC TT AG GA AA CA CC GA AA GG CC
青农3号	GPD茶树（2019）370012	19370012 31333322131313111	GG CT TT TT TT TT CT CC AA GA AA CA CC GA AA GC CT
寒梅	GPD茶树（2019）370013	19370013 33233221133331332	GG TT GG TT TT CC CT AG AA AA AA CC GA AA CC CC
青农38号	GPD茶树（2019）370014	19370014 13121222231331132	AG TT GT CC AT TT CC CC AA AA GA AA CA GA CA CC CC
北茶36	GPD茶树（2019）370035	19370035 11313233133231333	AG CT TT CT TT TT TT AG AA AA CC CC GA AA CC TT
北茶1号	GPD茶树（2019）370038	19370038 11333222111231332	AG CT TT TT TT CC CC AG GA GA CC CC GA AA CC CC
东方紫嫣	GPD茶树（2020）370001	20370001 21113221122132212	AA CT GT CT TT TT CC CT AG GG GG CA CC GG CC GC CC
崂茶1号	GPD茶树（2022）370007	22370007 12122111333122132	AG CC GT CC AA TG CT CT GG AA AA CA GG GG CA CC CC
崂茶2号	GPD茶树（2023）370002	23370002 22333232312333333	AA CC TT TT TT TT TT CC GG GA GG AA CC AA AA CC TT
崂茶3号	GPD茶树（2023）370003	23370003 33332123311223332	GG TT TT TT AA TG CC TT GG GA GA CC GG AA AA CC CC
鄂茶一号	GPD茶树（2019）420015	19420015 12212332113223121	AG CC GG CT AA GG TT CC AG GA AA CC GG AA GG CT
鄂茶5号	GPD茶树（2019）420016	19420016 12112322111323112	AG CC GT CT AA GG CC CC AG GA GA AA GG AA CA GC CC

第二章 茶树登记品种遗传多样性及DNA指纹图谱

(续表)

品种名称	登记编号	品种身份证条形码	基因型信息
鄂茶6号	GPD茶树（2020）420013	20420013 112123321121212123	AG CT GG CT AA GG TT CC AG GA GG CA GG GA CC GC TT
鄂茶11	GPD茶树（2020）420014	20420014 212123323222221312	AA CT GG CT AA GG TT CC GG GG GG CC GG GA AA GC CC
鄂茶12	GPD茶树（2020）420015	20420015 111123121121323123	AG CT GT CT AA GG CT CC AG GG GA AA GG AA CA GG TT
金茗1号	GPD茶树（2020）420020	20420020 222223211222222123	AA CC GG CC AA GG CC CT AG GG GG CC GG GG CA GG TT
鄂茶201	GPD茶树（2021）420032	21420032 212123321222221322	AA CT GG CT AA GG TT CC AG GG GG CC GG GA AA GG CC
玉露1号	GPD茶树（2022）420008	22420008 222213111222222213	AA CC GG CC AT GG CT CT AG GG GG CC GC GG CC GC TT
利川红1号	GPD茶树（2022）420027	22420027 222233312222221223	AA CC GG CC AA GG TT TT AG GG GG CC GG GG CA GG TT
五峰212	GPD茶树（2023）420012	23420012 222232111222232213	AA CC GG CC TT TT CT CT AG GG GG CC CC GG CC GA TT
槠叶齐	GPD茶树（2019）430017	19430017 222232221122231313	AA CC GG CC TT TT CC CC AG GA GG CC CC GA AA GC TT
湘波绿2号	GPD茶树（2019）430018	19430018 131132111111131321	GT TT GT CT TT TT CT CT AG GA GA CA CC GA AA GG CT
西莲1号	GPD茶树（2019）430019	19430019 222221111122223123	AA CC GG CC AA TG CT CT AG GG GG CC GG AA CA GG TT
白毫早	GPD茶树（2019）430020	19430020 333323322233121331	GG TT TT TT AA GG TT CC AA AA AA CA GG GA AA CC CT
黄金茶2号	GPD茶树（2019）430021	19430021 221132211222223223	AA CC GA CA TT TT CC GT AG GG GG CC CC GG CC GG TT
保靖黄金茶1号	GPD茶树（2019）430022	19430022 311323121231231333	GG CT GT TT AA GG CT CC AG GG AA CA GG AA CA CC TT
玉笋	GPD茶树（2019）430023	19430023 131132111111331321	GT TT GT CT TT TT CT CT AG GA GA AA CC GA AA GG CT
碧香早	GPD茶树（2019）430024	19430024 322123321121331333	GG CC GG CT AA GG TT CC AG GG GG CA GG GA AA CC TT
茗丰	GPD茶树（2019）430025	19430025 122123111122221333	AG CC GG CT AA GG CT CT AG GG GG CA GG GA AA CC TT

（续表）

品种名称	登记编号	品种身份证条形码	基因型信息
尖波黄13号	GPD茶树（2019）430026	19430026 11212132211121231	AG CT GG CT AA TG TT CC AA GA GA CA GG GA CC CC CT
潇湘1号	GPD茶树（2019）430027	19430027 22121322222221133	AA CC GT CC AT GG CC CC AA GG GG CC GG GA CA CC TT
湘红3号	GPD茶树（2019）430028	19430028 22223221122232123	AA CC GG CC TT TT CC CC AG GG GG CC CC GG CA GG TT
湘茶研4号	GPD茶树（2019）430029	19430029 23223321222222123	AA CC TT CC AA GG TT CC AG GG GG CC GG GG CA GG TT
湘茶研2号	GPD茶树（2019）430030	19430030 12212311221211333	AG CC GG CT AA GG TT CT AG GG GG CA GG GA AA CC TT
湘茶研8号	GPD茶树（2019）430031	19430031 21123322111311223	AA CT GT CC TT GG CC CC AG GA GA AA GC GA CC GG TT
湘茶研1号	GPD茶树（2020）430016	20430016 11212332122221133	AG CT GG CT AA GG TT CC AG GG GG CC GG GA CA CC TT
湘茶研3号	GPD茶树（2020）430017	20430017 11132332121221132	AG CT GT TT AA GG TT CC AG GG GA CC GG GA CA CC CC
黄金茶168号	GPD茶树（2020）430018	20430018 22213211112132213	AA CC GG CA TT TT CC CG AG GA GG CA CC GG GG GC TT
湘茶研6号	GPD茶树（2021）430036	21430036 22223122112232123	AA CC GG CC TT TG CC CC AG GA GG CC CC GG CA GG TT
玉绿	GPD茶树（2021）430037	21430037 31132311133323111	GG CT GT TT AA GG CT CT AG AA AA AA GG AA CA GC CT
湘茶研10号	GPD茶树（2022）430034	22430034 12123311123311331	AG CC GT CC TT TT TT CT AG GA GG AA CC GA AA CC CT
湘茶研14号	GPD茶树（2022）430035	22430035 22113232122331111	AA CC GT CT TT TT TT CC AG GG GG AA CC GA CA GC CT
湘茶研12号	GPD茶树（2022）430036	22430036 22123232123331232	AA CC GT CC TT TT TT CC AG GG AA AA CC GA CC CC CC
鸿雁7号	GPD茶树（2020）440042	20440042 21122322122222221	AA CT GT CC AA GG CC CC AG GG GG CC GG GG CC GG CT
凹富后单丛	GPD茶树（2021）440006	21440006 21233312122221123	AA CT GG TT TT GG CT CC AG GG GG CC GG GA CA GG TT
俾头单丛	GPD茶树（2022）440022	22440022 22212212122322323	AA CC GG CT AA TT CC CT AA GA GG AA GG GG AA GG TT

（续表）

品种名称	登记编号	品种身份证条形码	基因型信息
芝兰香单丛	GPD茶树（2022）440023		AA CT GG CT TT GG CC TT AA GG GG CC GG GG CA GG TT
桂茶1号	GPD茶树（2020）450021		GG TT GT CT TT TT CC CC AG GA GA CC CC GG AA CC CC
桂茶2号	GPD茶树（2020）450022		GG CT GT CT AA GG CT TT AG AA AA CC GG GA CC CC CC
西山茶1号	GPD茶树（2021）450038		AG CT TT TT TT TT TT TT AG AA GA AA CC GA AA GG CT
西山茶8号	GPD茶树（2021）450039		AA CT GG CT TT TT CT CT AG AA GA AA CC AA CC GG TT
仙池66号	GPD茶树（2023）450014		AA CC GG CC AA TG CC CC AA GG GG CC GG GG CC GG TT
桂茗1号	GPD茶树（2023）450015		AG TT TT CT AA TG CC TT GG AA GA CA GG AA CA CC CC
桂茗2号	GPD茶树（2023）450016		GG CT GT CT AA TG CT TT GG AA AA CC GG GA CC CC CC
桂香早	GPD茶树（2023）450018		GG TT TT TT AA TG CC TT GG AA AA CA GG GA CC GG CT
凌云5号	GPD茶树（2023）450019		AA CC GT CT AT TT CC CC AA GG GG CC CC GG CC GC TT
渝茶3号	GPD茶树（2020）500004		AG TT GT CT AA GG TT CT AG GG GG CC GG GA CC GC CT
渝茶4号	GPD茶树（2020）500005		GG TT CT AT GG CC TT AG GG GG CC GC AA CC CC CC
紫嫣	GPD茶树（2018）510007		AA CC GG CC TT TT TT CC AG GG GG CC CC GG CC GG TT
川茶6号	GPD茶树（2018）510008		AA CC GG CC AA GG CC CC AG GG GG CC GG GG CA GG TT
川茶10号	GPD茶树（2021）510001		AA CC GG CA TT TT CC CC AG GG GG CC CC GG CC GG TT
川沐318	GPD茶树（2021）510002		GG TT TT TT TT GG CC CT AG AA GA AA CC GA CA GC CC
天府5号	GPD茶树（2021）510003		GG TT GT TT TT GG TT TT AG GA GA CA CC AA CA GC CC

（续表）

品种名称	登记编号	品种身份证条形码	基因型信息
天府6号	GPD茶树（2021）510004		GG TT GT TT TT TT CT TT AG GA AA CA CC AA AA GG CC
彝黄1号	GPD茶树（2021）510033		AG TT GT TT TT TT CC TT AG GG GG AA CC AA AA GC CC
甘露1号	GPD茶树（2022）510037		GG TT TT CC TT TT CT TT AG GA GA CA CC GA AA GG CC
金凤1号	GPD茶树（2022）510038		AG TT TT CT AA GG TT CT AG AA AA AA GG GA AA GG CT
金凤2号	GPD茶树（2022）510039		GG TT TT TT AA GG CC TT AA GA GA CC GG AA AA CC CC
蒙山6号	GPD茶树（2022）510042		AA CC GG CC AA GG CT CT AG GG GG CC GG GA CA GG TT
蒙山8号	GPD茶树（2022）510043		GG CT GT TT AA GG CT CT AG AA GA AA GG AA AA CC CT
黔茶1号	GPD茶树（2019）520007		AG CT GG CT AA GG CT CT AG GG GA CA GG GA AA GG TT
黔茶8号	GPD茶树（2019）520008		AG CT GT TT AA GG TT CC AG GG GA CA GG AA CA GC TT
黔辐4号	GPD茶树（2019）520009		AG CC GG CT AA GG CT CT AG GG GA CC GG GA CC GG CT
云抗10号	GPD茶树（2020）530006		AA CC GG CC AA GG CC CC AG GG GG CC GG GG CC GG TT
云茶1号	GPD茶树（2020）530007		AA CC GT CT AA GG CC TT AG GG GG CC GG GG CC GG TT
紫娟	GPD茶树（2022）530050		AG CC GT CT AA GG CC CT AG GA GA CA GG GA CC GC CT
云茶香1号	GPD茶树（2022）530051		AG CT GG CT AA TT CT CT AG GA GA CA GG GA CA GC CT
陕茶1号	GPD茶树（2018）610009		AA CC GT CC AA GG CC CC AG GA GG CC GG GG CC GG TT

三、结论

本研究基于"茶树5K mSNP液相芯片"对175份茶树登记品种进行基因分型，

旨在构建茶树登记品种的DNA指纹图谱和分子身份证。为满足这个需求，从5 781个mSNP位点中，筛选到1 326个SNP标记位点在所有样本中均无基因型缺失，且呈现中度多态性；进一步按照均匀分布于15条染色体，且用最少的标记数量最大限度反映175份登记品种的遗传多样性的标准，筛选到17个标记位点可完全将所有登记品种区分开，并基于每个标记位点3种基因型XY、XX、YY赋值为1、2、3的原则，赋予每个登记品种唯一的SNP指纹码，结合登记品种的登记编号信息构成每个登记品种的分子身份证。该结果对提高育种效率、保护消费者和育种者权益具有重要的现实意义。

参考文献

刘国彬，姚砚武，曹均，2022. 利用荧光SSR标记构建欧李种质分子身份证[J]. 东北林业大学学报，50（10）：10-17.

刘浩然，张晨禹，龚洋，等，2023. 基于全基因组重测序的白化茶树mSNP标记开发及验证[J]. 茶叶科学，43（1）：27-39.

农业部种植业司，中国农业科学院茶叶研究所，1990. 中国茶树优良品种集[M]. 上海：上海科学技术出版社.

彭海，方治伟，李论，等，2020. GB/T 38551—2020《植物品种鉴定-MNP标记法》[S]. 北京：中国标准出版社.

徐云碧，王冰冰，张健，等，2022. 应用分子标记技术改进作物品种保护和监管[J]. 作物学报，48（8）：1853-1870.

杨亚军，梁月荣，2014. 中国无性系茶树品种志[M]. 上海：上海科学技术出版社.

中国茶树品种志编委会，2001. 中国茶树品种志[M]. 上海：上海科学技术出版社.